生き続ける
300年の織りモノづくり

京都府北部・丹後ちりめん業の歩みから

北野裕子

丹後縮緬（ちりめん）の黄金時代
日本三景を描いた婚礼衣裳　昭和5年（個人蔵　写真：京丹後市教育委員会提供）
中心に天橋立、その左に安芸の宮島（厳島神社社殿）、両袖に陸奥の松島を配置

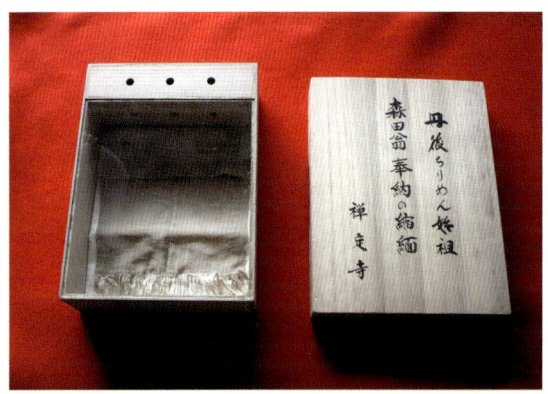

伝織り始めの縮緬
(禅定寺蔵　写真：京丹後市教育委員会提供)

見本帖「橋立」の表紙
(個人蔵　写真：与謝野町教育委員会提供)

紋壁縫取(外国向)(「橋立」)
(個人蔵　写真：与謝野町教育委員会提供)

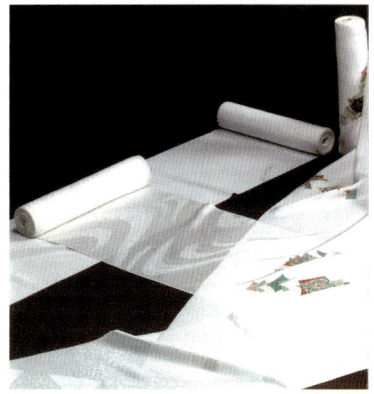

白く見えても織柄のある縮緬
(写真：丹後織物工業組合提供)

色無地として重宝される縮緬
(写真：丹後織物工業組合提供)

丹後縮緬のいろいろ

(写真：丹後織物工業組合提供
 解説：同組合パンフレット
 「丹後ちりめん」より転載）

①古代ちりめん
左撚り2本、右撚り2本を交互に織り込むことによる、シボの高さが特徴。古代の白生地に似ていることからこの名が付けられ、シボが大きいため「鬼シボちりめん」ともいいます。

②変り無地ちりめん
特殊な撚糸をよこ糸に用い、湿気による縮みを改良したちりめんです。縮みにくいのが特徴で、喪服、訪問者など幅広い用途に使われます。

③五枚朱子ちりめん
生地面の光沢がひじょうに美しい、ドレッシーなちりめんです。華麗な中振袖や付下げなどに使われ、「どんすちりめん」とも呼ばれています。

④紋意匠ちりめん
よこ糸を二重にすることで地紋に変化と深みを出した高級ちりめん。染め上がりに豊かな立体感があり、無地染めやぼかし染めに多用されています。

⑤縫取ちりめん
ちりめん地に金糸・銀糸・うるし糸・ラメ糸などの装飾糸で模様を織り上げた贅沢なちりめんで、打掛・中振袖・付下げなどに使われます。

⑥金通しちりめん
ちりめん地に金糸を織り込んだもの。生地を染めても金糸は染まらずそのままの光沢を放つため、趣味性の高いきもの地として用いられています。

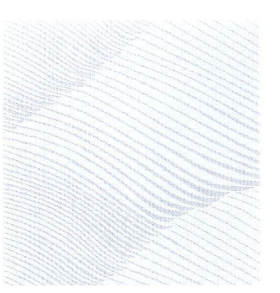

⑦紋綸子ちりめん
綾織りの表と裏を使って紋様を出したちりめんで、重目は付下げや訪問着などの高級着尺に、軽目は長襦袢地に使用されます。

⑧絽ちりめん
生糸100％で織られる夏向きのちりめん。シースルー地で通気性に優れ、夏でも心地よく着こなせるのが特徴です。

未来を担う子供たち(於:京丹後ちりめん祭)

挑戦する丹後産地(於:東京ギフトショー)

京都丹後の職人展
(於:髙島屋京都店)

まえがき

　今、「伝統」が熱い。筆者は新世紀が始まった頃から、丹後・加悦(かや)町史の執筆を通じて、「丹後縮緬(ちりめん)」の研究を始めた。その頃と比べると、ここ2～3年、伝統工芸や伝統産業のモノづくりの現場や職人さん達がテレビ・新聞・雑誌などのメディアに登場し、注目される機会が増えているように思う。いったい、なぜだろうか。

　新世紀は、バブル経済が崩壊し、停滞のなかで幕を開けた。そのため、工業製品に依存する20世紀型モノづくりから、新しいビジネスとして注目されたのが観光業であった。特に、海外から日本を訪れる観光客を増やそうと、平成15 (2003) 年4月1日、国土交通省に「ビジット・ジャパン・キャンペーン実施本部」が発足した。前年度の日本人海外旅行者数が1,625万人に対し、訪日外国人旅行者は524万人であったものを、平成22 (2010) 年までに年間1,000万人の外国人が訪問することを目標とした。そして、平成20 (2008) 年10月には、観光庁が設立された。

　その動きを援護するかのように、同年からNHKが海外向けに、日本のよさを伝える「COOL JAPAN」という番組の放送を始めた。「COOL JAPAN」という言葉は、しばしば「かっこいい日本」と訳されているが、この言葉はさらに成長して、経済産業省が平成22 (2010) 年6月8日付で「クール・ジャパン戦略室」を立ち上げた。すでに海外でも人気が高いアニメ・ゲーム・映像・音楽などのコンテンツをはじめ、食品・ファッション・伝統工芸など、日本のよきモノを、海外へ向けて販売してゆく戦略を立てた。国が本格始動したせいか、最近は電通や博報堂などの大手広告代理店をはじめ、様々な人々が伝統工芸品や地方産品の販売を支援し始めている。しかし、これで本当に日本の伝統産業は復活できるのだろうか。

　また、伝統と言えば、京都の老舗企業を中心に若旦那たちが、近年、面白い

動きを見せている。例えば、細辻伊兵衛商店は昭和初期の手ぬぐいを復刻し、倒産の危機から見事に復活した。創作京履物「伊と忠」の伊藤忠弘社長は、「京都の和」という文化を若い方にも知ってほしいと和雑貨の企業を立ち上げた。伊藤社長と大学で同じゼミだったという奈良の老舗麻布店「中川政七商店」の中川淳社長は、日本の伝統工芸を何とかしたいと自らの店舗に、全国の伝統産地の人々と開発した商品を並べて販売している。

　彼らに共通しているのは、若さと、伝統工芸は手づくりで技術が高いので価格が高くて当たり前という概念を脱し、飾りモノではなく、多くの人々に身近に使ってもらえる商品にしていることである。大衆が使ってこそ、作家によるアートな伝統工芸が伝統産業へ広がってゆく。

　このようなビジネスの動きとは別に、近年のグローバル化のなかで世界を相手に活躍する人達が増えていることも、日本の伝統や文化に目を向けさせる要因になっていよう。外国の人々から、日本文化や日本の良さについて問われても答えられないという経験から、改めて日本を知りたいと思うようになったという人達も多い。その象徴が、元サッカー日本代表の中田英寿さんであろう。

　海外生活のなかで、彼は本当に日本のことを知らないと痛感し、選手を引退した後、日本の伝統工芸産地を旅して、その素晴らしさを紹介する「ReVALUE NIPPON」という活動を展開している。年に一つの伝統工芸を決め、国内外のハイブランドバイヤーを集め、紹介するイベントまで行っている。そのパーティーのドレスコードは「着物」、ユニフォーム姿とは一転して、着物がお似合いだ。

　そんなすごい方々でなくとも、筆者が以前、「日本文化の諸相―ファッションから見る・読む・わかる日本の文化」という講義をしていた神戸市外国語大学の受講生のなかにも留学先で中田さんのような経験をした学生達がおり、本当に熱心に聴いてくれた。そして、2年前の平成23（2011）年から、筆者は「伝統産業論―和装産業の伝統・現状・展望―」という講義を龍谷大学経済学部で担当している。お話をいただいた時は「本当に受講者がいるのだろうか」と思っていたが、初回の講義に着物で登場した珍しさや京都らしさも手伝ってか、初年度は200人を超え、昨年も170人ほどが受講した。

ほとんどの学生は、「西陣織」、「友禅染」、「丹後縮緬」という言葉は知っていても、実際、どのようなものなのかは知らない、ましてや、その現場を見た経験はほとんどない。そして、伝統産業のイメージを問うと、「衰退している産業」、「職人が高齢化して大変」、「着物は好きだが、高くて買えないし、自分で着ることもできない」という答えが返ってくる。それなのに、「京都の大学で京都らしいことを学びたい」、「日本のことを知りたい」、「伝統産業に関心がある」、「最近の和ブームの原点を知りたい」と言う。若者は伝統産業なんて関心がないとか、伝統産業には先がないとか、筆者のほうが思い込んでいたのではないだろうか。

　前置きが長くなってしまったが、本書で取り上げる「丹後縮緬」は、白生地として着物を土台から支えてきた。伝統産業のなかでも、その中核にある和装産業において重要な位置を占めている。今、本書を読んでいただいている方々は、美しい振袖姿や訪問着姿の女性を頭に思い浮かべておられるのではないだろうか。その光景は、丹後の縮緬を京友禅で染めた着物に、西陣の帯を締めて、生まれる日本伝統の美である。どれが欠けても美しい着物姿は生まれない。

　にもかかわらず、丹後縮緬は西陣織や京友禅に比べると圧倒的に知名度が低い。先にも述べたように、丹後で生み出されるのは白生地であり、染色が施されていない。白い生地のままであるために、色とりどりで華やかな西陣織や友禅染に比べてメディアではビジュアルが弱いということなのだろう。

　筆者も最初はそう思っていた。しかし、丹後に通い始めて最も驚いたことは、その白生地に多くの模様が表現されていることであった。それらは、現地では「紋織物（もんおりもの）」と呼ばれていた。縮緬と言えば、身近に風呂敷や小物類で見かける単純な凹凸のある生地ばかりと思い込んでいたが、大まちがいだった。

　そんな丹後縮緬の故郷は、京都府北部の京丹後市と与謝野町である。大阪・京都から、鉄道ではJRの福知山駅を経由して、北近畿タンゴ鉄道（略称KTR）に乗り替えるか（直通もあり）、豊岡駅まで乗車してKTRに乗り替える。車では、舞鶴道や京都縦貫道も整備されつつあるが、いずれにしても2時間半以上はかかる。

　筆者が最初に仕事で行った時は、加悦町教育委員会の担当者が福知山駅まで

ちりめん街道(与謝野町加悦)(与謝野町教育委員会提供)

　車で迎えに来て下さり、鬼伝説で有名な大江山の峠越えをした。その車中、このルートは江戸時代には縮緬を京都へ運ぶ道で、峠には抜け荷をしないように検番がいたことや、加悦町は『女工哀史』の作者・細井和喜蔵(1897〜1925)の出身地であることを聞いた。脳裏に、若い女性の酷使される姿が浮かんできた。

　まもなく、眼下にちりめん街道を中心とした加悦谷(現与謝野町)が広がった。ちりめん街道には昔の縮緬工場や問屋の建物が残っており、その町並みは日本で唯一、製織町として重要伝統的建造物群保存地区に指定されている。そこでは、きっとおばあさん達が細々と暗い灯りの下で機を織っている情景があるのだろうと想像した。

　しかし、それも当たってはいなかった。確かに、織手さんは高齢の女性達ではあったが、皆さん元気に生き生きと機を織っておられた。この方々に仕事を発注している織元には、京都の老舗と同様、30〜40代の若手後継者が数多くいることをのちに知って、ますます驚かされた。

さて、加悦町史の仕事が始まって最初にもらった縮緬業の年表には、大きな空白があった。近代史（主に、明治・大正・昭和戦前期）が欠けていた。そこを埋めてほしいと言われて史料を探したが、昭和2（1927）年に丹後は大震災に見舞われていたため、町内よりもむしろ外部の機関に多くの記録が残されていた。江戸時代や戦後に関する研究書も多数見つかったが、肝心の近代に関する研究はほとんどなかった。これが、筆者には大きな疑問となった。そして、史料は見つかったものの、縮緬業の記録には特殊な業界用語が多く、ほとんど理解できないという大きな課題にぶつかった。

　本書は、これまで文献しか扱ってこなかった筆者が、丹後の縮緬や織物に触れるなかで起こった素朴な疑問を解明しようと、現地でのヒアリング、および生地やその組織図の収集調査など、できることには何でも挑戦した結晶である。そのため、本書には歴史・経済・服飾と様々な研究が混在している。

　しかし、そこから見えたことは、タテ糸とヨコ糸で織り上げられる2次元の織物の世界から、糸を撚ることで3次元の立体感をもたらし、多くの織物を生み出してきた日本のモノづくりの底力であった。その歩みを解明してゆくなかで、それまでの筆者の日本近代史像も大きく変わっていった。

　この300年にわたる縮緬業の歩みには、幾多の苦しい時代があり、どのように先人達が困難な課題を乗り越え、地域産業として継承してきたのかを、まず地元の丹後地域の方々に知っていただきたい。そして本書の刊行によって、より多くの方々が丹後縮緬を知る契機になることを心より願っている。

平成25（2013）年　9月

丹後建国1300年にしるす
北野裕子

も く じ

まえがき　i

序章　近代繊維産業とモノづくり　3

1 ◆ 課題と現状 …………………………………………………… 4
2 ◆ 近代繊維産業史研究の動向 ………………………………… 5
3 ◆ 視角と方法──「モノづくり」という視点 ……………… 8
4 ◆ 研究分析の対象──丹後縮緬業 …………………………… 10
　（1）縮緬について　10
　　付図　丹後ちりめんの製造工程　12
　（2）丹後縮緬について──シェア・工程・地域・生産形態・研究史　16
5 ◆ 本書の構成 …………………………………………………… 26

第1章　丹後縮緬業の概観 ──協同と競争・組織と人材　29

1 ◆ 発展の内的要因 ……………………………………………… 30
　（1）現状・研究史・課題　30
　（2）視点──丹後における織物生産の推移（明治・大正・昭和）　31
2 ◆ 縮緬業の導入──古墳時代〜江戸時代 …………………… 32
　（1）導入の背景　32
　（2）峰山藩と宮津藩の対応　34
　（3）品質における地域差　35
3 ◆ 混乱の時代──幕末・明治前期 …………………………… 36
　（1）新たな原料糸への取り組み　36

（2）粗製濫造問題の発生　38

4 ◆ 地域間競争の時代——明治後期　……………………………………　40
　　（1）種類の増加と郡ごとの傾向　40
　　（2）統計から見た動向　42
　　（3）与謝郡の動向　44

5 ◆ 協同の時代へ——大正・昭和戦前期　………………………………　47
　　（1）丹後縮緬を取り巻く状況　47
　　（2）国練(くにねり)問題の浮上　49
　　（3）国練(くにねり)検査制度の実施と「正絹　丹後」マーク　51

6 ◆ 縮緬＝地域イノベーションの集積　…………………………………　55

第2章　明治期における多種化
　　——どのような縮緬が織られたのか　　57

1 ◆ 縮緬の種類　………………………………………………………………　58
　　（1）問題点と視点　58
　　（2）目的　59
　　（3）方法　60

2 ◆ 江戸時代の丹後縮緬——織り始めの縮緬　…………………………　62

3 ◆ 明治前期の丹後縮緬——糸の材質における工夫　…………………　64

4 ◆ 明治中期の丹後縮緬——ジャカード機の導入と紋縮緬　…………　66

5 ◆ 明治後期の丹後縮緬——生地見本帖「橋立」の分析　……………　70
　　（1）生地見本帖「橋立」に見られる織物の概要　70
　　（2）輸出への挑戦　72
　　（3）生地の開発——特許・実用新案登録　74

6 ◆ 西洋技術の段階的導入による多種化　………………………………　77

第3章 粗製濫造問題の内実——高級品と大衆品　79

- 1 ◆ 粗製濫造とは …………………………………………………… 80
- 2 ◆ 幕末・明治維新・明治前期の粗製濫造問題——粗製濫売・売る問題 …… 81
  - （1）幕末・維新期の実態——『丹後機業沿革調査書』と丹後機屋記録から　81
  - （2）明治10年代の実態——農商務省『興業意見』から　84
- 3 ◆ 明治中期（20年代）の粗製濫造問題——技術問題の相乗 ………… 88
  - （1）輸出基準という問題——内国勧業博覧会（第3回）の審査報告　88
  - （2）紡績絹糸の使用と同業組合問題——内国勧業博覧会（第4回）の酷評　90
  - （3）西洋技術の導入による問題——紡績絹糸を中心に　92
- 4 ◆ 明治後期（30年代）の粗製濫造問題
  ——安価・量産のための意図的な粗製濫造 ……………………… 95
  - （1）技術の向上——内国勧業博覧会（第5回）の審査報告　95
  - （2）特許織物「旭織」の真実——縮緬風織物の量産　98
  - （3）経営革新の深化——高級化と大衆化への胎動　102
- 5 ◆ 変遷する粗製濫造問題 ………………………………………… 105

第4章 ブランドの誕生——「信用」の形成と表象　107

- 1 ◆ ブランドとは …………………………………………………… 108
- 2 ◆ 絹織物のブランド事情——天明・寛政期 ……………………… 110
  - （1）丹後地方と縮緬の導入　110
  - （2）天明・寛政期の絹織物事情と丹後縮緬　112
- 3 ◆ 江戸時代のブランド化——峰山藩・宮津藩・豊岡県の試み ……… 115
  - （1）峰山藩による試み——寛政期　115
  - （2）宮津藩と豊岡県の試み——幕末・維新期　118

- 4 ◆ 近代のブランド化──粗製濫造から再びブランド化へ ……………… 120
  - （1）明治・大正期の丹後縮緬　120
  - （2）国練(くにねり)問題の浮上　122
  - （3）国練(くにねり)検査制度の実施　125
- 5 ◆ ブランドは「信用」の証 ……………………………………………… 128
  - 年譜　国練検査制度実施へのあゆみ　132

第5章　大正・昭和の機業場で働いた女たち
── 自由な女工像の創出　133

- 1 ◆ 織物業は女工哀史か ……………………………………………………… 134
- 2 ◆ 分析資料に関する考察
  ──杉本治助家・生産形態・「職工名簿」と補足資料 ……………… 136
  - （1）杉本治助家（西山機業場）について　136
  - （2）丹後縮緬業の生産形態──工場と自営機（独立機）と賃機（歩機）・副業から専業へ・手機から力織機へ　138
  - （3）「職工名簿」と補足資料──『丹後のはた音』・『織手さん』　139
- 3 ◆ 働く女と男の実態Ⅰ──仕事（工程）からの分析 …………………… 141
  - （1）縮緬の生産工程について　141
  - （2）仕事内容に見る女と男　142
  - （3）賃金に見る女と男　145
- 4 ◆ 働く女と男の実態Ⅱ
  ──学歴・勤務年数・本籍地・勤務形態などからの分析 ………… 146
  - （1）学歴・勤務年数に見る女と男　146
  - （2）本籍地と寄宿・通勤に見る女と男　148
  - （3）働く「妻」たちの実態　151
- 5 ◆ 女工哀史像の見直し …………………………………………………… 153

第6章 昭和恐慌下の需要拡大
——昭和恐慌像再考　155

1 ◆ 昭和恐慌像の形成 …………………………………………… 156

2 ◆ 恐慌前夜の状況——大正末期〜昭和初期の生産形態 ………… 158
　（1）丹後縮緬の全国的位置づけ——昭和初期　158
　（2）日本銀行京都支店調査「最近ノ丹後縮緬機業」に見る生産実態　162

3 ◆ 世界恐慌・金解禁・昭和恐慌下の状況
　　　——昭和4〜6年（1929〜1931） ……………………… 164
　（1）金解禁以前の状況と世界大恐慌の発生（昭和4年）　164
　（2）金解禁実施とその影響（昭和5年）　166
　（3）「黄金時代」の到来（昭和6年）　169

4 ◆ 拡大する需要の要因——低価格化・地域ブランド化・大衆化と多種化 … 171
　（1）低価格化の実態——生糸の暴落と縮緬の量産化　171
　（2）地域ブランド「丹後縮緬」の誕生——地域の再編　175
　（3）大衆への普及——少量多種のモノづくり　178

5 ◆ 重層的な昭和恐慌像の提案 ………………………………… 184

第7章 丹後機業と京都老舗糸商のベトナム進出
——生糸・絹糸・絹織物をめぐる産業政策との葛藤　189

1 ◆ 生産量の減少と高齢化問題 ………………………………… 190

2 ◆ 国による生糸の輸入規制——生糸輸入一元化問題 ………… 192
　（1）縮緬と生糸の歴史的関係　192
　（2）生糸輸入一元化問題と丹後縮緬　195

3 ◆ 国を超えた規制の撤廃——生糸・絹糸・絹織物の輸入自由化問題 … 197
　（1）生糸輸入自由化へ向けて　197
　（2）絹糸・絹織物の輸入自由化とその影響　200

4 ◆ ベトナムでの縮緬と絹糸づくり──進出企業へのヒアリング(国内) … 204
　(1) 国内でのヒアリング1
　　　──丹後機業・江原産業株式会社の江原勝公社長　204
　(2) 国内でのヒアリング2
　　　──京都・松村株式会社の松永孝精専務　206

5 ◆ 現地ベトナム工場の実態
　　──ラムドン(LamDong)省バオロック(BaoLoc)町での調査 ………… 209
　(1) ラムドン省バオロック町について　209
　(2) 松村ベトナム工場の調査　211
　(3) 江原産業ベトナム工場と相政株式会社ベトナム工場の調査　214

6 ◆ 産業政策の矛盾を越えるグローバル化 ………………………………… 217

終章　近代繊維産業から縮小社会のモノづくりへ　219

1 ◆ 近代繊維産業としての丹後縮緬のモノづくり ………………………… 220
2 ◆ 新たな縮小社会のモノづくりへ ………………………………………… 224

あとがき　230
初出論文一覧　234
主な史料一覧　235
主な参考文献一覧　237

生き続ける300年の織りモノづくり
──京都府北部・丹後ちりめん業の歩みから──

序章

近代繊維産業とモノづくり

1 課題と現状

　本書の課題は、江戸時代から今日まで約300年間継承され、今日なお日本最大の絹織物産地である京都府北部・丹後地域の代表的な織物・縮緬(ちりめん)業を取り上げ、「モノづくり」という生産者の視点から、開国・明治維新・大震災・昭和恐慌・戦争という数多くの試練を乗り越えて、地域を支える産業として生き続けている要因とその特徴を明らかにすることにある。そして、量産型大工場を中心に描かれてきた近代繊維産業史を見直し、拡大成長時代から新しい成熟段階に入った日本国内でのモノづくりについて何を継承してゆくのかを考えたい。

　さて、ここに言う繊維産業とは、製糸（生糸の生産）・紡績（糸の生産）・織物（生地の生産：製織）の３業を主軸としている。日本では、古くは麻・絹、江戸時代からは綿が加わり、ほかにも葛・藤をはじめとして種々なる草木から天然繊維を生み出してきた。そして20世紀になると、本格化する科学技術を応用した化学繊維も誕生した。

　人類は、誕生した原始時代から何らかの繊維を身につけてきただろうし、今日まで、そして未来においても人類は布をまとい、確実にその時代の技術を取り込みながら繊維が存在することはまちがいない。繊維産業は産業の原点であり、産業革命もこの分野から起こり、近代社会においてはまさにハイテク産業であった。

　ところが、明治・大正・昭和の日本において花形だった繊維産業は、戦後、昭和47（1972）年、「糸を捨てて縄をとった」と比喩される沖縄返還交渉のバーターとして日米繊維交渉を経て貿易自由化が進行した。生産は、高度成長を遂げた1970年代半ば頃から円高・労働力の確保・人件費の安さなどから韓国・台湾などへ移行し、その傾向がバブル経済状況下の1980年代にはさらに進行した。そして、平成を迎えた1990年頃からは中国や東南アジア諸国へ生産拠点が移転し、国内の繊維産業は急激に低迷していくことになった[1]。このような産業の衰退が背景にあるため、近年、繊維産業史研究も決して活発な状況にあるとは言えない。

序章　近代繊維産業とモノづくり　5

2　近代繊維産業史研究の動向

　今述べたような状況とはいえ、過去には近代繊維産業に関して、経済・科学技術・歴史などの各分野から膨大な研究が存在していた。各分野とも、近代日本で外貨を稼いだ「製糸業」に関する研究が最も多い。次に、原料（綿）を輸入し、西洋技術（機械）を海外から導入した大規模な工場生産型を主流とする「紡績業」は、近代以降の日本が加工貿易によって成長したことの原型としてイギリスをはじめとする西洋との比較研究も多い。そして「織物業」だが、大規模な紡績会社の織物生産に関する研究は存在するが、工場数では圧倒的に多かった江戸時代から続く在来型の中小織物業に関する研究は少ない(2)。

　このような近代繊維産業史研究のなかで、日本史研究においては女性労働問題に収斂してきた。冒頭にも述べたように、日本の近代産業の発端は製糸業や紡績業を軸とした繊維産業であり、繊維産業は近代日本の産業の基礎となったが、そこで働いたのは圧倒的に女性であった。本書で考察してゆく丹後縮緬の産地に生まれた細井和喜蔵が書いた『女工哀史』（1925年）(3)は、今日なお、当時の工場における女性労働者達が悲惨な状況にあったことの代名詞になっている。

　彼が描いたのは大阪の大紡績工場の実態だったが、折しも昭和初期の不況や

---

(1) 国民金融公庫調査部『日本の中小繊維工業』中小企業リサーチセンター・1990年。
(2) 日本の繊維産業史を代表する日本繊維協議会編『日本繊維産業史』（各論編）繊維年鑑刊行会・1958年は、3部20章から成っている。第1部が綿糸紡績・製糸・絹糸紡績・毛糸紡績・麻糸紡績・特繊紡績業、第2部がレーヨン工業・レーヨンステープル紡績・合成繊維・アセテート工業・蛋白繊維工業・ガラス繊維工業、第3部はガラス繊維工業・綿スフ織布・絹人繊織布・毛織物・織物染色加工・タオル製造・既製服・メリアス製造・漁網工業になっている。985ページのうち、第1部の紡績が394ページ、第2部の化学特殊繊維が305ページ、第3部が織布・染色・縫製など232ページであり、第1部が戦前期、第2部が戦後を牽引した業種で、多くのページが割かれている。第3部は織布関係だが、その内、本書で扱う絹織物業については絹人繊織布業のなかに含まれ、わずか39ページしか記述がない。そこには博覧会、機械技術、西陣織や羽二重、問屋・組合・団体などのことのみで、中小・地方の織物業についてはまったく触れられていない。
(3) 細井和喜蔵『女工哀史』岩波文庫・1954年。初版は、改造社・1925年刊。

講座派によるマルキシズムの導入、戦後の労働運動の隆盛などが重なり、「女子労働＝女工哀史＝悲惨」という図式が定着していった。それが、戦後の高度成長期の1970年前後になると、山本茂美（1917～1998）の『あゝ、野麦峠』[4]や村上信彦（1909～1983）の『明治女性史』[5]によって、悲惨なだけではなく逞しく働いた女性達の姿にも光が当たりはじめるようになった。

そして1980年代には、鈴木裕子・三輪泰史・東條由紀彦らによって、山本や村上が描いた明治期から日本経済が飛躍する戦間期へと対象時期が広がったほか、女性労働者そのものに視点が置かれるようになり、主体的に女性が働いてきたことが着目されるようになった[6]。さらに、1990年代以降はジェンダーの視点から、姫岡とし子やジャネット・ハンターらの研究[7]が登場している。

これらの研究は、大企業・大工場の史料や政府・自治体などの調査報告をもとにして分析したものが多く、労働運動も大工場の場合は規模が大きく、新聞や雑誌も取り上げやすいものであった。しかし、よく考えてみると、繊維産業のうち製糸業や紡績業には確かに大企業が多いが、織物業の場合は圧倒的に中小零細企業が多い構造となっている。史料の残存という難問はあろうが、限られた史料による限られた歴史像が描かれてきたのではないだろうか。今日なお、日本の企業数の９割以上を中小企業が占めているという実態から考えれば、これまで描かれずにいた部分こそが本体であり、それをどのように描いてゆくのかが大きな課題となろう。

この残された部分に着目したのが中村隆英の「在来産業論」であった。近代産業の雇用の限界を指摘した中村は、江戸時代からの在来産業が明治以降に増え続けているという実態を明らかにした[8]。その後、本書で対象とする在来型中小織物業の実態が経済史の分野から解明されるようになった。谷本雅之は『日本における在来的経済発展と織物業』において、江戸から明治にかけて農村に広範に存在した織物業、いわゆる在来型と言われる綿織物業の展開を分析し、在地問屋が江戸・大阪などの情報を得ながら、農家女性が副業として生産する問屋制家内工業形態が目まぐるしい景気変動や流行に対処しやすく、近世後期から第一次世界大戦期まで続いたとする[9]。

同じく、佐々木淳は『アジアの工業化と日本』において、日露戦争（1904～

1905）後に力織機の導入が展開した播州の綿織物業を事例として、工場制度に基づく新たな前貸し問屋制が品揃えや生産量調節を満たす柔軟性に富んだ生産組織を地域として形成していたと指摘している[10]。さらに阿部武司は、『日本における産地綿織物業の展開』において、戦間期の泉州や播州の綿織物産地を中心に、在来産業が力織機を導入して中小工場化が進行し、大規模工場の下層部分を構成するようになったことを明らかにしている[11]。

　これら綿織物業の研究は、経済成長に有効な生産・流通の組織・形態として問屋・中小工場（小規模生産）・地域を重視している。それに対して、明治期日本の成長産業として絹織物業を捉えた橋野知子は、前三者とは異なった視点から、『経済発展と産地・市場・制度――明治期絹織物業の進化とダイナミズム』において「地域」をできるだけ成長要因から排除し、近代日本における産業発展の型を追及した。輸出織物の第一位を占めた羽二重産地（福井）や伝統織物産地（桐生）を事例に挙げ、新市場との接触や新技術の導入の際に生じた問題を解決することが産地と業界に成長をもたらしたという[12]。しかし、産地は個々の企業だけで乗り越えたのではなく、その根底には江戸時代からの産業集積や同業組合による地域の結束があったはずである。

---

(4)　山本茂実『あゝ野麦峠』朝日新聞社・1968年。
(5)　村上信彦『明治女性史』（中巻後篇・女の職業）理論社・1971年。
(6)　鈴木裕子『女工と労働争議』れんが書房新社・1989年、三輪泰史「紡績労働者の社会意識」（広川禎秀『近代大阪の行政・社会・経済』青木書店・1998年）、同「紡績労働者の文芸熱」（『ヒストリア』165・大阪歴史学会・1999年）、東條由紀彦『製糸同盟の女工登録制度』東京大学出版会・1990年など多数。松井美枝も「紡績工場の女性寄宿労働者と地域社会との関わり」（『人文地理』第52巻第5号・人文地理学会・2000年）で女子労働の研究史を詳細に整理検討している。
(7)　姫岡とし子『ジェンダー化する社会――労働とアイデンティティ日独比較』岩波書店・2004年、ジャネット・ハンター『日本の工業化と女子労働――戦前期の繊維産業』有斐閣・2008年。
(8)　中村隆英『戦前期日本経済成長の分析』岩波書店・1971年、同『明治大正期の経済』東京大学出版会・1985年、同『日本の経済発展と在来産業』山川出版社・1997年、ほか。
(9)　谷本雅之『日本における在来的経済発展と織物業』名古屋大学出版会・1998年。
(10)　佐々木淳『アジアの工業化と日本』晃洋書房・2006年。
(11)　阿部武司『日本における産地綿織物業の展開』東京大学出版会・1989年。
(12)　橋野知子『経済発展と産地・市場・制度』ミネルヴァ書房・2007年。

このように、経済史において織物業は一貫して「経済成長の要因とは何か」を組織・形態・制度・市場などを中心に、ある時点で比較研究した経済成長史とともに、在来型が第一次世界大戦を通じて解消するか、大企業の傘下に入ってゆく近代繊維産業史像が描かれてきた。

これら以外にも、産業技術史の観点からのアプローチも数多い。一例を挙げると、『産業技術史』（新体系日本史11）において玉川寛治が「繊維産業」を記述しているが、その内容は「製糸技術の変遷」と「綿糸紡績技術の変遷」であり[13]、やはり製糸と紡績のみで織物はない。繊維産業は何を原料糸とするか、また何を織るのかによって製織技術（道具・機械）は密接に関連するが、その視点は皆無であり、縦割研究の機械技術史になっている。言うまでもなく、この本だけが例外ではない。

3　視角と方法
「モノづくり」という視点

前節で述べた通り、近代繊維産業史は「労働」の側面から描かれ、多くの労働者を要した産業であったがゆえに繊維産業が研究の対象となった。また、経済史においては「成長」をもたらした製品だから研究対象となり、生産する組織やその形態、機械の解明に重点が置かれてきた。そして、産業技術史では、道具や機械の変遷を中心に製糸・紡績・織物の各業の縦割研究が多くなっている。これらの膨大な研究蓄積を統合してゆく方法はないのだろうか。

さて、本書の視点「モノづくり」という言葉は、近年、頻繁に使われるようになっている。21世紀になって国内産業の空洞化が進行するなか、日本の得意技である「モノづくり」が問われている。この「モノづくり」を研究する拠点として、平成16（2004）年、文理融合の「ものづくり経営センター」が東京大学に誕生した。センター長である藤本隆宏は、「ものづくり」とは「要素技術をつなぎ、顧客に向かう『流れ』をつくり、新しい設計を盛り込んだ人工物（＝製品）によって顧客を満足させる経済活動」と規定している。つまり、固有技術はそのままでは市場から隔離された「技術の孤島」にすぎず、それらの技術

を製品に託して顧客に届ける「流れ」をつくることを重視するが、理論体系はまだ発展途上であるという(14)。

　この「流れ」を重視するという考えは、技術はすごいのだが、市場のニーズをもたらし、できた製品を市場へ届ける中間流通の側に問題があるという発想ではないだろうか。しかし、日本の生産者は長い歴史のなかで、単に問屋や大企業からの指示だけで製品をつくってきたわけではないだろう。そもそも、固有技術は本当に閉ざされた「孤島」なのだろうか。そこで本書では、この「モノづくり」という言葉を素直に「モノをつくること」とし、生産の側に視点を置き、歴史的に生産者の底力を問うことにしたい。

　ところで、モノを生み出すためには、①企画・開発、②資本・原料・技術・情報・労働者などの調達、③生産システム（組織・形態など）の構築といった多くの力が必要であろう。これらのうち、生産者はどこまで担っていたのであろうか。このモノづくりの力そのものが旧来の問屋とともに激変する市場に対応できなくなってきたことこそが、今日の問題につながっているのではないだろうか。

　研究の対象とする丹後縮緬業は、生糸から織り上げて染色されていない白生地を小規模な生産者が製造し、流通においては、今日なお京都室町問屋の傘下にあると言われている。これだけ聞けば、生産者にはモノを生み出す能力がないように思われるかもしれない。しかし、300年にわたって産地織物業を継続している。それは何故なのか。

　白生地は、白いままで何の変化も生まないのか。織物その「モノ」にこだわり、どの時代に、どのような織物が、どのようにして作られたのかというシンプルな問いを歴史的に追いながら、生産者側のもつ力とモノづくりの特徴を明らかにしていきたい。国内向・在来型・地域密着型の小さな「モノづくり」の力を問うことは、日本の近代社会を成長させてきた産業の底力を明らかにすることにもつながるはずである。

---

(13)　中岡哲郎・鈴木淳他編『産業技術史』（新体系日本史11）山川出版社・2001年。
(14)　藤本隆宏他『ものづくり経営学』光文社新書・2007年・3～8ページ。

4　研究分析の対象
丹後縮緬業

　本書では、京都府北部丹後地域において江戸時代から300年近くにわたって織り続けられ、今日なお、伝統や文化ではなく産業として生き残っている「丹後縮緬業」を研究分析の対象とするが、繊維産業のうち織物業の場合は近代以前から続く在来型の地域産業が多い。

　丹後縮緬の詳細について述べる前に、まず「縮緬」という織物について、製法と歴史を中心に若干考察しておく。そして次に、「丹後縮緬業」について、①全国的な位置づけ（シェア）、②丹後地域、③生産形態と推移（統計）、③丹後縮緬に関する研究史を記述しておく。

（1）縮緬について

①特徴・技法・工程・現状

　縮緬とは織物の地質、すなわち素材生地の名称のことであり、その技法は、真っ直ぐな経糸1mにつき、3,000～4,000回の右または左撚りした強撚の緯糸を1本ないし2本ずつ打ち込んで織り上げるというものである。1本の場合を「一越縮緬」、2本の場合を「二越縮緬」と言う。織り上がったあと、生地の表面に付着したセリシン（ニカワ質）や汚れを取り除く精練（仕上げ）をすることで生地の表面に「シボ」と呼ばれる凹凸ができる。そのシボが特徴で、独特の風合いを醸し出している[15]。

　製造工程を大きく分けると、「準備（糸づくり）」→「製織（織る）」→「精練（仕上げ）」という三つの段階となるが、それぞれに細かな工程をもっているため、その詳細については「丹後ちりめんの製造工程」（12～13ページの図）を適宜、参照していただきたい。

　原料糸は、江戸時代には生糸であったが、明治以降は生糸を基本としながらも様々な糸への挑戦が始まっている。大半が染色されないまま白生地として出荷されるため「後染織物」とも呼ばれている。ちなみに、帯地のように先に糸

を染めてから織る織物は「先染織物(さきぞめ織物)」と呼ばれている。今日では、縮緬も染色された反物となって店頭において販売されているが、昭和30年代頃までは、まず素材生地を選んで、その生地を好きな色柄に染めるという場合が多く、白生地であっても縮緬の重要性や独立性が高かった。

着物を着用することがほとんどなくなった今日だが、振袖や訪問着などの晴着、喪服や留袖などの礼服などの女性用の高級和服の素材生地にはたいてい縮緬が使われていることはご存じだろうか。日常的には、風呂敷や和風の土産品として販売されている小物などで馴染みがある人も多いだろう。現在でも、縮緬は私達の身の周りに存在している。

②歴史——社会における需要性と位置づけ

江戸時代——もともと縮緬は、天正年間(1573年〜)に明の織工が堺に来てその技術を伝え、天和年間(1681年〜)に京都で盛んに織られ、やがて美濃の岐阜、丹後の峰山(1720年〜)、近江の長浜(1751年〜)と伝わり、東国でも元文3(1738)年に上野国(こうずけのくに)(現群馬県)の桐生で製織が始まったと伝えられている[16]。その背景には、元禄(1688年〜)から享保(1716年〜)にかけて、京都で扇絵師の宮崎友禅斎(1654?〜1736?)が考案したと伝えられる友禅染の流行がある。

それまでは「織・絞り染・刺繍」などの技法で加飾されていたため、光沢のある生地・綸子(りんず)が代表格だった。それに対して友禅染は、糊で下絵を書いて色を挿していく、まさに日本画を生地に描くような染色技術であり、世界に類を見ないものである。この友禅染を最も映えさせるのが縮緬であった。生地に凹凸があることで色に深みを与え、光の角度によって複雑な色合いを醸し出している[17]。

縮緬は江戸初期には中国から輸入されていたが、鎖国政策によって数量が大

---

[15] 『原色染織大辞典』淡交社・1977年、『繊維辞典』商工会館出版部・1951年など。
[16] 京都府立丹後郷土資料館『特別展図録20 丹後縮緬』1989年、「縮緬」(黒川真頼・前田泰次校注『増訂 工芸志料』東洋文庫254・平凡社・1972年)。
[17] 縮緬の生地そのものについては、中江克己編『縮緬』(泰流社・1984年)が詳しい。

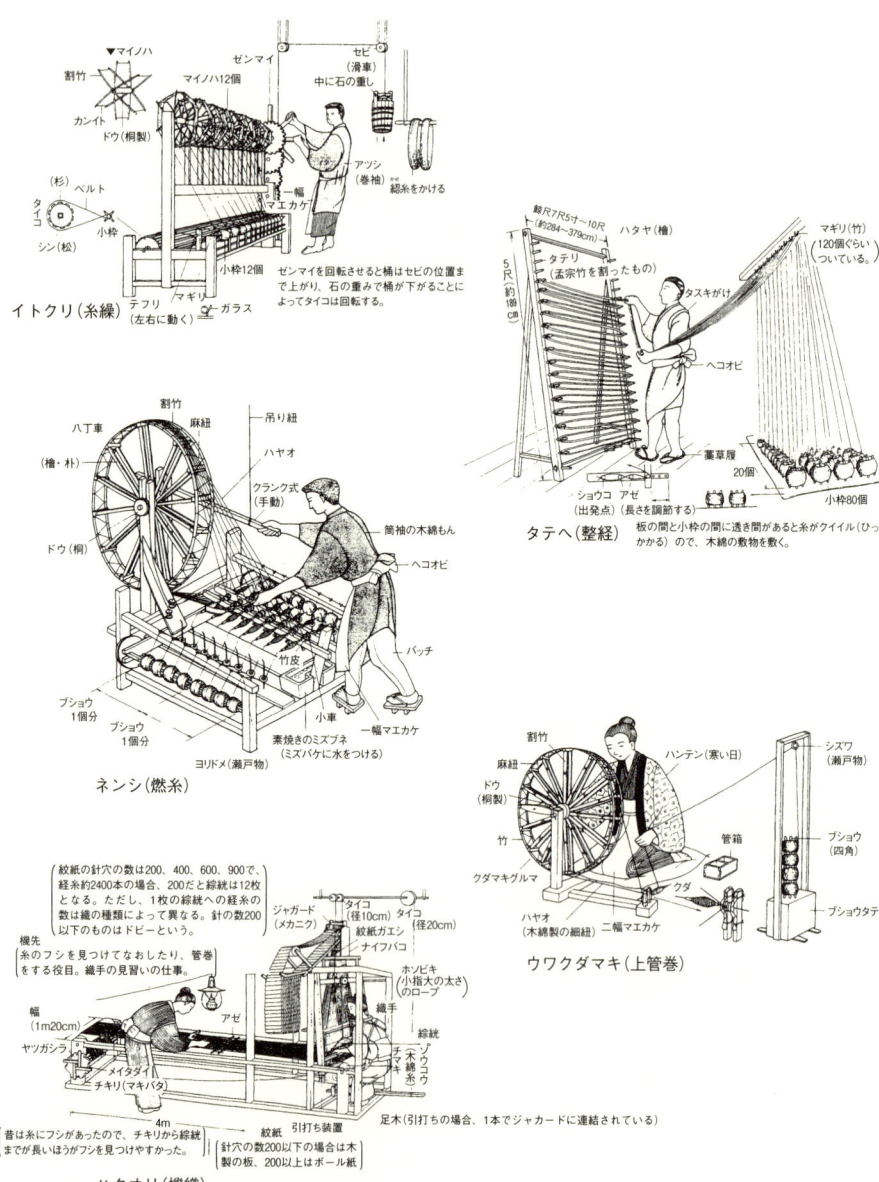

縮緬ができるまでの工程　大正期（作図：宮本八恵子氏）
（出所）『丹後縮緬』29・31ページより転載。

序章　近代繊維産業とモノづくり　13

丹後ちりめんの製造工程

① 生糸
ちりめんの原料となる生糸は、製糸工場からカセの状態で箱詰めにして送られてきます。

② 糸繰り
糸繰りとは、カセになった糸をボビン（糸枠）に巻き取る作業です。この作業が完全でないと、その後の丹後ちりめんの出来上がりにまで影響を及ぼすので、熟練の技術が要求されます。

③ 整経
整経とは、たて糸を織機に仕掛けるための準備作業です。ボビン枠に巻かれた120〜200本の糸を一度にドラムに巻き取り、さらに男巻というビームに30〜50反分を巻き上げます。

④ 撚糸
撚糸とは、よこ糸に撚りをかける作業です。丹後ちりめん独特のしぼを出すため、丹後独自の八丁撚糸機を使い、水を注ぎながら糸１メートル当たり3,000〜4,000回転の強い撚りをかけて、しぼのもとを作ります。

（無地織機）
（紋織機）

⑤ 製織
製織とは、たて糸とよこ糸を織機にかけて織物を織る作業です。紋ちりめんの場合は、ジャカード装置を用い美しい模様を出していきます。近年は、コンピュータジャカード（写真右）を装備した織機が多くなっています。

⑥ 精練
精練とは、織りあがったちりめんのセリシン（ニカワ質）や汚れを洗い流す作業です。この作業を経てようやく、独特の風合いをもつ純白のやわらかなちりめんとなります。

⑦ 乾燥
乾燥とは、精練が済んだちりめんを水洗・脱水し、乾燥機にかけることです。乾燥方法によってシボや風合いに大きな違いが出るため、ちりめんの種類に応じた最適な方法が採られます。

⑧ 幅出し
幅出しとは、乾燥後のちりめんは幅・長さともに縮んでいるため、これを規定の幅・長さに整えることです。

⑨ 検査
検査とは、出来上がった全てのちりめんを検査機にかけて一反ずつ検査する作業です。

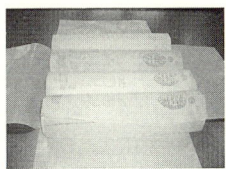

⑩ 出荷
検査後、合格品は赤色、不合格品は青色で結果を表示します。製品には丹後ちりめんの証であるブランドマークを押捺し、市場に出荷されます。

⑪ 染め
丹後ちりめんには、手描き友禅をはじめ型友禅、絞り染め、ろうけつ染めなど様々な染色が施されます。（写真は浸染）

（出所）京都府織物・機械金属振興センター、施設概要パンフレット、6ページ。

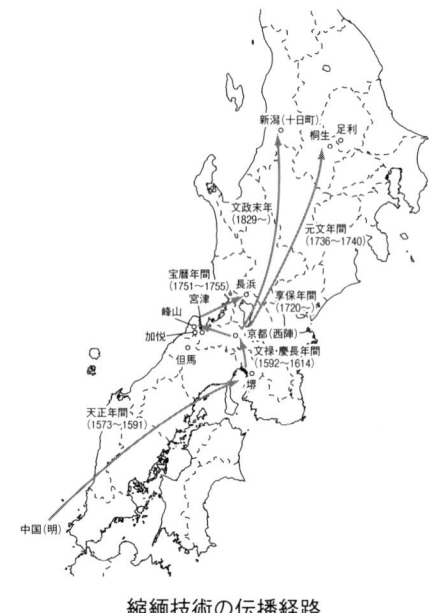

縮緬技術の伝播経路
（出所）『丹後縮緬』14ページ。

幅に限定されたため、京都でのみ生産されていた時代においては非常に高級品であった。それを証明するのが、元禄文化を代表する近松門左衛門（1653〜1725）が書いた『与兵衛おかめ ひぢりめん卯月の紅葉』（1706年に竹本座で初演）である。主人公のお亀が駆け落ちする際、伯母に別れを告げるシーンがあるのだが、その時伯母は、「懐より縮緬一枚取り出だし、これ、この緋縮緬は、今はこの手は渡らぬとて、この前人に貰ひしが、色変わりしか知らねども、若い者はたしなみぞ、与兵衛とそなたが、肌の物に縫うてしや」[18]と言って、心中する２人に今生の別れの品として緋縮緬を贈っている。「今はこの手は渡らぬ」とは、縮緬が貴重な輸入品で、国産よりも輸入品のほうが勝れているということである。近松が、燃え盛る恋の情熱とこのあとの心中を象徴させるモノとして、緋縮緬を登場させていることは興味深い。

　ほぼ同時代、正徳２（1712）年に発行された寺島良安（1654〜?）の『和漢三才図会』にも「南京・浙江・福建・広東・東京いずれもこれを生産す。わが国のちりめんは大へん美しいものであるが、稍弱い」[19]とあり、日本国内よりも中国各地で盛んに生産されていたことがうかがえる。

　先に述べたように、ほどなく友禅染の流行を追い風に、享保５（1720）年に丹後での製織が始まり、縮緬の地方生産は本格化していった。寛政元（1789）年に刊行された『和漢　絹布重宝記』には、「京縮緬　浜縮緬　唐縮緬　美濃縮緬　上州縮緬　丹後縮緬」[20]とあり、京都・長浜・中国・岐阜・上州・丹後の各地で縮緬が製織されていたことが確認できる。

さらに、嘉永6（1853）年に刊行された幕末の風俗を詳細に描いた喜田川守貞（1810～？）の『守貞謾稿』には、「京坂、今世、市民婦女の礼服、縮緬定紋付」、「三都とも定紋付の美服、縮緬専らとす」、「江戸婦女、晴着も京と大同小異のみ。今世、三都とも礼晴には縮緬専らとす」[21]などという記述があり、三都では縮緬は晴着や礼服の定番になっていることが分かる。また、同年に来日したペリー（1794～1858）も、「種々の色縮緬のうち或るものは非常に薄く、（略）その他の布は支那縮緬より良質である」[22]と日本の縮緬のよさに言及している。

明治以降——時代は近代へと移り、明治22（1889）年に大日本帝国憲法が発布された時、一般の人々には憲法発布の意味が分からず、「絹布の法被」をご天子様が下さると有難がったという有名な『時事新報』の記事があるが、よく読むと、その絹布は「縮緬の五枚襲」になっている[23]。これは福澤諭吉（1835～1901）が書いたものだが、福澤は庶民が欲しがる高級品の象徴として縮緬を考えていたと言える。

　このように18世紀初頭には中国で主に生産されており、入手困難だった縮緬は、友禅染の技法による国内需要の高まりから地方生産が開始され、幕末には三都では女性の晴着や礼服の定番になり、その勢いは明治になっても衰えることはなかった。

　男性には公式な場での洋服の着用が義務づけられ、洋装化が進んだが、大正時代になっても女性のほうは相変わらず着物が着用されていた。ちなみに、関東大震災の1年8か月後の大正14（1925）年5月、今日の社会学に近い考現学を提唱した今和次郎（1888～1973）が流行の先端を行く東京銀座で行った風俗調査によると、女性の99％が着物を着用していた[24]という。近代社会における

---

(18)　『近松門左衛門集②』（新編日本古典文学全集75）小学館・1998年。
(19)　寺島良安『和漢三才図会　五』（東洋文庫462）平凡社・1986年。
(20)　楚洲田宮純『和漢　絹布重宝記』竹村嘉兵衛（皇京）・前川六左衛門（東部）・雄崎貞次郎（浪速）・天明9（1789）年・国立国会図書館古典籍資料室蔵。
(21)　喜田川守貞著／宇佐美英機校訂『近世風俗志（三）（守貞謾稿）』岩波文庫・1999年。
(22)　ペルリ提督／土屋喬雄・玉城肇訳『日本遠征記（四）』岩波書店・1955年・132ページ。
(23)　慶応義塾『福澤諭吉全集　第12巻』岩波書店・1960年・19～20ページ。

女性のファッションは、洋服ではなく「着物」だったのだ。

　それにしても、縮緬はなぜ流行したのだろうか。確かに、友禅染が縮緬の需要を高めたが、素材生地としての縮緬そのモノには魅力はなかったのだろうか。明治を代表する文学者である幸田露伴（1867〜1947）は以下のように語っている。

> 　私は女子には縮緬の画く輪郭が一番好い姿であると思ふ。縮緬類を除いては、日本婦人にふさはしいものはないやうです。（略）縮緬は之を染める色彩をも、優美に且つ奥床しく、つゝましやかに見せる。（略）斯様に縮緬の好い輪郭を作る訳は、縮緬の屈折し方の縮んで、如何にも優美に、重みがしっとりと下に曳かれて居て、その総てが曲線になりたがっているからである[25]。

　この文章は、明治38（1905）年、日本で初めて誕生した百貨店である三越の広報通販雑誌『時好』に掲載されたもので、やや誇張があるかもしれないが、数多く存在する着物の素材生地のなかで露伴が日本女性に最もふさわしい生地として縮緬を取り上げたことは注目に値する。縮があるため生地に柔軟性がある縮緬は、女性の体にフィットしやすく、今日のように女性の姿態が解放されている時代とは違い、体型を写すという何とも艶かしい魅力があったのだろう。

　着物という日本独自の民族衣装において縮緬は、日本女性の美しさを土台から支えてきた代表的な素材生地であった。そのため、輸出を試みた時期も何度かあったが、圧倒的に国内需要を目的として生産され続けた[26]。

（2）丹後縮緬について――シェア・工程・地域・生産形態・研究史

①全国的な位置づけ（シェア）

　国内における縮緬の最大生産地が、京都府北部の丹後地域である。今日でも、丹後地域は日本における縮緬生産の6割以上を生産しており、日本における絹の3割以上を消費する絹織物の最大産地である[27]。丹後縮緬についての明確な

定義はないが、一般にはこの丹後地域で製織された縮緬のことをいう。

　昭和52（1977）年には、丹後織物工業組合が21世紀に向けて素材生地（中間生産財）の産地から脱却するために染色した完成品を出荷するという総合産地化の提案もあったが、今日もその大半は白生地のまま京都へ出荷されており、染色後に京友禅や京都ブランドの着物として店頭に並んでいる。

　縮緬の製織が始まったと伝承される1720（享保5）年～明治10年代までは、「準備（糸づくり）」→「製織（織る）」→「精練（仕上）」の3段階までを丹後地域で行っていたと考えられるが、明治中期～昭和初期は、織っただけで未精練のままの半製品を主に京都へ出荷するという、いわば「織る」ことだけが丹後地域の仕事になっていた。丹後縮緬の近代は、まさにこの半製品からの脱却であり、精練工程を京都から丹後に取り戻すという闘いでもあった（第4章で詳述）。

　地域の側から見た丹後縮緬業の歴史については第1章で詳述するので、ここでは江戸時代の丹後縮緬に関する全国的な位置づけを示すいくつかの数値を提示するに留めたい。丹後地域で縮緬の製織が始まったのは享保5（1720）年からと伝えられており、今日まで約300年近い歴史をもっている。導入から10年後の享保15（1730）年、西陣が大火に見舞われたことを追い風にして、「田舎絹」と揶揄されながらも丹後や上州など地方の産地が成長を遂げ、延享元（1744）年には、京都へ出荷する縮緬を丹後からは36,000反、上州からは9,000反に制限するよう、西陣から幕府に嘆願が提出されている[28]。

　松本四郎の論文「商品流通の発展と流通機構の再編成」でも明らかなように、その勢いは留まることがなかった。松本はこのなかで、三越百貨店の前身で江

---

[24]　「風俗総合調査」（今和次郎『考現学』今和次郎全集1）ドメス出版・1971年。

[25]　幸田露伴「名家衣裳観・衣服の話」（『時好』第6巻第3号・三越呉服店・明治41年3月1日）。

[26]　縮緬産地のトップ、丹後縮緬同業組合とその前身の三郡同業組合の統計を分析したが、輸出額が全体の5％を超えることはなかった。縮緬の輸出を主に手掛けたのは、輸出絹織物・羽二重を主力とした北陸の機業家達が大正期以降に試みている。

[27]　丹後織物工業組合『産地の概況と統計・資料──平成18年版』2007年、「全国絹織物産地の分布」（独立行政法人農畜産業振興機構『シルク情報』平成17年版）などによる数値。

[28]　京都府立丹後郷土資料館『特別展図録20　丹後縮緬』1989年。

表1　番付表に見る上位の諸国産物（天保11年・1840）

西之方			東之方		
大関	西国	白米	大関	陸奥	松前昆布
関脇	阿波	藍玉	関脇	デハ	最上紅花
小結	タンゴ	縮緬	小結	山シロ	京羽二重
前頭	ビンゴ	畳表	前頭	摂津	伊丹酒
前頭	大和	奈良晒	前頭	イヅ	八丈縞
前頭	サツマ	黒砂糖	前頭	ヲハリ	瀬戸焼
前頭	紀伊	くじら	前頭	イセ	くじら
前頭	山シロ	宇治茶	前頭	越後	縮布
前頭	サツマ	上布	前頭	越前	奉書
前頭	周防	岩国和紙	前頭	近江	伊吹艾
前頭	日向	椎茸	前頭	カガ	撰糸絹

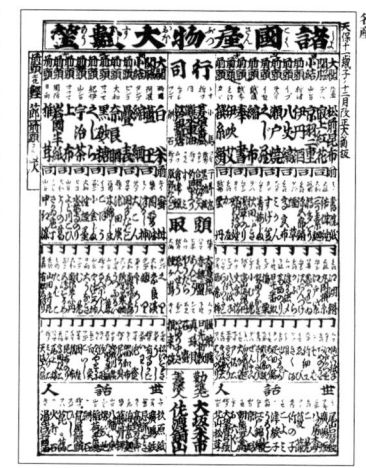

（出所）「諸国産物大数望　天保十一歳子ノ十二月改正大新板」（林英夫編『番付で読む江戸時代』柏書房、2003年、110ページ）東西の上位、第1段目のみを抽出した。
国名の漢字とカタカナの併記は、原本による。

戸時代を代表する呉服店「越後屋」の京本店における地方絹の入荷量を分析している。宝暦6（1756）年には、関東絹（37.7％）・加賀絹（18.0％）・丹後縮緬（16.5％）・上州紗綾（12.3％）が上位を占め、以下、郡内絹・紬類・越前絹・丹後絹と続く。丹後縮緬のシェアは16.5％で3位だが、地方名に縮緬が付いているのは丹後縮緬だけで、地方産地としてはすでにトップに立っていることが分かる。また、最下位に丹後絹（2.5％）があることから、丹後地域はすでに縮緬生産に特化していたことがうかがえる。

　さらに、天保5～9（1834～8）年の平均した地方絹の入荷量は、丹後縮緬（52.6％）・関東絹（20.0％）・加賀絹（9.5％）・諸国紬反物（7.8％）が上位を占め、以下、郡内絹・北国布・関東紗綾・越前絹・丹後絹の順になっている[29]。この時点で丹後縮緬が入荷のトップになっており、越後屋京本店における地方絹の入荷量全体の半数を超えていることが分かる。

　またこの頃、多数登場してくる物産番付表でも丹後縮緬の名声は高かった。表1は天保11（1840）年12月に改正・新版となった「諸国産物大数望」から東

序章　近代繊維産業とモノづくり　19

京都府と丹後地域

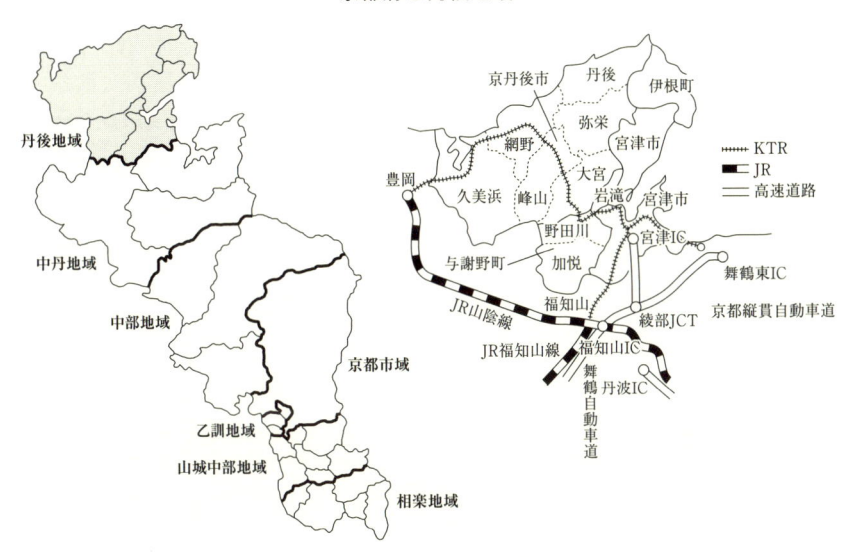

西の上位を抜粋して作成したものだが、丹後縮緬は数多くの物産を抑え、「大関　西国　白米」、「関脇　阿波　藍玉」に次いで、西の小結として第3位に位置している。物産番付は正確な統計ではないが、当時、数ある物産のなかでも丹後縮緬が全国を代表していた特産品であり、織物では京羽二重（東の小結）と並んでトップに位置していた。

②丹後地域

　丹後地域は、平成16（2004）年の大合併により「京丹後市」（峰山・大宮・網野・弥栄・丹後・久美浜町が合併）と「与謝野町」（加悦・野田川・岩滝町が合併）が誕生し、宮津市と伊根町を加えて現在は2市2町で構成されており、約11万人が暮らしている（地図を参照）。上記の（　）内の旧町は昭和30年前後の町村合併で誕生したものが多いが、近代においては、中郡（峰山・大宮町）・竹野郡（網野・弥栄・丹後町）・熊野郡（久美浜町）・与謝郡（加悦・野

⑶　松本四郎「商品流通の発展と流通機構の再編成」（古島敏雄編『日本経済史大系』4 近世下）東京大学出版会・1965年・104～105ページ。

田川・岩滝・伊根町・宮津町)の4郡11町が基本となっていた。近代を中心に記述してゆく本書においては、中郡・竹野郡・熊野郡・与謝郡を用いることが多いことをお断りしておく。

さらに遡って江戸時代、中郡(峰山・大宮町)は峰山藩領、竹野郡(網野・弥栄・丹後町)・与謝郡(加悦・野田川・岩滝・伊根・宮津町)は宮津藩領、熊野郡(久美浜町)は天領(幕府直轄領)となっていた。丹後地域の中央部のみが約1万石の峰山藩領として江戸時代を通じて京極氏が治め、天領久美浜を除く約5万石が宮津藩によって治められた。中央が峰山藩、その外側を宮津藩が覆うというドーナツ型で、北西端を幕府がかじるという統治形態であった。

丹後地域の気候は、「弁当忘れても傘忘れるな」と言われるほど雨が多く、地元ではこの気候を「うらにし」と呼んでいる。典型的な日本海式気候で湿度が高く、冬は雪に閉ざされる。日本海に面する熊野郡(久美浜町)・竹野郡(網野・弥栄・丹後町)・伊根町は古くから漁業が盛んであり、「天の橋立」を擁する宮津市と並んで近年は観光にも力を注いでいる。丹後地域は全体に山がちで、平地が少なく、かつては稲作には適していなかった。縮緬業は、海のない中央部の中郡峰山町と与謝郡加悦町の二つの地域で別々に、ほぼ同時期に京都から技術を導入して起こっている。

③生産形態と推移

丹後における織物製造業者(機業家)は、地元では「機屋(はたや)」と呼ばれている。その生産形態は、自営の「手張(てばり)」、賃織の「歩機(ぶばた)」という二つに大別されるが、二つを併用する形態も多い。「手張」とは、自ら原料を買い入れ、所有する織機で製織する独立自営業者のことで、産地問屋や京都問屋との間に介在する仲買(かいつぎ)・買継商などと取引をした。そのなかには、一定の京都問屋が直接、期限・数量・品質・価格などを特約する約定機(やくじょうばた)も存在した。これら手張のことを「織元」とも呼んでいる。

一方、「歩機」とは、産地問屋・仲買・買継商や手張(織元)から原料糸や織機を供給されて製織し、労賃(歩口銭ともいう)を受ける賃織業者のことで「賃機(ちんばた)」とも呼ばれている。丹後では、この歩機の形態が多い。手張は自分の

工場での生産以外に、歩機へも仕事を発注するため「親機」とも言い、受け手の歩機は「出機」とも呼ばれている。平成18（2006）年では、総事業所数1,965に対して親機は127で[30]、今日では自社工場では製造せずに出機のみの場合もある。なお、以上述べたことは総論であり、取引や生産形態は時代によって大きく変遷するので、各章において必要な折において触れてゆくことにする。

ところで、昭和48（1973）年以降の白生地生産量は丹後織物工業組合のホームページで公開され、昭和35（1960）年までは組合で対応して下さるが、それ以前の丹後における「縮緬」のみの数量を知ることは難しい。裏を返せば、縮緬のみを織っていたのではないということである。組合の名称も、発足した大正10（1921）年では「丹後縮緬同業組合」だったが、戦後に「丹後織物工業組合」へと変わっている。長期にわたる機業戸数・生産数量・織機台数・従事者数の統計は『組合史――丹後織物工業組合60年史』[31]の巻末に掲載されており、この統計をグラフにしたものが次ページの図1である。

生産高に注目すると、大正後半～昭和戦時期にかけての上昇と、戦後の高度成長期の異常な急上昇が目をひく。前者は第6章で詳述するが、後者は縮緬に加え、戦後西陣から賃機で帯の下請やウール着物などの仕事が入ってきたことによるもので、最盛期の数量は約半数が先染織物だった。

機業戸数は、戦前（戦時期を除く）が2,000戸程度に対して従事者数が6,000～2万人強で、1戸当たり3～10人という小規模な形態となっている。戦後は両者とも急増するが、1戸につき2～2.5人程度とさらに極小化している。これは、多数の農家の主婦が内職として参入してきたためであった。

④研究史

丹後縮緬については、歴史・経済・技術などの分野から数多くの研究がこれまで残されている[32]。最も分かりやすく全般に書かれているのは、京都府立丹

---

[30] 京都府織物・機械金属振興センター『丹後織物産地生産基盤実態調査報告書』2007年。
[31] 丹後織物工業組合『組合史――丹後織物工業組合六十年史』1981年。
[32] 丹後縮緬に関する研究史や史資料の残存状況は拙稿「近代・丹後縮緬研究ノート――丹後縮緬に関する調査報告を中心に」（『種智院大学研究紀要』第6号・2005年）に詳しい。

図1　明治・大正・昭和における丹後織物生産数値の推移
（機業戸数・台数・就業者数・生産数量・生産量目）

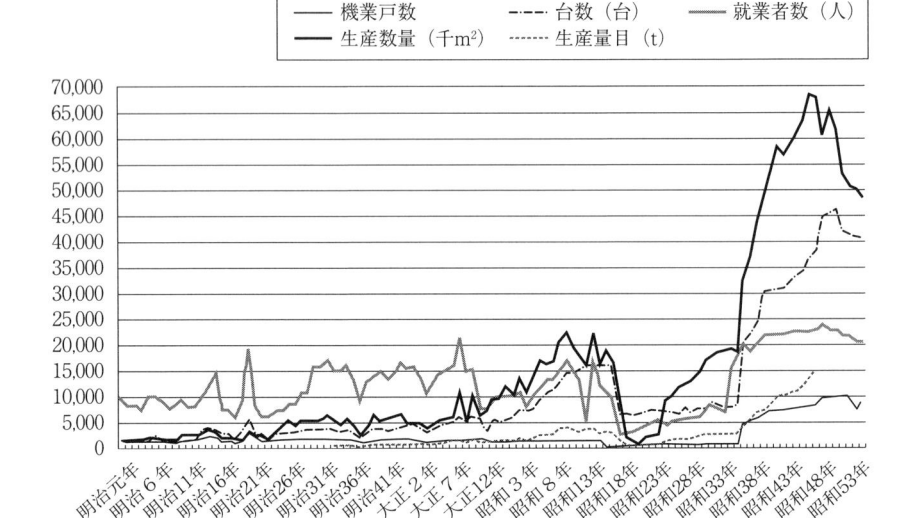

凡例：機業戸数、台数（台）、就業者数（人）、生産数量（千㎡）、生産量目（t）

年度：明治元年～昭和53年

（出所）「明治元年以降の生産高推移表」（丹後織物工業組合『組合史』1981年）をもとに作成した。
　数値は丹後織物工業組合に確認の上、一部修正した。
　戸数は、すべて「戸」とした。
　生産数量は㎡に統一し、その換算は、1反あたり4.2㎡とした。

後郷土資料館が特別展示・丹後縮緬を行った際に刊行した図録『丹後縮緬』[33]であり、同館の『丹後の紡織』（Ⅰ・Ⅱ）[34]は、縮緬だけでなく、丹後の織物全般について歴史・民俗・聞き取り調査などの研究を収録している。さらに、丹後縮緬の技術開発を指導してきた京都府織物・機械金属振興センターの元主任研究員である高橋茂夫による「丹後の縮緬」[35]は、同センターに残る資料をもとに製織技術の変遷や種類を詳細に分かりやすく概要している。また、『組合史――丹後織物工業組合60年史』は丹後縮緬業の歴史を組合の視点から描いているが、これらはいずれも概説書であって研究書ではない。

　このほかにも、『加悦町史』（資料編第2巻）[36]には自治体の枠を越え、近世・

丹後縮緬の歴史について詳しい出版物

近代の縮緬業に関する多数の資料が収録されており、『図説　京丹後市の歴史』では、豊富な写真資料をもとに「ちりめんと養蚕」という項目でコンパクトにまとめられている[37]。

　研究対象時期を時代で分けると、近世では、郷土史の視点から岩崎英精によって、領主（藩）と領民（農民）の対抗関係を軸にして、縮緬の丹後への導入そのものが年貢の過重によるものであり、領主に虐げられた農民像が強調されてきた[38]。また、池田敬正も同様に人民闘争史観から宮津藩と農民の関係を描いている[39]。それに対して宮本裕次が、幕末には農民達が組織した機屋組合の

---

[33] 京都府立丹後郷土資料館『特別展図録20　丹後縮緬』1989年。
[34] 同館『丹後の紡織Ⅰ』・『丹後の紡織Ⅱ』京都府教育委員会・1985・1986年。
[35] 日本家政学会民俗服飾部会編集・発行『民俗服飾研究論集　第19集』2008年。
[36] 加悦町史編纂委員会『加悦町史』（資料編第二巻）与謝野町役場・2008年。
[37] 京丹後市編さん委員会編『図説京丹後市の歴史』京丹後市役所・2012年。
[38] 岩崎英精『丹後機業の歴史』（自家発行・1953年）、『国練検査三十年の歴史』丹後織物工業組合・1958年、『丹後ちりめん始祖伝』丹後ちりめん始祖顕彰会・1965年。
[39] 池田敬正「宮津藩における農民的商品経済をめぐる領主と農民の関係」（京都大学経済会『経済論叢』74巻2号）1954年。なお、池田は「丹後ちりめん」（地方史研究協議会『日本産業史大系　六』1971年）も記述している。

郷土史の視点から書かれた本

自立性が強かったことを指摘している[40]。とはいえ、3者とも藩と農民の権力関係の議論に留まっている。ちなみに経済史からは、足立政男が縮緬問屋の経営について詳細な研究を残している[41]。

戦後は、京都府や丹後織物工業組合が数多くの実態調査を行っている[42]ので、それらを分析した多数の論稿が存在する。1970年代までは労働問題を中心とした研究が盛んで、それ以後も京都経済の現状をテーマとする論集には、工業組合の統計を活用した論文が掲載されていることが多い[43]。このように、丹後縮緬を対象とした研究は、近世と戦後を中心に、政治・経済・労働という側面からアプローチされてきた。

ところが、その間に位置する近代では、京都府立総合資料館が編纂した『京都府百年の資料』(二)に「丹後機業」に関する史料が数多く収集されており、それ以外にも、近代に書かれたいくつもの丹後縮緬に関する調査報告が確認できるにもかかわらず[44]、これらの史料を用いた論文がほとんど見当たらない。近代の丹後縮緬に関する研究は、いずれの分野からもほとんど手つかずのまま残されてきた[45]。

その理由は、単に史料の公開状況がよくなかったことや、一地方産業として忘れられていただけかもしれない。しかし、それ以上に位置づけが難しかったのかもしれない。生糸や輸出織物は、統計が整備されており、外貨を稼いで近代日本の経済成長に貢献したことがクリアになり易いが、昭和55(1980)年、円高とアメリカによる圧力から日本政府が内需拡大路線を打ち出すまで内需による経済成長という視点が弱く、丹後縮緬のような国内向けの織物業には関心が向けられなかったのだろう。

また、第6章で詳述するが、丹後縮緬業は「昭和恐慌期」と呼ばれる昭和初期に一般とは逆に黄金期を迎え、職工の待遇が当時としては決して悪くはなかった。そのため、当該期に盛んに日本資本主義を分析していた講座派の冷遇された労働者像にも適合しなかった。さらに、経済地理学でも地場産業や在来工業研究が多数あるが、その対象は、伝統的な在来型の産業を保護するために昭和49（1974）年に制定された「伝統的工芸品産業の振興に関する法律」（略称：伝産法）に指定されたものが多かった。

　伝産法の指定を受けるには、織物の場合は、動力機械を使用せず手機・手織りが基準になっているため、地域の伝統や文化になっているケースが研究対象として取り上げられる場合が多い。つまり、動力機械で織り、産業として生きている丹後縮緬は、研究の入り口のところで対象からはずされる場合が多かったのかもしれない。

　一方、服飾史においては、明治以降の近代の着物に関する研究蓄積は浅いが、

---

(40) 宮本裕次「縮緬織物業の形成と機屋組合」（『加悦町史　概要版』加悦町・2004年）。
(41) 足立政男「近世丹後機業地帯における商業資本家の存在形態」（『立命館経済学』第7巻第4号・1958年）、同『丹後機業史』雄渾社・1961年。
(42) 京都府立産業能率研究所『丹後機業地の実態』1951年、住谷悦治『丹後機業の構造分析』京都府労働経済研究所・1952年、丹後織物工業組合『丹後機業の将来ビジョン』1977年、ほか。毎月『丹後織物』を発行、2年に1度、機業調査を行い事業報告を刊行。
(43) 鈴木登「丹後経済における機業の役割と制約」、高内俊一「統計にみえる丹後機業と丹後地域経済」（ともに『立命館大学人文科学研究所紀要』第36号、特集：丹後をめぐる経済状況、1983年）、井口富夫「繊維・衣料品産業と地域経済」（松岡憲司編著『地域開発と企業成長』龍谷大学研究叢書第56巻・日本評論社・2004年）、岩佐和幸「繊維産業の再編と産業崩壊の危機」（岡田知弘編『京都経済の探求』高菅出版・2006年）。
(44) 京都府立総合資料館編『京都府百年の資料　二』（商工編）1972年は資料集だが、「機業の活動」という柱のなかに「西陣機業」と共に「丹後機業」という項目が立てられ、近代における丹後機業の変遷が分かる。調査報告は、拙稿「近代・丹後縮緬研究ノート――丹後縮緬に関する調査報告を中心に」（『種智院大学研究紀要』第6号・2005年）が詳しい。
(45) かつて堀江英一が『近代産業史研究』（京都経済学会研究叢書、第一輯絹織物、日本評論社・1953年）において西陣と共に丹後機業の分析をしているが、近年、佐々木淳が丹後の金融事情について「1930年代前半における丹後の銀行と丹後縮緬」（『龍谷大学経済学論集』第46巻第4号・同大学・2007年）、「戦間期における丹後の本店銀行と縮緬業」（松岡憲司編著『地域産業とネットワーク』新評論・2010年）を発表している。

それでも縮緬の着物や古裂（古い布の切れ端）についてはいくらかの一般書が見られる[46]。現存する小袖や着物を収録したそれらの書籍では、本のタイトルに「縮緬」と銘打ちながらも、生地そのものよりも着物や生地に描かれたビジュアルな意匠が重視されている。素材が縮緬であるということは分かっても、その産地にまで関心は及んでいない。実際、丹後縮緬かどうかの判別は難しく、染色していない素材の白生地にまで着目されることはなかった。

5　本書の構成

　本書の構成を述べておこう。まず第1章で丹後縮緬業を丹後地域の側から概観し、地域力を問う。しばしば西陣の下請けと揶揄される丹後縮緬業だが、単なる下請けで300年近くにもわたって産業の継続は可能だろうか。丹後地域の内側に、発展や継続の要因はないのだろうか。このように、第1章で丹後縮緬業を概観したうえで、第2～7章において個別の問題を論じてゆく。

　第2章では、在来産業である丹後縮緬業において、明治期にどのような丹後縮緬が製織されたのか、近世から近代への製織品の変化を追うことで、どのように西洋技術の導入や応用がなされたのか、また在来の技法はそのことによってどう変化したのかなど、技術力を中心に考察する。そして第3章では、明治期に、各種博覧会で丹後縮緬が粗製濫造と揶揄された問題について、その内実を考える。江戸時代には高級品であった丹後縮緬が選択したのは高級品への路線なのかそれとも大衆品への路線なのか、その開発力と経営力の関係を考えてゆく。

　モノづくりは、よい技術でよい製品を生み出すことが基礎にあることはまちがいない。しかし、その良さをどのような形で誰が市場に向けて伝えるのか。江戸と明治の2度にわたる丹後縮緬のブランド化を追いながら、そのアピール力を第4章で考える。そして第5章では、実際に縮緬を製造していた女工達の実態や労働力について、大正から昭和戦前期、いわゆる戦間期に丹後地域を代表した工場に残された職工カードの分析から明らかにしてゆく。また第6章で

は、近代繊維産業として丹後縮緬業が最盛期を迎えたのは、丹後大震災（昭和2年）から復興する昭和恐慌期であったことに言及する。なぜ、恐慌期に縮緬の需要が拡大したのか、その逆転の発想力とそれを支えた政治力を明らかにし、従来の昭和恐慌像にも異議を唱えたい。

　第7章として、ベトナムでの絹糸生産をする京都老舗糸商のナビゲーションで、21世紀に入って海外生産を始めた丹後機業のヒアリングおよび現地工場調査をもとにして伝統産業における海外生産の実態を紹介し、海外でのモノづくりの有効性や問題点を考える。そして終章では、モノづくりから見た丹後縮緬業を総括する。生産者側がもっていた力を確認し、丹後のモノづくりの特徴を明らかにしたうえで、近代繊維産業史の見直しを試み、その特徴は今後の日本のモノづくりに生かしてゆけるのか否かを検討する。

---

(46)　近代の縮緬については、註(16)および『縮緬古裂』（別冊太陽　骨董を楽しむ⑦）平凡社・1995年、『縮緬古裂をたのしむ』講談社・2003年、長崎巌「小袖からきものへ」（『日本の美術8』No,435・至文堂・2002年）、大谷みち子『ちりめん変化』紫紅社・2006年、など。現存する縮緬の小袖や着物の写真を多数収録した一般書である。

第 1 章

丹後縮緬業の概観

協同と競争・組織と人材

1 発展の内的要因

(1) 現状・研究史・課題

　繊維産業は現在、デザインや戦略は日本で行い、生産そのものは低賃金の発展途上国でという体制に移行している。国内では、伝統工芸品[1]に認定されるような手織りによる織物が、利潤を追求する産業としてではなく、その地域の伝統や文化として残されている。そのような日本の織物事情のなかで、国内で消費される絹の約3割が京都府北部の丹後地方において使われている[2]。特に、約300年間にわたって織り続けられてきた丹後縮緬は、日本の縮緬生産の6割以上を占め[3]、礼服・晴着・訪問着などといった女性用の高級着物の素材生地として知られている。丹後縮緬は丹後地域を支える産業であり、決して採算を問わない伝統や文化ではない。それがゆえ、現在の丹後縮緬は手織りではなく力織機で織られている。

　序章で紹介したように、丹後縮緬については現状を分析・紹介した論稿や歴史研究などがあるが、この地になぜ縮緬業が発展したのかを問うたものは意外と見当たらない。研究内容をよく見てみると、発展した理由を以下の四つとしている場合が多い。

❶和装の拠点＝京都市場に比較的近いという経済・地理・情報的条件。
❷日本海に面して雪に閉ざされて多湿という気候的条件。
❸稲作に適した田地が少ないという地形的条件。
❹着物への需要が大きかった時代・社会的条件。

　そして、常に産地としての西陣や流通の拠点である室町の傘下にあったことが強調されるが、単なる下請けで300年近くも継続が果して可能なのか。これらの外部要因ではなく、縮緬業を発達させた主体、すなわち丹後という地域内部にそのイノベーション（改革・革新）があったのではないだろうか。

図1−1　丹後における織物の生産数量（明治・大正・昭和）

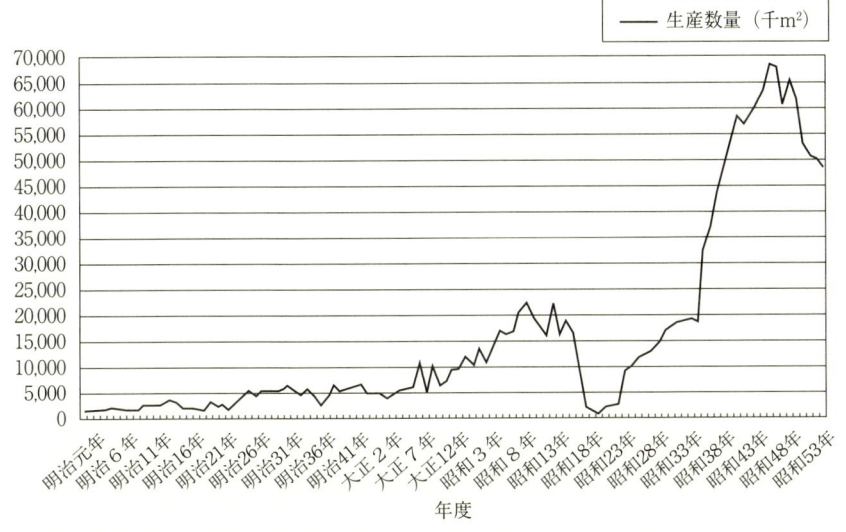

（出所）　丹後織物工業組合［1981］『組合史』の巻末資料により作成。
　　　　もとのデータは反と㎡が混在しているため、1反＝4.2㎡で換算し、㎡で統一した。

（2）視点──丹後における織物生産の推移（明治・大正・昭和）

　これから述べていくように、丹後縮緬は約300年にわたる歴史をもち、一つの産業をこれほど長期にわたって育んできた地域は少ない。この間、幕末の開国から近代社会へ、そして戦争と少なくとも2度の急激な大変革があったにもかかわらず発展を続けてきた。

　江戸から明治へと数量的に把握するのは難しいが、明治以降の数量は、**図1**で示した。そのなかから、織物の生産数量を抽出したのが**図1−1**である。昭和30年代後半からで昭和40年代後半にかけての急上昇が目を引く。「ガチャ万」

---

(1) 産業保護を目的とした「伝統的工芸品産業の振興に関する法律」が昭和49（1974）年に制定されている。手織りであることが認定の基準の一つになっている。
(2) 「全国絹織物産地の分布（平成17年）」（独立行政法人農畜産業振興機構『シルク情報』2006年）によると、生糸の消費高は、上位から①丹後36.1％、②西陣21.0％、③長浜5.4％の順になっている。
(3) 丹後織物工業組合『産地の概況と統計・資料──平成18年版』2007年。

と呼ばれた時代で、まさに日本の高度経済成長に歩調を合わせている。戦後、女性の衣服が洋装に転換するなかで逆に伸張している。ごく普通の家庭の娘でも成人式には晴着を着て、結婚する時には礼服や訪問着を一式揃えるようになり、その生地として縮緬が重宝された。また、西陣の下請けとしての帯やウール着物など先染織物や洋服用の広幅織物の受注が増えたほか、ポリエステルをはじめとした化学繊維への挑戦なども成長の要因となった。

　グラフをよく見ると、大正時代の後半から太平洋戦争が始まる昭和16（1941）年頃までも右肩上がりを示している。戦争と敗戦による混乱がグラフを断絶させているが、それがなければ戦前と戦後の二つの山は連動したものとなり、大正時代の後半から昭和40年代後半まで右肩上がりを続けていたかもしれない。

　第二次世界大戦以前の繁栄した時代というのは、日本社会が第一次世界大戦の戦後恐慌や金融恐慌、世界恐慌が日本に及び、「昭和恐慌」とまで言われ不況に苦しんだ時代であるため、丹後地域の生産動向とは一致しない。何故、不況下で伸張していったのだろうか。そこには丹後地域がもつ内的要因があると思われるが、この点については第6章で明らかにしてゆきたい。まずは、丹後縮緬業を地域内部から概観してゆくことにする。

2　縮緬業の導入
古墳時代～江戸時代

（1）導入の背景

　丹後国は、元明天皇の和銅6（713）年に丹波国から5郡（加佐・与謝・丹波・竹野・熊野）を分割してできた国である。鎌倉時代から一色家の支配を受け、戦国時代には細川家、その後、慶長5（1600）年に入府した京極氏が元和8（1622）年に3家に分かれ、田辺（舞鶴）藩、宮津藩、峰山藩が成立し、享保2（1717）年には熊野郡が幕府直轄の天領となった。近代になると、中郡（峰山周辺）・竹野郡（日本海側）・与謝郡（宮津・加悦谷地域）・熊野郡（久美浜）の4郡に分けられ、そして現在、中・竹野・熊野郡が「京丹後市」となり、加

絁の碑（京丹後市弥栄町）
昭和43年、天平の都へ絁を送った地に碑を建立（筆者撮影）

悦谷地域の岩滝・野田川・加悦の３町が「与謝野町」となっている。本章で記述することになる近代では、「中・竹野・与謝・熊野郡」という表記が有効であるため、主にこの４郡を使用して説明してゆく。

丹後地域と絹織物の関係は古い。古墳時代以降、丹後地域に残された遺跡から数多くの紡錘車（糸を紡ぐのに用いた器具）や絹織物が発掘されている。奈良時代の天平11（739）年に丹後国竹野郡鳥取郷から調貢された「絁」が正倉院に残されているほか[(4)]、平安末期の保元３（1158）年には、藤原道長（966～1027）が創建した法成寺（京都上京区にあったが、２度の火災で1219年に廃絶）の修正会において丹後３ヶ庄から呪師装束が調進されている。

中世になると、南北朝時代に成立したとされる『庭訓往来』に丹後の産物として高級絹織物「精好」の記述があるほか、寛正６（1465）年には、室町幕府は丹後国加悦庄の領主に対して、当時の正装・束帯で着用する大口袴の召し出しを命じているという記録がある[(5)]。そして、近世初頭に刊行された『毛吹草』（1645年）には、丹後の特産品として「紬」、「撰糸」などの高級織物が記載されている[(6)]。今後さらなる研究が必要であろうが、このようないくつかの

---

(4) 古墳時代・奈良時代の記述は、京都府立丹後郷土資料館『特別展図録　丹後縮緬』（1989年）による。

史料から、縮緬の技法が伝えられる以前にも丹後地域は一定の高度な織物技術をもっていたと考えられる。

序章でも述べたように、縮緬の技法は天正年間（1573～1585年）に明の織工が堺に伝え、文禄・慶長年間（1592～1614年）に西陣で織られるようになり、宮崎友禅斎が糊防染(のりぼうせん)によって着物に図柄を自由に描くことができる友禅染を創始したことで、元禄時代（1688年～）になって、友禅染が最も美しく映える白生地として縮緬が流行した。しかし、華やかな時代の浪費は幕府や諸藩の財政を圧迫した。そんな状況下において飢饉や凶作に見舞われたというのが8代将軍吉宗の享保期（1716～）である。

峰山藩や宮津藩も状況は同様で、年貢の取り立てが厳しくなる一方で、これまでの絹織物では高価を得ることは難しくなり、より付加価値の高い縮緬の技法を導入する必要に迫られた。享保5（1720）年、峰山の絹屋佐平治が西陣から、その2年後には、別ルートで手米屋小右衛門、山本屋佐兵衛、木綿屋六右衛門が加悦谷にその技法を持ち帰っている[7]。これらの人々は機屋や問屋であり、藩の主導ではなく民間人の手によって縮緬の技術が導入された。

（2）峰山藩と宮津藩の対応

縮緬の導入から10年後の享保15（1730）年、西陣は大火に見舞われ、約7,000台あった織機の半数と多量の織物が焼失した。品不足となったため、丹後をはじめとした地方産地に需要が殺到したが、特に縮緬は西陣以外では丹後が主な産地であり、京からも近いということで、急激に生産が増大した。「田舎絹」と揶揄されながらも地方絹の発展はめざましく、前述したように延享元（1744）年には、丹後（36,000反）や上州（9,000反）から京への登せ高（出荷高）を制限するように西陣が幕府に願い出ている。このような動向に対して、峰山藩と宮津藩はどのように対応したのだろうか。

峰山藩は約1万石の小藩であり、明治に至るまで京極氏の支配が続いた所である。藩主高之（1678～1723）は、享保15年、家督を譲って「森田治郎兵衛」と改名した絹屋佐平治（1683～1744）の功績を「治郎兵衛縮緬織出候ニ付、所

の賑ひと相成末々の軽き者までも渡世の足しにも相成候段専ら治郎兵衛大功なり」[(8)]と高く評価し、彼の指示のもと地域が結束して縮緬業を繁盛させるよう領内の縮緬機屋に通達している。

　この縮緬業振興策は、峰山藩では一貫しており、寛政改革期には幕府の奢侈禁止や倹約励行のために、京都問屋への縮緬販売が停止されて、混乱するが、峰山藩では領内で生産された縮緬を集めて、反別検査を行い、合格したものにのみ改印を押して、新たな問屋との取引を開始している（第4章で詳述）。

　一方の宮津藩は、京極氏のあと永井・阿部・奥平・青山・本庄（松平）氏とその支配が変遷したなか、青山氏の時代に縮緬が導入された。寛延2（1749）年、「百姓農耕第一之儀」として縮緬機の停止を命じて運上銀（営業者に課せられた税）を賦課したほか、宝暦2年（1762）には許可を受けた者以外が縮緬を織ることを禁じた機株制を設けるなどの、弾圧的な政策がとられたが、そのたびに在地の機屋達の結束は固くなった。なお、宮津藩は、最も支配が長かった本庄（松平）時代に約7万石（丹後領内は約5万石）であった。

（3）品質における地域差

　このような両藩の政策の相違は、縮緬そのものにどのような影響をもたらしたのだろうか。天明期（1781〜1888年）における全国の絹織物事情を詳細に記述している『和漢　絹布調宝記』を見てゆこう。そこでは、絹織物の産地ランキングは加賀・長浜・丹後、そして関東各地の順となっており、丹後絹は「加賀絹より余程下品なる絹なり、紋付のおもてなどには一切出来がたし、裏地已

---

(5) 平安末期〜中世の記述は上田純一「中世の加悦谷近辺の荘園と絹織物業のことなど」（与謝野町歴史シンポジウム記録『与謝野，その歴史に日本の起源を探る』与謝野町教育委員会・2009年）を参考とした。保元3年の記事は『兵範記』正月八日条、寛正6年の記事は『親元日記』による。
(6) 松永重頓・新村出校閲『毛吹草』（巻第4）岩波書店・1943年。
(7) 近世の丹後縮緬の叙述については、註(4)および、丹後織物工業組合『組合史』1981年、宮本裕次「縮緬織物業の形成と機屋組合」（『加悦町史　導入編』加悦町教育委員会・2004年）などを参考とした。以後も同様である。
(8) 中郡役所『丹後国中郡誌稿』臨川書店・1985年（大正3年発刊の復刻版）。

下染小裁に多仕入る也」[9]と記述されているように、その評価は高くない。ちなみに、縮緬のランキングは、京縮緬・濱縮緬・美濃縮緬・丹後縮緬・上州縮緬の順となっている。今日でも縮緬の3大産地と言われている「長浜」、「岐阜」、「丹後」がすでに見受けられ、縮緬業自体が歴史的伝統をもつ織物であったことが分かる。

　ところで、前掲書における「丹後縮緬」の項目は「全体糸のよりわかく絞ひくし、絹の性も柔なり、(略)中にも不勝絹ハ着用して毛むく立也、加屋宮津より出るもの至て麁也、大野是に満さる、岩滝峯山上品也」[10]となっており、全体としては糸の撚りが少なく、シボが低く、柔らかく、生地はあまり強くないうえに毛羽立つものもあったようだ。また、加屋(加悦)や宮津のものはよくないが、大野のものがそれより勝り、岩滝や峰山のものが上品とされている。つまり、振興策をとった峰山藩領の縮緬の評価は高いが、抑制策をとった宮津藩領のものは低い。両藩の政策が品質において対照的に現れた。

　『和漢　絹布重宝記』が出版された直後から、先に書いた峰山藩の検査・改印・専売が開始されているので、さらに品質の高い縮緬を織り出す努力がなされたことは想像に難くない。なお、天明5(1785)年には、加悦谷地方から軽量の縮緬を織り出している。のちに、中郡が重量の縮緬、加悦谷が軽量の縮緬、竹野郡がその中間の縮緬と言われる端緒となっている[11]。

3　混乱の時代
幕末・明治前期

(1) 新たな原料糸への取り組み

　安政5(1858)年、200年以上にわたる鎖国政策が解かれ、欧米諸国との貿易が開始されると、大量の生糸が輸出され始めた。開国の混乱のなか幕府は崩壊し、明治政府が誕生したが、庶民からすれば経済も政治も混沌とした状況であった。服装史から見れば、身分制とともに衣料規制が解かれ、誰もが自由に絹を着用できる時代となった。

この時期、生糸を原料とする縮緬業はどのような状態にあったのだろうか。国内からも海外からも生糸の需要が急増した。江戸後期から養蚕業は発達していたとはいえ、いまだ農村における手作業の座繰りが中心でその需要に対応することはできなかった。当然、生糸の価格は高騰し、生糸そのものが内需には回らないという状況になった。そこで、丹後の機屋（生産者）達は新たな原料糸を工夫することになった。なお、原料糸については第2章で詳述する。

　まず最初は、機械によって均質に製造された細い輸入綿糸が導入された。縮緬業に従事していた中郡口大野村の蒲田善兵衛が、慶應3（1867）年に綿縮緬に着手している。

　京阪地方に行商した時、輸入の綿糸を織物に使用していることを知り、縮緬への応用を試みた。しかし、輸入綿糸ばかりでは撚りを掛けるのが難しく、生糸の配合においては困難を極めた。特に、綿糸を使用すると表面に毛羽が立ちやすく、それをガスで特殊に焼いて光沢を出した瓦斯縮緬が上州で開発され、盛んに生産されるようになった[12]。輸入綿糸の活用は、丹後よりも上州のほうが本場であったらしい。

　では、丹後においてはどのような原料糸が主に使われたのだろうか。それは、養蚕・製糸などの過程で生み出された屑繭を原料として、西洋からの機械紡績技術を導入した工場で生産した「紡績糸」を原料糸として活用した。この紡績糸は「絹紡糸」あるいは「紡績絹糸」とも呼ばれている。

　明治10（1877）年、竹野郡島溝川村の口地藤兵衛が生糸を購入するために西陣へ来て、絹紡糸が安くて生糸に近似していることを聞いて使用したが、失敗を重ね、ついに「別赤縮緬」という緯糸に生糸8分、紡績糸2分を交織した紡績縮緬の最上品を明治30年頃に開発したという[13]。なお、『竹野郡誌』では、口地が挫折したために、足達祐左衛門が完成させたと記述している[14]。

---

(9)　楚洲田宮純『和漢　絹布重宝記』竹村嘉兵衛（皇京）・前川六左衛門（東部）・雄崎貞次郎（浪速）・天明9（1789）年・国立国会図書館古典籍資料室蔵。
(10)　註(9)に同じ。
(11)　東京税務監督局『丹後機業沿革調査書』（内国税彙纂第25号）1905年。
(12)　註(11)に同じ。
(13)　註(11)に同じ。

この紡績絹糸の国産化は、明治10（1877）年、殖産興業策を振興する内務卿大久保利通（1830～1878）のもと、佐々木長淳（1830～1916）が内務省勧業寮新町屑糸紡績所を群馬県に設立したことに始まる。輸出用の生糸をつくる官営富岡製糸場で出た屑繭のリサイクルを、官営の新町紡績所が担うことになる。ここに国策として、内需には紡績絹糸、輸出には生糸という路線が引かれた。やがて、明治15（1882）年には新町から丹後へ向けて紡績絹糸が製造され始めている[15]。

（2）粗製濫造問題の発生

明治5（1872）年、丹後は丹波・但馬とともに豊岡県の管轄に入り、三丹が統合された。豊岡県とは、明治4（1871）年の廃藩置県によって豊岡藩（1.5万石）から丹後国、但馬国、および丹波国西部を管轄するために設置された県である。現在の京都府北部と兵庫県北部がそれに当たる。豊岡県では、営業するための機鑑札や製品の検査や改印を押印するための勧業所が設置された[16]。その翌年、新政府が国を挙げて参加したウイーン万国博覧会の受賞者リストに「表状　絹縮緬　豊岡県」が見られる[17]。

同博覧会への出品織物を国内選抜するために各府県から提出させた史料群には、「峯山縮緬」と「宮津近傍縮緬」が存在する。詳細な記述があるのは「峯山縮緬」であり、「宮津近傍縮緬」は「機械ノ製置組織ノ方法都テ峯山縮緬ト一般、只其品位少シク下等トス」[18]と酷評されていることから推測すると、オーストリアへ行ったのは「峯山縮緬」であろうと思われる。

その3年後のフィラデルフィア万博でも、峰山の吉田宗治郎・鍋島仙吉・池辺金介が「峰山縮緬」を出品している。縮緬の丹後導入から約150年、峰山藩や豊岡県が行った検査・検印など一定の規制が品質向上に果した役割は大きかったと言える。

しかし、明治9（1876）年に同県が廃止されて、丹後が京都府に編入されると、豊岡県のような保護監督がなく混乱状態に陥った。第3章で詳述するが、これは丹後縮緬だけではなく全国的な傾向であり、ほかの織物や特産品におい

ても同様だったと思われる。そのため、明治17（1884）年、農商務省は同業組合準則を通達した。これを受けて京都府では、翌年に「甲第57号」を布達し、8月には与謝・中・竹野の3郡が連合して「丹後縮緬業組合」が組織され、各郡に事務所を設置した。

ところが、（1）で見たように、生糸不足から起こった紡績縮緬（紡績絹糸を使用）や瓦斯縮緬（綿糸を使用）の製造をめぐって組合は混乱し続けた。このため明治21年3月には「京都府令（第32号）丹後縮緬業取締規則」、また明治25年にも「府令（第46号）」に基づいて、郡別に組合を組織し、連合会も設置したが、混乱が収まることはなかった。明治10年代から20年代の同業組合は強制力がなく、職工を取り締る力もなかった[19]。

逆に考えれば、組合に加入して、一定の水準や信用などを得ることが不要で、悪しき縮緬でも売れたということである。幕末に流行していた縮緬は、明治前半期にも国内需要の上昇が継続していた。このような混乱した状況を言い表すために、当時の行政側の史料には「粗製濫造」という文字が散見される[20]が、機屋や職工から見れば、「なんでも売れる」、「仕事がある」といういい時代だったのかもしれない。

---

[14] 『竹野郡誌』竹野郡役所・1915年には、紡績絹糸を丹後へ導入したのは口地藤兵衛だが、口地は紡績糸での縮緬製織に行き詰まり、彼に習い、引き継ぎ、丸紡・半紡・別赤縮緬などを開発したのは島津村字島溝川の足達祐左衛門であったと、足達自らの口述が載せられている。足達はでき上がった紡績縮緬を川島甚兵衛や高田久七などへ販売したという。また、明治40年10月6日、足達が京都府知事大森鐘一から、紡績縮緬の開発改良で功労賞状を授与されているので（『同』）、紡績縮緬の開発に足達が大きく貢献していたことは事実だろう。
[15] 島元義枝『日本絹紡糸事業概観』日本絹紡協会・1980年、岡本幸雄・今津健治編『明治期官営工場沿革』東洋文化社・1983年による。
[16] 註(11)に同じ。
[17] 万国博覧会の受賞者については、東京国立文化財研究所美術部『明治期万国博覧会美術品出品目録』1997年による。以下の万博に関する記述も同様。
[18] 「織物集説」（国立国会図書館古典籍資料室蔵）による。
[19] 註(11)に同じ。
[20] 註(11)や農商務省『興業意見』明治17年に「粗製濫造」「粗製濫売」などの言葉が散見される。この「粗製濫造」問題については、第3章で詳述する。

4 地域間競争の時代
明治後期

（1）種類の増加と郡ごとの傾向

　江戸時代は、重量の違いはあっても丹後縮緬における種類はあまりなかったと思われるが、明治も後半になる20年代〜30年代にかけては丹後縮緬の種類が増加し始めた。例えば、明治21（1888）年に丹後地方で生産されていた織物は本縮緬（大・中・小巾）、鹿子地（重・軽）、鶉縮緬、絹縮、羽二重ハンカチ地、紡績縮緬、新撰瓦斯縮緬（大・中・小巾）、綿縮（大・並・小巾）の8パターンで、バリエーションで数えると15種類であった[21]。

　それが、明治36（1903）年には32パターンで40種類と増加している（**表1－1参照**）。本縮緬・鹿の子地・絹縮など引き続き織られているが、新たに半紡・丸紡・別赤縮緬、紋縮緬をはじめとして「紋」の付く織物が目をひくようになった。

　本縮緬とは、享保期に織り始めたとされる生糸を使用した丹後縮緬の原型であるが（**図1－2左参照**）、開国以後、生糸の不足で綿糸・紡績絹糸などが混紡された。明治20年頃から流行した瓦斯縮緬の1種である「瓦斯鶉」という品名が見え、引き続き製織されているが、紡績絹糸を使用した縮緬がこの時期の主流となっていた。

　明治28（1895）年に京都で開催された第3回内国勧業博覧会では、実に丹後から出品した縮緬の7割が紡績絹糸を使用しており、酷評を受けている[22]。この紡績絹糸を用いた縮緬は明治20年頃には紡績縮緬と一括されていたが、紡績絹糸の種類や混紡の割合など多種多様化し、「半紡」、「丸紡」、「別赤」などと区分されて呼ばれるようになった。経糸には従来どおり生糸を使い、緯糸に、半紡とは半分、丸紡とはすべて、別赤とは生糸に2割だけ紡績絹糸を用いたもので、紡績縮緬のなかでは生糸の配合率が高い別赤縮緬が最上級となる。これらの紡績縮緬は、中郡と竹野郡で主に製織されていた。

　一方、「紋」の織物はほとんどが与謝郡で織られていた。紋織物は生地に紋

第1章　丹後縮緬業の概観　41

表1-1　郡ごとに見た織物の種類（明治36年）

	本縮緬大巾	同中巾	同小巾	半紡縮緬大巾	同中巾	同小巾	丸紡縮緬大巾	同中巾	同小巾	別赤縮緬	同中巾	同小巾	本襟地縮緬	半紡襟地縮緬	丸紡襟地縮緬	鹿子地	本絹縮	三尺巾無地絹縮	紋絹縮	丸紡絹縮	一楽織（市楽織）
与謝	○									○			○			○		○	○		
中	○	○	○	○	○	○	○	○	○	○	○	○	○	○	○		○		○	○	
竹野	○	○					○			○											
熊野							○	○													

	絹綿一楽織	無地壁織	広紬織	紋羽二重	紋絹織	紋壁織	紋仏蘭西	紋紹織	紋袋織	瓦斯大巾	同小巾	瓦斯鶉	絹毛斯	毛斯	旭織（朝日織）	斜織（斜子）	無地羽二重	輸出軽広縮緬	古カタン織	種類
与謝	○																			26
中				○															○	22
竹野																				12
熊野																				3

（出所）　東京税務監督局『長浜縮緬機業調査書丹後機業調査書』明治38年、154〜65ページの「織物統計表」から作成。

様を浮き出したもので（**図1-2右参照**）、かつては公家や武家といった上層部の人々のみが着用したが、近代になると、明治6（1873）年にフランスからジャカード機が西陣に輸入され、空引機を使った複雑で手間だった技術が容易になったため一般の人々にも紋織物が普及した。ジャカード機の国産化が進められ、明治20年には西陣では国産ジャカード機が普及した[23]。

与謝郡では、縮緬の技法を導入した手米屋小右衛門の系統である杉本治助が明治26〜32（1893〜99）年頃に持ち込んだと思われる[24]。明治21（1888）年にはなく、明治36（1903）年には7種類の紋織物が見られた（**表1-1参照**）こ

---

[21]　丹後縮緬業組合取締所『明治二十一年自一月至六月丹後国産縮緬及絹織物景況三郡統計一覧表』による。
[22]　藤原正人『明治前期産業発達史資料　勧業博覧会85』明治文献資料刊行会・1974年。
[23]　『京都近代染織技術発達史』（同編纂委員会著作監修）京都市染織試験場・1990年。

図1-2　本縮緬（左）と紋縮緬（右）

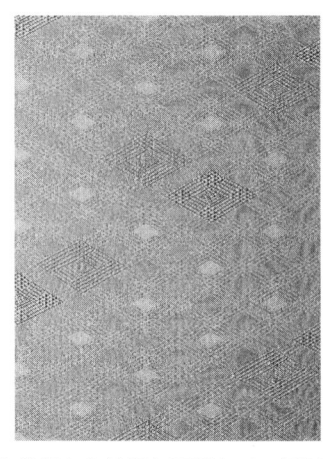

本縮緬とは、明治・大正期に紡績糸を使用した縮緬と区別して、江戸時代から織られた無地の縮緬の総称、写真は古代縮緬。紋縮緬とは、生地に模様（柄）のある縮緬の総称、写真は紋意匠縮緬。（丹後織物工業組合提供）

とから、この間に導入されたことは明らかである。紋織物のほかにも「一楽織」・「旭（朝日）織」など、原料糸や織法ではなく商品名が付いた織物も登場し、羽二重、毛斯（モスリン）などといった縮緬以外の織物も手掛け、パターン・種類とも3郡のうちで与謝郡が最も多くなった。

（2）統計から見た動向

　江戸から明治初頭にはその品質において圧倒的に上位にいた中郡だが、明治後半になると与謝郡が多種多様な織物を創織し始めた。一方、竹野郡は紡績縮緬にほぼ収斂しており、やや中郡に近い状況であったが、このような傾向の背景を統計から考察してみることにする。
　表1-2は、（A・明治21年）、（B・明治36年）、（C・大正8年）の統計をもとに、郡ごとに機屋数・機数・職工数・機屋の規模・販売反数・販売額・1反の価格を書き上げたものである。なお、Aのみが半期分の統計になっているこ

表1－2　機屋数・機数・職工数・機屋規模・単価の比較

A、明治21年（1888）1月～6月

	① 機屋数	② 機数	③ ②/①	④ 職工数	⑤ ④/①	⑥ 販売反数	⑦ 販売額	⑧ 1反単価
与謝	4,500	8,461	1.88	14,398	3.2	95,000	156,800	1.65
中	1,938	2,794	1.44	12,785	6.6	64,395	158,408	2.46
竹野	1,682	2,516	1.5	9,322	5.5	44,032	125,822	2.86

B、明治36年（1903）

	① 機屋数	② 機数	③ ②/①	④ 職工数	⑤ ④/①	⑥ 販売反数	⑦ 販売額	⑧ 1反単価
与謝	708	1,295	1.82	6,048	8.5	401,316	1,904,392	4.75
中	353	628	1.77	3,140	8.8	288,716	1,156,193	4.00
竹野	418	837	2	3,459	8.2	374,570	1,703,991	4.54
熊野	11	21	1.9	72	6.5	7,560	27,761	3.67

C、大正8年（1919）

	① 機屋数	② 機数	③ ②/①	④ 職工数	⑤ ④/①	⑥ 販売反数	⑦ 販売額	⑧ 1反単価
与謝	956	2,983	3.12	9,247	9.67	1,158,879	31,794,091	27
中	274	1,192	4.35	2,220	8.1	697,530	8,741,040	13
竹野	529	1,876	3.56	4,838	9.15	703,950	17,879,199	25

（出所）　丹後縮緬業組合取締所『明治二十一年自一月至六月丹後国産縮緬及絹織物景況三郡統計一覧表』
　　　　　東京税務監督局『長浜縮緬機業調査書丹後機業調査書』明治38年
　　　　　京都府丹後縮緬三郡同業組合連合会『大正八年分　京都府丹後縮緬三郡同業組合織物統計表』
（注）　③は機数／機屋数、⑤は職工数／機屋数で、一軒あたりの織機数および職工数を示している。
　　　　③・⑤・⑧は以下の桁を、⑦の販売額は円以下を切り捨てた。

(24)　『組合史』、『峰山郷土誌　下』などには「明治26年」とあるが、具体的な人名は記載されていない。「加悦村誌」（後掲、註(26)）には、杉本治助が「明治二十六年頃ヨリ三十二年迄め可にく機械ヲ以テ専ラ紋織物ヲ製造ス」とあり、本章ではこの記述に拠った。

とをお断りしておく。機屋数・機数・職工数は、Aの明治21年が最も多く、いったん明治30年代に落ち込み、大正期には再び上昇している。この全体的な傾向は、本章の冒頭で紹介したグラフでも読み取ることができる。にもかかわらず、販売反数はA→B→Cと時代が進むにつれて倍増している。インフレが進行した時代なので、単純に販売額のみの比較はできないが、右肩上がりを示していることはまちがいない。

　機屋の規模を考察するために、「③（機数÷機屋数＝1軒当たりの機数）」と「⑤（職工÷機屋数＝1軒当たりの職工数）」を表に加えている。1軒当たりの機数は、明治期を通じて2台に満たず、大正期になってやや増えるが、1軒当たりの職工数を見ると、Bでは3郡ともに大きく増えている。特に与謝郡が3人から8人へと増加率が高くなっている。明治初期には小規模で職工を雇用した機屋は数軒にすぎず、農村女性の副業として賃機が多かったが、明治後半には、賃機は残るものの一部の機屋が工場に成長したものと思われる。

　注目したいのは「⑧1反の単価」である。明治前期のAでは、最も価格が高かったのは竹野郡で、次いで中郡、そして与謝郡となっている。竹野郡に比べると、与謝郡のものは1円以上も安くなっている。「3節　混乱の時代」で述べたように、中郡は峰山藩の保護政策のもと、明治維新でも万博へ出品するほど良質な縮緬を製織し、竹野郡とともに瓦斯縮緬や紡績縮緬を導入していたが、当時から与謝郡の縮緬の評価は低かった。それがそのまま単価に反映しているのであろう。

　しかし、明治後半（B）にはほぼ3郡の1反単価は4円台で並び、わずかだが与謝郡がトップになっている。さらに大正期（C）になると、与謝郡→竹野郡→中郡の順になり、中郡の単価が落ち込んでしまっている。また、1軒当たりの職工数でも与謝郡が最も多く、10人近くの職工を抱えるようになった。

（3）与謝郡の動向

　この与謝郡の単価と機業規模の上昇という背景には、紋織物のようなジャカード機の導入を必要とする織物をはじめ、多種多様な縮緬やそれ以外の織物を

明治後半から生産し始めたということがある。では、明治維新期までは良質な縮緬を製織することができず、新たな原料糸への取り組みもしなかった与謝郡が、何故新らたな技術を導入し、付加価値の高い多種の織物を生み出すことができるようになったのだろうか。

　一つの要因は、縮緬技術を導入した加悦を中心とした与謝郡の内陸部、「加悦谷地域」と言われるこの地域の結束の強さにある。第2節で見たように、宮津藩の縮緬業に対する政策は農業を主としたもので、縮緬業には厳しかった。そのため、機屋の保護育成・品質管理・仲買人との交渉・京都問屋との関係などは地元の機屋が共同してあたっていった。

　そのようななか、天保11（1840）年、宮津藩主となった本庄宗秀（1809～1873）は窮乏していた財政を再建するため、安政3（1856）年に縮緬業を国産化政策の中核として位置づけ、宮津に新設する産物会所にすべての製品を集め、国産改印を受けさせたうえ、改印料を徴収しようとした。流通過程を掌握する政策を進めた藩は、さらに仕上げの精練工程までも藩が掌握しようとしたため、文久2（1862）年に機屋の側から激しい反対運動が起こり、粘り強く運動を続けて撤回させている[25]。近代になっても、旧規を重視しようとする豊岡県に対して、印税（もとの改印料）を半減させる運動を展開しており、与謝郡は地域としての自立性や協同性が強かった。

　そして、近代になって自由な生産活動ができるようになると、低位と揶揄された織物を改良しようとする動きが活発になった。それを指導したのが、三河内村（現与謝野町野田川）の江原徳右衛門だった。安政元（1854）年、江原は縮緬製造業者の家に生まれ、明治4（1871）年に家業を継ぎ、明治18（1885）年に「丹後縮緬同業組合」が設立されると与謝郡縮緬同業組合長に就任し、織物統計や職工規定の作成や諸種織物や機械の応用をすすめた。また、明治34（1901）年には組合立の織物研究場を創設し、技術者の招聘・新機械の購入・輸出織物の製造など、当時の最先端織物にも取り組み、横浜の海外商館へ直接販売するルートも開拓した。

---

[25] 宮本裕次「縮緬織物業の形成と機屋組合」（『加悦町史導入編』加悦町教育委員会・2004年）。

表1-3　実用新案登録の織物と登録者たち（与謝野町域）

	名称	登録番号	登録者	出願日	登録日
1	塩見縮緬	2961	塩見徳蔵	39.6.13	39.8.20
2	塩見捻経縮緬	2962	塩見徳蔵	39.6.18	39.8.20
3	九重塩瀬	3032	尾藤圭介	39.7.13	39.8.30
4	風通縮緬尚美織	3259	尾藤圭介	39.5.9	39.10.2
5	紅梅絞	3260	尾藤圭介	39.8.4	39.10.2
6	橋立縮	3461	杉本米治	39.8.17	39.10.19
7	都織	3664	西村八助	39.914	39.11.13
8	格子絽	3906	細井三郎助	39.10.11	39.12.8
9	真田蓮織	4177	杉本米治・岸本清七	39.7.25	40.1.9
10	磯霞織	4962	尾藤圭介	39.9.29	40.3.26
11	千島織	5970	杉本米治	40.5.23	40.7.6
12	真田鶉絽	5977	杉本米治・岸本清七	40.3.15	40.7.8
13	真田鶉織	5978	杉本米治・岸本清七	40.3.15	40.7.8
14	千代嚢	6870	尾藤圭介	40.6.5	40.10.16
15	綾浪縮緬	7752	西村八助	40.9.1	41.1.7
16	繻子鶉	8920	杉本米治	41.2.4	41.5.13
17	荒波織	10458	西村八助	41.7.21	41.10.13
18	縮織物	12448	坂根清一	41.12.14	42.4.6
19	光輝織	16123	尾藤圭介・西村八助	42.3.3	43.2.7

(出所)　「加悦村誌」の記述内容をもとに実用新案登録明細書（特許庁蔵）で確認できたものを挙げた。
(注)　出願日・登録日の年号は、明治。

　その甲斐あって、明治26（1893）年と明治33（1900）年のシカゴ・コロンブスとパリの両万博では自身が2度受賞し、加悦谷地域からも、明治20年代後半からは万博・内国勧業博において多くの受賞者を輩出している。
　さらに新製品を開発して、特許や実用新案登録をする数多くの人々が現れた。特許としては、パテント縮緬や千代鹿子織を開発した市場村（現与謝野町野田川）の坂根清一、旭織の梅田利助（現与謝野町加悦）などがおり、実用新案登録は「加悦村誌」に記述され、特許庁で確認できるだけでも、明治39〜43（1906〜1910）年の間で19点に及んでいる（表1-3を参照）[26]。表1-3において、

杉本米治と共同登録者になっている岸本清七のみ京都市在住になっているが、それ以外の人々はすべて現在の与謝野町域の機屋（生産者）であった。

のちに、千代鹿子織・旭織は川島織物へ、パテント縮緬は野橋作兵衛に特許権が移行している。商品化して大量に売るには京都の大手企業の力が必要だったが、逆に言えば、それらの企業を支えた商品になったとも言えよう（第3章で詳述)[27]。なお、織物生地そのモノについては第2章で検討する。

5　協同の時代へ
大正・昭和戦前期

（1）丹後縮緬を取り巻く状況

　江戸時代には上位にあった中郡や新素材を導入した竹野郡を追いかけて、明治後半には新製品の開発に尽力した与謝郡が成長を遂げつつあった。では、大正期にはこの傾向がどのように変わっていったのであろうか。

　大正期には、日本経済史上、未曾有の好景気をもたらす第一次世界大戦（大正3～7年・1914～1918年）が起こっている。戦争になったヨーロッパ諸国がアジア市場において弱体化すると、日本は大量の輸出を始め、国民総生産額は大戦の前と後では約3倍までに飛躍した。輸出の伸張は国内にも好景気をもたらした。この第一次世界大戦を経て日本経済がランクアップしたことが、丹後の機業地にどのような変化を及ぼしたのだろうか。日本銀行京都支店が大正15年に調査した資料には、以下のようなものがある。

[26]　「加悦村誌」（与謝野町教育委員会蔵　筆者・発行年不明）によるが、同誌にある特許・実用新案登録などの記述をもとに、特許庁のデーターを検索すると、実際の記録が照合できたため、その信憑性は高い。③の以下の記述も同誌による。なお、坂根清一のパテント縮緬・千代鹿子織は特許庁で未確認である。千代鹿子織は、2代川島甚兵衛の伝記・橋本五雄『恩輝軒主人小伝』（川島甚兵衛・1913年）の93ページに「織物（千代鹿子織）　明治二十六年三月十四日登録　右追加特許　明治三十二年十二月二十日登録」とあり、株式会社川島織物セルコン織物文化館を調査したところ、同館にて現物が特許旭織と共に所蔵が確認できた。パテント縮緬については今後の研究を要す。

[27]　拙稿「縮緬業の近代化」（『加悦町史導入編』加悦町教育委員会・2004年）を参照のこと。

|加悦谷|機業地ハ実ニ丹後機業地ノ中枢ヲナシ紋織其他意匠ヲ凝ラセル変リ織ヲ製織シ製品ノ精巧ナルヲ以テ知ラル、|竹野郡|ニ於ケル機業地ハ網野町ヲ中心トシテ（略）専ラ無地縮緬ヲ製織シ生産高与謝郡ニ次ク、|中郡|（略）機業地トシテハ三郡中最下位ニ属スルモ其ノ中心峯山町ハ原料及製品ノ集散地ニシテ縮緬及生糸問屋此地ニ蝟集シ古来丹後縮緬取引ノ中心地トシテ有名ナリ(28)（ ☐ ・＿は筆者）

　与謝郡・加悦谷地域が中枢機業地となり、次いで竹野郡、そして中郡は、機業地としてよりも原料や製品の集散地で取引の中心地になっている。43ページの表１－２でも見たように、中郡のみが明治後期に減った機屋数の復活が大正期になかったのは、生産地としてよりも流通の拠点となっていたからである。この時期、丹後地域内における分業化が進行し、丹後として一体化の道を歩み出したと言える。

　３郡が競争し、それぞれの特色を鮮明にしながらも、その一方で丹後が結束せざるを得ない理由はほかにもあった。それは、他の織物生産地が縮緬に力を注ぎつつあったことである。第一次世界大戦中の大正５（1916）年、明治期の内国勧業博覧会を引き継ぐ形で、東京大正博覧会が開かれた。丹後縮緬については産額を増やし続けているが、その特色は小皺で友禅や小紋の生地によく、緯糸に絹紡績糸を使用して低価であること、また岐阜や長浜の縮緬と比べると、変り織縮緬を製造し、需要の範囲を拡大していることが評価されている。

　しかし、そのあとには、「撚織物需要ノ好況ハ他ノ機業地ヲシテ其ノ研究ヲ盛ナラシメ、未タ産額ノ見ルヘキモノナシト雖モ本区ノ出品中ニモ決シテ侮リ難キモノ少ナカラス、此等新機業地ノ将来ハ必スヤ丹後縮緬ノ販路ヲ圧迫スルニ至ルノ時機アルヘキ」(29)と続いており、撚織物の需要が好況なため、縮緬の３大生産地である丹後・長浜・岐阜以外の新機業地が盛んに研究しており、将来は必ず丹後縮緬の販路を圧迫する時機が来るとも述べている。

　当時、羽二重の需要が頭打ちになっていた福井・石川などの機業地の追い上げや、大正２（1913）年には鐘紡が京都支店に絹織布試験工場を新設し、４年後の大正６（1917）年には関連企業として日本絹布株式会社を設立するなど、

縮緬の大量製造が始まろうとしていた時であった[30]（第4章で詳述）。

（2）国練（くにねり）問題の浮上

　国練とは、縮緬の生産工程のうち、丹後国内で精練までを行うことを言う。序章（13ページ）でも紹介したが、現在の丹後縮緬の生産工程を改めて紹介しておこう。

- ① 生糸 ……… 原料の生糸が製糸工場からカセ状態（一定の長さと回数で巻いてから束ねたもの）で送付。
- ② 糸繰り …… カセ状態の生糸をボビン（糸枠）に巻き取る。
- ③ 整経 ……… たて糸を織機に仕掛けるための準備作業。
- ④ 撚糸 ……… よこ糸に撚りをかける作業、シボ（生地の凹凸）のもとをつくる。
- ⑤ 製織 ……… 糸を織機にかけて織る作業。
  ....
- ⑥ 精練 ……… 織り上がった縮緬の表面に付着しているセリシンや汚れを洗浄。
- ⑦ 乾燥 ……… 精練が済んだ縮緬を水洗・脱水し、乾燥機にかける。
- ⑧ 幅出し …… 乾燥後の縮緬は幅・長さともに縮んでいるため、規定に整える。
- ⑨ 検査 ……… 出来上がった縮緬を検反機にかけて検査。
- ⑩ 出荷 ……… 合格品に丹後縮緬の証＝ブランドマークを押捺して、市場へ出荷[31]。

---

[28] 日本銀行調査局『日本金融史資料　明治大正編第二十三巻上』1960年。
[29] 藤原正人『明治前期産業発達史資料　勧業博覧会233』明治文献資料刊行会・1976年。
[30] 鐘紡株式会社社史編纂室編『鐘紡百年史』鐘紡株式会社・1988年。なお、鐘紡は自社で生産した紡績絹糸を使用した縮緬を主に生産した。
[31] 丹後織物工業組合パンフレット『丹後ちりめん』より抜粋、作成した。

原料の生糸の状態から始まり、縮緬として出荷されるまでの流れのなかでポイントとなるいくつかの工程がある。④の撚糸とは、1mに3,000～4,000回の強い撚りをかける作業のことで、⑤の製織、⑥の精練を経て、「シボ」と呼ばれる独特の風合いが生み出される。明治初期から昭和初期まで生糸を使用した高価な縮緬の場合、丹後地方で行われていたのは⑤の製織までで、⑥の精練は京都へ出荷したのちに問屋が精練業者に出していた。

　江戸時代の精練には藁灰汁が用いられていたが、明治15（1882）年頃からは西洋からの石鹸精練技術が導入され、高額な生糸の縮緬はそちらへシフトし、白生地として完成するのは京都においてであった。しかし、不良品が発生した場合は、丹後の機屋の責任か、精練の過程でできたものかを判定することが難しく、丹後に戻されることが多かったのも事実である（難引問題）。

　そのため、最終工程までを丹後で行い、白生地としての完成品で出荷するよう指摘したのが農商務省商工局長の岡実であった。工場法の制定に向けて、大正3（1914）年に全国を視察して回っていた。岡の講演を聴いた中郡の精練業者達が中心となって、翌年には丹後の国の中で精練までを行うことを目指す「国練期成同盟会」を発足させ、昭和3（1928）年まで14年に及ぶ運動を展開した[32]。

　この運動の過程で、郡ごとの利害が噴出している。明治になっても生糸が使用された本縮緬は京都で精練されたが、紡績縮緬の精練は主に地元で行われていた。そのため、紡績縮緬を主導していた中郡峰山町には精練業者が残ったが、生糸を使用した多種多様な織物を生み出していった与謝郡では専業の精練業者がいなくなってしまった。また、藩の保護がなかった与謝郡では、江戸時代から地区ごとに独自に京都問屋との関係をもっていた。その関係を重要視した与謝郡が入っていることで、当初運動は盛り上がりをみせることはなかった。

　それが、大正6（1917）年、京都縮緬商問屋組合が丹後縮緬同業組合三郡連合会（以下、三郡連合会と略す）に対して、糊や飴などで不正増量した縮緬が多いと申し立て、その対策として精練後の重量基準値を設定することを要求してきたことで事態は変わる。この要求に三郡連合会は、国練を実施し、練り上げた白生地として出荷すると回答したところ、京都側もそれを了承した。この

津原武（左）と吉村伊助（右）
（出所）『図説　京丹後市の歴史』163ページ。左：『与謝郡誌』、右：『組合史』より転載。

段階で、三郡連合会は丹後で精練した縮緬を京都府によって検査をしてもらうことで「統一と権威」を高めようとしたが、京都問屋や商工会議所などの反対で挫折してしまった。残る道は、京都に劣らない技術であるという信用を勝ち取るために、丹後一円の縮緬業関係者を統括して、同業組合によって精練と検査を実施するしかなかった。

（3）国練(くにねり)検査制度の実施と「正絹　丹後」マーク

　これまでのように、三郡連合会ではなく、丹後一円を統括した同業組合をつくり上げることが急務となった。かつて明治31（1898）年、重要輸出品同業組合法に基づいて、丹後においても郡単位で同業組合を設置し、翌年にはその連合会も結成しているが、当時はまだ郡ごとの活動が中心となっていた。それが大正10（1921）年になって、丹後地域の①製造業（賃機を含む）・撚糸業者、②精練業・整理加工業者、③筬業・紋紙業・機料品販売業者、④織物ならび原料の売買・問屋・仲立業者ら約1,500人を結集した「丹後縮緬同業組合」が設

---

(32)　津原武「丹後縮緬の検査に就いて」（丹後縮緬同業組合『丹後縮緬』国練検査実施記念号・1928年）を参考に、国練検査実施への運動を記述した。

立された。ちなみに、組合の結成には地域同業者の5分の4の調印が必要であった。さらに大正14年には、3郡の5か所(網野・峰山・加悦・岩滝・口大野)に精練工場を建設し、ここに組合の織物検査所と縮緬を保管する倉庫を併設した「丹後縮緬精練倉庫株式会社」が設立されている(33)。

　丹後縮緬同業組合長には津原武、丹後縮緬精練倉庫株式会社の社長には吉村伊助が就任している。津原は鳥取県士族の3男として明治元(1868)年に生まれ、津原家に養子に入り、関西法律学校(現関西大学)と和仏法律学校(現法政大学)に学び、明治25(1892)年から宮津で弁護士を開業し、京都府会議員を経て大正4(1915)年から昭和17(1942)年に政界を引退するまでの間、中正会・憲政会・民政党から6度衆議院議員に当選している(34)。津原と縮緬業との関係は、大正6(1917)年、非業界人として初めて与謝郡縮緬同業組合長に就任したことから深まる。まさに、国練問題が浮上する時期と重なっている。

　一方、吉村は、明治6(1873)年に兵庫県城崎郡日高町(現豊岡市)の酒造家の次男として生まれ、中郡峰山の縮緬商吉村家の養子となり、家業の発展のみならず、三丹電気株式会社や丹後商品取引株式会社をはじめ多数の会社の重役を歴任し、大正7(1918)年の段階では直接国税6,950円を納める京都府の多額納税者となり、三郡連合会長および中郡同業組合長も務めていた。また、大正13(1924)年から昭和3(1928)年に亡くなるまでの2期、衆議院議員を務めている(35)。

　実に、大正9(1920)年から昭和7(1932)年の間、この二人のどちらかを丹後から衆議院へ送り出していることになる。政党が違い、ライバルにも見える二人だが、大正13年に当時府会議長であった吉村が無所属で立候補した際、津原は迷いながらも、個人的に親しかったために立候補をしなかったという。その翌年に設立された丹後縮緬精練倉庫株式会社は、同業組合では営利事業を行えないために、組合が補助する形で誕生しているが、吉村社長を筆頭に丹後の160余人が株主となっている(36)。

　吉村の資本力と政治力が果した役割は大きかった。中央とのパイプ役を務め、対外的な活躍をした二人を支えた人々もまた多くいた。実は津原の地元である与謝郡には国練反対者が多く、実施後もその火種はくすぶっていた(37)が、その

説得に尽力した与謝郡副組合長西原雄助[38]、精練技術を支援した前織物試験場長栗原深造（のちに丹後縮緬同業組合顧問に就任）らも忘れてはならない人物である。

ところが、いよいよ実施という段階になった昭和2（1927）年3月、丹後は未曾有の大震災に見舞われた。機台数の約8割が被災し、「丹後縮緬復興に関する請願」を貴衆両院・政府・京都府へ提出したところ、5月末には政府が低利資金・奨励金などの提供を決定した。年末には織機台数は震災前を上回り、力織機の導入が一機に進むことになった。丹後地域内の利害調整、京都縮緬商組合との交渉、そして大震災という多くの難問をクリアして、昭和3（1928）年9月1日に国練検査制度が実施され、白生地として出荷することが可能になったのである。

丹後縮緬国練検査記念碑（京丹後市峰山町）
(出所)『図説　京丹後市の歴史』163ページ。

---

(33) 丹後織物工業組合『組合史』1981年。
(34) 津原の履歴については、『人事興信録』（第13版）1941年、『宮津市史』（通史編下巻）2004年による。
(35) 吉村の履歴についても津原と同様、ただし、『人事興信録』は第5版（1918年）による。
(36) 註(33)に同じ。
(37) 国練反対運動と抗争については、岩崎英精編『国練検査三十年の歴史』（丹後織物工業協同組合・1958年）に詳しい。
(38) 西原雄助は、大正6（1917）年、与謝郡同業組合副組合長に就任すると、大正10（1921）年に染織講習所を設立した。その講習生達で組織する倭文会によって、昭和10（1935）年に講習所の校庭に銅像が建立された。しかし、昭和18（1943）年に銅像は戦時下で供出されたため、昭和40（1965）年、丹後織物工業組合と加悦町商工会が顕彰し、与謝野町三ツ葉グランドに銅像を再建した。その台座の背面の碑文には、震災復興・国練検査敢行・工業組合設立などに尽力したことが記されている。

図1-3　丹後ちりめんのマーク（昭和初期と現在）

（出所）　左：『図説　京丹後市の歴史』164ページ。
　　　　　　　写真は昭和12（1937）年～26（1951）年のもの。
　　　　　右：丹後織物工業組合のパンフレット。

　粗製濫造や京都問屋からの難引問題を解消し、白生地という新たな担保価値をもったことで金融機関や京都市場以外への道をも開くことになった。特に流通面においては、市田・丸紅・安藤・吉田忠らの大手商社が支援し、百貨店やホテルでの国練記念イベントが全国で展開された。そして、昭和7（1932）年の同業組合から工業組合への改組と精練倉庫株式会社の買収を経て、昭和9（1934）年には「紡績に非ざる家蚕糸、野蚕糸のみをもって又はこれに金糸、銀糸、漆糸を混織しある織物」に限り「正絹　丹後」の印を押した。

　この段階になると、生糸の国内生産の増加と世界恐慌による輸出の低迷で生糸価が下落し、工業組合で出荷する縮緬の95％が生糸製になっていた。折りしも、「イミテーション・シルク」と呼ばれた人絹（レーヨン）が大正3年から日本でも製造され始め、羽二重や銘仙などには多用化されていたが、縮緬では1割程度に留まっていた。絹紡糸・レーヨンなどと生糸を使用している縮緬を見分ける標識が必要で、それが組合の押した「正絹　丹後」印であった[39]。

　縮緬の導入から200余年を経て、国練と押印によって白生地は、丹後全域が一つとなった本当の意味での「丹後縮緬」になったのである。押印で得られた信用は大きく、紡績縮緬で低下していた丹後縮緬のイメージを「絹織物の高級ブランド」に変えることに成功し、生産数量においては昭和10年と14年を頂点に、生産価格においては太平洋戦争開戦の翌年である昭和17（1942）年まで伸び続ける（図1-1を参照）。

6 縮緬＝地域イノベーションの集積

　これまでに述べてきたような変遷を辿った丹後縮緬であるが、戦中から戦後にかけて製織されていたのは縮緬ではなかった。戦中には、贅沢品とされた縮緬は昭和15（1940）年の「7・7禁令」以降段階的に織れなくなってゆき、先染織物（染色した糸を使用した織物）や航空服地をはじめとした軍需織物の製織や糸染めなどに取り組んだ。昭和17年には工業組合も縮緬を返上して「丹後織物工業組合」へと名称変更し、昭和19年には統制組合へと改称している。さらに「金属供出令」により、終戦時に丹後では力織機の60％が失われた[40]。

　終戦の翌年（1946年）には、政府・GHQの要請のもと、輸入食料品の見返りとしてアメリカ向けの洋服地として「丹後クレープ」を輸出し、また西陣から初めて先染織物の出機（賃機）が与謝郡に入ってきている[41]。どちらも、現在、丹後で製織されている織物の起点になっている。

　特に後者は、丹後の女性達の家内労働に支えられ、丹後織物の代表的な形態になってゆく。戦後の地域間における製織の状況は、すでに丹後織物工業組合の『組合史』や調査・統計報告などに詳しく、これらの資料をもとに稿を改めて分析したい。また織物だけでなく、戦時中には、今日では丹後地域の出荷額において織物業を上回っている機械金属業が峰山町に導入されており、京丹後市域では確実に広がっている[42]。

　このように、縮緬業の展開を丹後内の地域（郡）の側から検討してみると、古代からの絹織物の製織技術に民間人の手で縮緬を導入したことこそが、地域におけるイノベーションそのものであったことが分かる。当初は峰山藩に保護された中郡が先導してゆくが、明治後半から大正にかけては各種の織物へ挑戦した与謝郡が巻き返し、昭和初期には郡の利害を超えて国練を実施したのちに、

---

(39) 註(33)に同じ。
(40) 註(33)に同じ。
(41) 註(33)に同じ。
(42) 松岡憲司「丹後機械・金属の歴史」（同編著『地域開発と企業成長』日本評論社・2004年）。

「丹後はひとつ」という基盤が形成できたからこそ、恐慌・戦争という激動をも乗り越え、戦後の高度成長期には「ガチャ万」景気を享受することができたのであろう。

その後、織物生産の中心は中郡・与謝郡から移動し、現在は竹野郡網野町が従事者・稼動台数とも約3分の1を占めるに至っている[43]。導入段階から危機に面した時には、これらの地域ごとに、新たな情報・原料・技術をもたらす人材が、また地域間の競争から協同へつなぐ人材が輩出し、地域内部での新陳代謝を繰り返してきた。絹＝白生地＝縮緬を主力に置きながらも、縮緬だけでなく常に様々な織物を製織しながら時代のニーズを読み、多種多様なものを生産したからこそ、縮緬を織り続けることができた。

地域内における競争と協同、それを支えた人材の輩出、地域として独自にブランドイメージを保持しながらも現実に対応する戦略をもち続けた約300年の歴史は、単なる下請けだったわけではないはないことを証明している。本章で挙げた事例や人物は、ほんの一部にすぎない。経糸(たて)と緯糸(よこ)の世界には、様々な地域に広がる人々のイノベーションが集積されている。

---

[43] 註(3)に同じ。

明治期における多種化

どのような縮緬が織られたのか

1　縮緬の種類

　本章では、明治に多種化してゆく丹後縮緬の実態を明らかにする。どのような要因から、どのような技術が使われて、多種化を可能にしたのか。開国以後、急速にもたらされる西洋技術は、江戸時代から織り続けられている丹後縮緬にどのような影響を与えたのだろうか。

（1）問題点と視点

　序章でも述べたように、これまで丹後縮緬に関しては、歴史・経済・地理などの分野からの研究は多数ある[1]が、各時代にどのような縮緬が織り出されていたのかという生地そのものに関する具体的な研究は少ない[2]。そのような研究事情のなかで、中村喜三郎・中田英敏は「元来ちりめんは天正の昔から昭和10年頃まで、わずかに、四越、六越の鬼しぼといわれるしぼの大きい『鬼縮緬』『鶉縮緬』『鎖縮緬』はあったが、それ以外はすべて二越であった。したがって種類といえば、糸使い、つまり経糸や緯糸の太さ、その密度、撚糸の強弱などの差によるもの」[3]としており、一越縮緬をはじめとする新しい縮緬が登場するのは昭和10（1935）年以降としている。要するに、昭和10年以前の縮緬は糸における工夫だけによるものとしている。そして、それ以降の新しい縮緬として、縫取絵羽・紋意匠・駒綸子・朱子綸子・変り無地・一越の各縮緬を挙げている[4]。

　ここにいう「越」とは緯糸の本数をさし、

京都府織物指導所の前身である京都府織物試験場に残る「試織品見本帳」（昭和5年〜12年）
（出所）京都府織物・機械金属振興センター蔵（筆者撮影）

一越であれば右撚りと左撚りの強撚糸を1本ずつ、二越であれば2本ずつ打ち込むことを言い、越が大きいほどシボ立ちも大きくなる[5]。同研究は、京都府織物指導所において生地を開発する視点から書かれており、昭和57（1982）年当時の縮緬生地を力学的特性から分析することが主眼になっているため、戦前の縮緬を具体的に分析することなく先のように記述されている。このように、既存の研究では戦前の縮緬の種類や生地に関して明らかにされていないため、実証や分析が必要と思われる。

（2）目的

先行研究では、丹後縮緬の種類については、昭和10年以前には糸に関する変化しかなかったとされるが、明治以降の衣服の流行全般を記述した『近代日本服装史』[6]では初期から縮緬の名称が各所で見られる。特に明治後半（30年代以降）には、「何々縮緬、何々御召とその種類はたくさんあり、それぞれ時と場所と分に応じた材料が使われた」[7]と、多種の縮緬が「材料」によって登場してくることが指摘されている。その理由として、産業の進展、人造染料の使用の成功、生活の向上による嗜好の分化などを挙げているが、「材料」については分析や言及はされていない。

---

(1) 丹後縮緬に関する研究事情については拙稿「近代・丹後縮緬研究ノート」（『種智院大学研究紀要』第6号・2005年）を参照のこと。
(2) 一般書として、中江克己編『縮緬　立体的な美しい白生地』（泰流社・1984年）があるが、近年、京都府織物・機械金属振興センターの高橋茂夫による「丹後の縮緬」（日本家政学会民俗服飾部会『民俗服飾研究論集』第19集・2008年）では、近代における丹後縮緬の種類が紹介されている。しかし、その記述は丹後織物工業組合『組合史』1981年をもとに、そこに書かれている縮緬を、昭和7年以降、センターに現存する生地をあてはめている。センターには、明治の生地は残存せず、生地そのものを分析してはいない。
(3) 中村喜三郎・中田英敏「丹後縮緬について」（関西衣生活研究会『衣生活研究』1・2月号・1982年・通巻第79・80号）83ページ。
(4) 註(3)に同じ。
(5) 註(6)の「縮緬の種類」（194～196ページ）、および寺田商太郎『解説　織物の商品学』（対話社・1968年）の「1.チリメン」16～19ページを参考にした。
(6) 昭和女子大学被服学研究室『近代日本服装史』近代文化研究所・1971年。
(7) 註(6)の213ページ。

そこでの「材料」とは、縮緬地の糸の材質か、織り方（技法）なのだろうか。同書をはじめとして、これまで服飾史において縮緬のような地質（生地）については、主に現存する「着物」からの調査分析や、当時の雑誌・新聞・文学作品などの記述を手がかりに研究がなされてきた。

そのような研究状況のなか、『加悦町史』の編纂の過程で、丹後縮緬の生産拠点である旧加悦町（現与謝野町）において、明治後期の生地見本帖や諸種の文献史料が見つかった（4節で詳述）。本章では、実際に生産していた地域の側から調査した生地・文献などを提示・分析することで、明治期においてどのような縮緬地が製織されていたのかということを明らかにしていきたい。なお本章では、『近代日本服装史』と同じく、明治20年までを「前期」、明治20年代を「中期」、明治30年代以降を「後期」として記述していくことにする。

（3）方法

研究の方法として、生地資料の分析を中心に統計・報告書・図版・文献などを組み合わせる。文書史料として、統計は主に丹後縮緬業組合取締所統計・東京税務監督局『丹後機業沿革調査報告書』[8]（以下『東京報告書』と略）などを用い、生地の織法や特徴に関しては上記に加えて山形県内務部『丹後縮緬業調査報告書』[9]（以下『山形報告書』と略）と特許庁蔵特許実用新案登録明細書および図版[10]などを用い、歴史叙述には、主に「加悦村誌」[11]、『大宮町誌』[12]、『丹後縮緬』[13]などを用いた。

生地に関する資料としては、杉本治助家（京都府与謝郡与謝野町字加悦）所蔵の生地見本帖「橋立」を分析した。生地の作成年代を特定することは難しいが、「橋立」にはすべての生地に名称が記入されており、そのなかには実用新案登録された生地もあり、登録日と番号があわせて書かれている。また、以下に挙げる四つの特徴から、主に明治末期の丹後縮緬の生地が保存されていると考える。

❶実用新案登録の年代が明治39〜41年になっていること。
❷統計に見られる明治末期の織物種別名に合致すること[14]。

西山機業場の外観(右)と2階内部(左)
(出所)『加悦町史』(資料編第2巻)の巻頭口絵。

❸同家は「小巾九重錦沙縮緬」で大正5(1916)年の大典記念京都博覧会で金賞を得ている[15]が「橋立」にはこの生地が見られないこと。

❹統計で「錦紗縮緬」の初出は大正3(1914)年であること[16]。

---

(8) 東京税務監督局『長浜縮緬機業沿革調査書丹後機業沿革調査書』内国税彙纂第25号・1905年(京都大学経済学部図書室蔵)。
(9) 山形県内務部第4課「丹後縮緬業調査報告書」1904年(藤原正人『明治前期産業発達史資料 別冊60(2)』明治文献資料刊行会・1970年)、調査年は1903年。
(10) 註(11)に記述されている登録番号をもとに、大阪府立特許情報センターにご協力を得、各実用新案登録明細書を調査した。
(11) 「加悦村誌」(未定稿)与謝野町教育委員会蔵、発行者・発行年月日は不明だが、前掲の通り、記述内容の信憑性は高い。詳細については、註(1)を参照のこと。
(12) 大宮町誌編纂委員会『大宮町誌』大宮町役場・1982年。
(13) 京都府立丹後郷土資料館『丹後縮緬』1989年。
(14) 京都府丹後縮緬三郡同業組合連合会『織物統計表』1910(明治43)年の種別に表記されているのは以下の通り。本縮緬・玉製縮緬・玉糸半紡縮緬・別赤縮緬・半紡縮緬・丸紡縮緬・紬紡縮緬・本絹縮・紡絹縮・本紋絹・紋鶉織・紡紋鶉織・本鹿ノ子地縮緬・本絽縮・絽絹織・本絽鶉織・内地向羽二重・紡平羽二重・紡木賊織・紡段織・本綾浪・本漣織・朝日織・本真砂織・クレープ織・本荒波織・本製吉野織・壁織・絹綿混織・吾妻縮緬・九重縮緬(巾・長さの区別は略)。
(15) 『大典記念報告附録 大典記念京都博覧会受賞人名録』(京都市役所・1916年)による。

なお、杉本家は明治後期から戦前にかけて丹後地域を代表する「西山機業場」を経営し、ジャカード機や力織機の導入にも先端を開いた。しかし、当機業場における力織機の使用開始は明治41（1908）年頃で[17]、「橋立」に貼られた生地は、手織であったと思われる。また、同家は江戸時代に丹後へ縮緬の技法がもたらした二つのルート、①峰山：絹屋佐平治、②加悦谷：手米屋小右衛門・山本屋佐兵衛・木綿屋六右衛門のうち[18]、後者の手米屋小右衛門の系統を引いていることを補足しておく[19]。

2　江戸時代の丹後縮緬

織り始めの縮緬

　江戸時代にどのような縮緬が丹後で織られていたのかは、現在のところほとんど分かっていない。享保5（1720）年に峰山の絹屋佐平治が織ったと伝えられる縮緬が、京丹後市峰山町小西の禅定寺に残されている。現在は桐の箱に入れられてガラス張りをして保存しているため、生地そのものには触れることができない。

　箱の上から測ると幅が28cm程度で、今日の反物の幅（38〜42cm）と比べると明らかに狭い。二越の縮緬で、とても柔らかそうに見える。

　文献を見てみよう。寛政元（1789）年刊行の『絹布重宝記』には、京都・長浜・美濃・丹後・上州の順で縮緬の地方ランキングが書かれており、そのあとに、上州二幅・唐西庄・唐屋形・唐紋・桃花という縮緬の種類が記されている。丹後縮緬の生地そのものについては、「全体糸のよりわかく絞ひくし、絹の性も柔なり、万事唐屋形縮緬に似たる品多し、地性余り強くはなし」などの記述に留まっているが、糸の撚りが強くないためシボ（生地の凹凸）が低くて柔らかく、生地はあまり強くなかったことなどが分かる。丹後縮緬に似ているとされる唐屋形縮緬についても、幅が狭いものや撚りが未熟なこと、色染めに最適であることなどが記されている[20]。

　幕末の風俗を描いた『守貞謾稿（もりさだまんこう）』には、「丹後縮緬」の名称は登場しないが、「近世、三都とも縮緬に種々あり。御召縮緬を専らとす（略）この御召は常の

図2-1 伝織り始めの縮緬

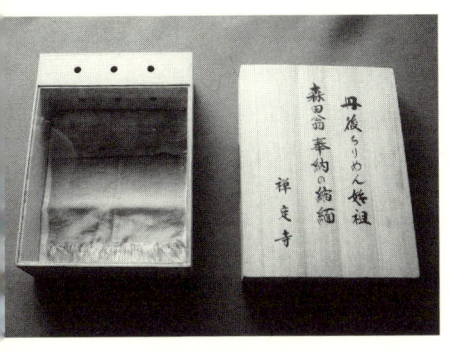

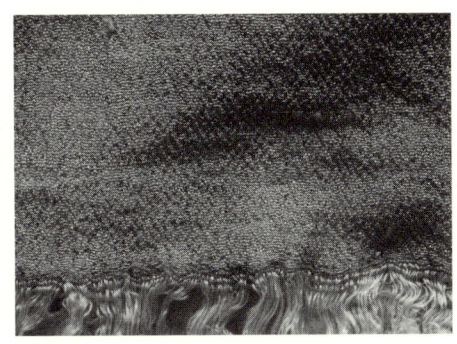

絹屋佐平治が奉納したと伝わる縮緬（京丹後市教育委員会提供）

縮緬の精製上品を云ふなり。（略）南部縮緬・結城縮緬等これに次ぎ、今専らこれを用ふ」[21]と縮緬には多くの種類があったことが述べられている。御召とは、先に糸の段階で不純物を取除いて精練してから織る技法の縮緬のことだが、南部・結城は産地名であろう。

また、明治11（1878）年に刊行された黒川真頼『工芸志料』には、江戸時代の縮緬について「紋縮緬を称して岐阜縮緬という」の記述があるほか、明和年間には、足利の職工が織った「加邪利縮緬は、京師の柳条縮緬の製に倣う」、銚子の職工が木綿糸を使って織った「木綿知々美」などいくつかの種類が挙げられている[22]が、その技法や特徴は判然としない。二つの史料から類推できるのは、地域ごとに工夫して特徴ある縮緬を生み出そうとしていたことである。

(16) 前掲の『織物統計表』の各年度版を調査した。
(17) 註(11)および永濱宇平『加悦町誌』加悦町役場・1931年・314〜318ページによる。
(18) 註(13)および岩崎英精『丹後ちりめん始祖伝』丹後ちりめん始祖顕彰会・1965年。
(19) 註(11)および、現当主・杉本成史氏からの聞き取りによる。
(20) 楚洲田宮純『和漢 絹布重宝記』竹村嘉兵衛（皇京）・前川六左衛門（東部）・雄崎貞次郎（浪速）・天明9（1789）年・国立国会図書館古典籍資料室蔵。
(21) 喜田川守貞著／宇佐美英機校訂『近世風俗志（三）（守貞謾稿）』岩波文庫・1999年。
(22) 前田泰次校注・黒川真頼著『増訂 工芸志料』（東洋文庫254）平凡社・1978年。

3 明治前期の丹後縮緬
糸の材質における工夫

　小袖・着物・縮緬などを調査した服飾関係の文献には、幕末から明治初期には「鶉縮緬」が流行したとしばしば記述されている。「鶉縮緬」は先の中村・中田による先行研究にも「四越、六越の鬼しぼといわれるしぼの大きい『鬼縮緬』『鶉縮緬』『鎖縮緬』」と表現されており、緯糸の打ち込み本数が4本または6本と多い縮緬だが、今日では、風呂敷地に使われていることが多い。また、明治17（1884）年に農商務省から刊行された『興業意見』でも、鶉縮緬が明治10（1877）年から丹後において製織されたことが確認できるが、ほかにはどのような縮緬が織られていたのか[23]。

　明治20（1887）年に丹後縮緬取締所が発行した「一覧表」から丹後地域で織られていた織物を抽出すると、鶉縮緬のほかに本縮緬（大・中・小巾・一寸広六丈物）・新撰瓦斯（ガス）縮緬（中巾・小巾）・紡績縮緬・段織縮緬・絹縮・綿縮（並巾・小巾・大巾）・軽広縮緬・縮緬ハンカチ地などの縮緬類のほか、重鹿子地・軽鹿子地・羽二重ハンカチなども生産されており、12の銘柄とそのバリエーションで18種になっている[24]。

　『東京報告書』によると、まず本縮緬とは、「享保四年創織シタルモノニシテ極メテ軽キモノハ天明五年加悦谷地方ニ於テ其端ヲ発シ」[25]とされ、先に述べた峰山の絹屋佐平治が京都西陣から技術導入した縮緬であり、天明期には加悦谷地方から軽量の縮緬も登場した。次に瓦斯縮緬は以下のように記述されている。

　　始メテ綿縮緬ヲ製織セシハ中郡口大野村ノ人蒲田善兵衛ニシテ慶應三年ナリ、氏ハモト縮緬業ニ従事シ京阪地方ニ行商シタルニ、当時諸国ニ於テ舶来綛糸ヲ織物ニ使用スルヲ聞キ、之ヲ縮緬ニ適用セリト云フ、而シテ其改良品タル瓦斯縮緬ハ明治十七年上州ニ於テ盛ニ使用セラレ、十九年当地モ亦之ニ倣フ[26]

（読点は筆者）

これを読むと、機械製造による輸入綿糸を使用したものであり、丹後よりも上州で盛んに製織されていたことが分かる。なお、表面をガスの炎で高速に焼き、光沢と強度を与えた糸を「瓦斯糸」と言うが[27]、瓦斯縮緬にはそれが使用されていた。

さらに、紡績縮緬については『東京報告書』を見ると次のようになっている。

> 明治十年竹野郡島溝川村ノ人口地藤兵衛ナル者始メテ之ヲ製織セリ、氏ハ生糸購入ノ為メ京都ニ来リ、偶々西陣ノ機業家ヨリ紡績糸ノ廉ニシテ且ツ効アルヲ聞キ、之ヲ使用セシカ失敗ニ終リシコト数回ナリシモ、遂ニ現時ノ精品ヲ得ルニ至リシト云フ、別赤縮緬トハ緯糸ニ生糸八分紡績糸二分ヲ交織シタルモノニシテ紡績縮緬ノ最上品タリ其創織ハ近時ニアルカ如シ[27]
> 　　　　　　　　　　　　　　　　　　　　　　　　（読点は筆者）

生糸の購入に行った丹後の口地藤兵衛が、西陣で絹の紡績糸＝紡績絹糸・絹紡糸[29]が価格が安く、有効だと聞いて使用を始めたが、失敗を繰り返したのち、やがて緯糸に生糸：紡績絹糸＝８：２とした最上品の別赤縮緬を生み出したということが書かれている[30]。

この明治10（1878）年の紡績絹糸は、おそらく輸入品であろう。第１章で既

---

(23)　「丹後縮緬平均相庭」（農商務省『興業意見』巻十六・地方二・京都府・1884年）表には、重目・大広・軽目・鶉の価格（安政６年～明治17年まで）が記載されている。ただし、「鶉」は明治10年から記入が始まり、「此年ヨリ流行」とある。
(24)　丹後縮緬業組合取締所『明治二十年上半期丹後国産縮緬景況三郡組込統計一覧表』1887年７月による。
(25)　註(8)の「第六章　製品」142ページ。
(26)　註(25)に同じ。
(27)　繊維辞典刊行会『繊維辞典』商工会館出版部・1951年。
(28)　註(25)に同じ。
(29)　屑繭などの副蚕糸を活用して紡績した絹糸。紡績絹糸を生産する企業の協会は「日本絹紡糸協会」なので「絹紡糸」が正式な名称であろう。量産化は1877年の官営新町紡績所の設立に始まり、国策として「内需には絹紡糸、輸出には生糸」という路線が敷かれた（島元義枝『日本絹紡糸事業概観』1980年）。
(30)　『竹野郡誌』（1915年）には、口地は紡績絹糸の活用に挫折し、丸紡・半紡・別赤縮緬は、口地に教えを請うた竹野郡島溝川村・足達祐左衛門が開発したという記述がある。

述したように、同年、西洋から機械技術を導入した官営新町屑糸紡績所が群馬県に開業し、紡績絹糸の国産化が始まっている。それ以後、明治20（1887）年に新町紡績所は三井へ払い下げられ、同年、京都市に第一絹糸紡績会社、明治23（1890）年には神奈川県に日本絹綿紡績会社が創設された。生糸生産が伸張するにつれ膨大な屑繭ができ、それを活用した紡績絹糸の生産も増大するという構造が形成されてゆく。

後掲の表2－1では「半紡・丸紡縮緬」という名称が見られ、それらは緯糸における紡績絹糸の配合を表すものだが、「半紡」は生糸と紡績絹糸の比率が半分ずつのもので、「丸紡」は紡績絹糸のみのものである[31]。表2－1で示すように、明治30年代には紡績絹糸の配合の工夫によって絹紡縮緬に種類ができている。

江戸時代には生糸で製織されていた縮緬だが、西洋から輸入された機械製造の綿糸や、同じく西洋から機械を購入して製造された紡績絹糸が使われるようになり、特に後者の紡績絹糸を丹後では使いこなしてゆくようになる。このように明治20年頃までは、先行研究が述べたように、糸の材質による生地の変化しか見られない。

4　明治中期の丹後縮緬
ジャカード機の導入と紋縮緬

表2－1は、明治30年代に丹後地域で織られていた織物を書き上げたものである。前節の明治20年の「一覧表」と、比較すると明らかにその種類が増加していることが分かる。

前節で、半紡・丸紡・別赤縮緬という紡績縮緬の種類が増加したことは確認したが、そのほかにも、紋縮緬のように「紋」という字が冠された織物が多いことが挙げられる。紋織装置を使用して、生地に模様や柄を生み出した織物のことである（73ページの図2－4・図2－5参照）。

明治以降の紋織装置としては、ジャカード機の導入が考えられる。同機は、1804年に機械を完成させたフランス人 Joseph Marie Jacquard（1752～1834）の

表2-1 丹後地域で製織されていた織物の種類（明治33～36年）

	本縮緬大巾	同中巾	同小巾	半紡縮緬大巾	同中巾	同小巾	丸紡縮緬大巾	同中巾	同小巾	別赤縮緬大巾	同中巾	同小巾	衿地縮緬	本襟地縮緬	半襟地縮緬	丸紡襟地縮緬	絽縮緬	緞織
	*	*	*	*	*	*	*	*	*						*	*		
1900年(明治33)	○	○	○	○	○	○	○	○	○									○
1901年(明治34)	○	○	○	○	○	○	○	○	○									
1902年(明治35)	○	○	○	○	○	○	○	○	○								○	
1903年(明治36)	○	○	○	○	○	○	○	○	○	○	○	○	○	○	○	○	○	

	重鹿子地	軽鹿子地	鹿子地	鶉縮緬	絹縮	三尺巾無地絹縮	紋絹縮	丸紡絹縮	一楽織（市楽織）	絹綿一楽織	壁織	広紬	紋羽二重	紋縮緬	紋壁織	紋仏蘭西縫取	紋仏蘭西	紋絽織
							●	*	△				●	●	●	●	●	●
1900年(明治33)	○	○		○	○		○				○	○						
1901年(明治34)	○	○		○	○		○				○	○						
1902年(明治35)	○		○	○	○		○				○	○						
1903年(明治36)	○	○		○	○	○	○	○	○	○	○	○	○	○	○	○	○	○

	紋袋織	新撰瓦斯縮緬	瓦斯大巾	同小巾	瓦斯鶉	絹毛斯	毛斯	旭織（朝日織）	斜織（斜子）	乱縮織	千代鹿子	無地羽二重	中巾羽二重別製縮緬	輸出大巾縮緬	輸出軽広縮緬	古カタン織	種類
	●	△	△	△	△							*			△		
1900年(明治33)		○						○	○			○		○			23
1901年(明治34)		○						○	○			○		○			25
1902年(明治35)		○						○	○			○		○			26
1903年(明治36)	○	○	○	○	○	○	○	○	○	○	○	○	○	○	○	○	40

（出所）東京税務監督局『長浜縮緬機業調査書丹後機業調査書』明治38年（1905）
154～65ページの「織物統計表」から作成。

＊は紡績絹糸が使用されている織物
●は紋織物
△は瓦斯糸など綿糸が使われている織物

図2-2 ジャカード機(左)と空引機(右)

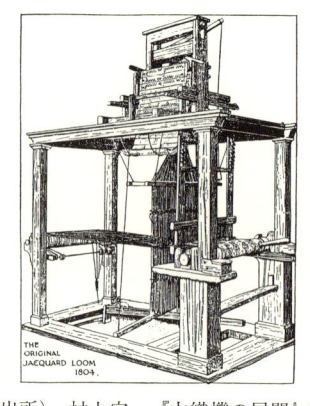

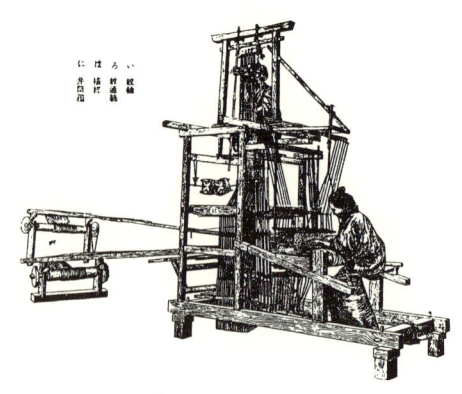

（出所）村上宇一『力織機の展開』73ページ。　　（出所）同書、67ページ。

名が付けられたものである。このジャカード機を織機の上部に搭載することで、これまで日本では空引機を使って織機の上に人が乗り、織り手の指示でタテ糸を引かないとできなかった紋織物が1人で織れるようになった[32]。

　図2-2の左はジャカード氏が開発したもので、右が空引機である。日本では、明治6(1873)年に西陣や桐生にフランス、オーストリア、アメリカなどからジャカード機が持ち込まれたが、明治10(1877)年には京都西陣の機大工だった荒木小平(1843～？)がフランス式ジャカード機を模作して国産化に成功し、明治10～20年代(1877～1896)には西陣でもジャカード機が普及した[33]。「加悦村誌」によると、このジャカード機を丹後へ導入したのは、本章で分析する生地見本帖「橋立」を所蔵する杉本家の当主、杉本治助であった。治助は、安政2(1855)年に生まれ、酒造業と縮緬業を営む先代善左衛門から明治7(1874)年に家督を相続し、明治9年から豊岡県庁の縮緬物産係を経て明治20(1887)年に機業を始めるにあたり、地方織物業者の現状を調査して、英国産摸造カタンの織物・市楽織・斜子・塩瀬等を製造したという。

　さらに同書には、起業の際には、各産地の織物や輸入品の織物から多くの情報を得て、明治26年頃～32年頃に「め可にく機械ヲ以テ専ラ紋織物ヲ製造ス」[34]とあり、この紋織物製造に使用された「め可にく機械」がジャカード機であろ

第2章　明治期における多種化　69

柄を表現するために必要な紋紙と織機

現在のジャカード機

（出所）『図説　京丹後市の歴史』186ページ。

うと思われる。ここには、どこからジャカード機を購入したのか、国産か輸入かまでの記載はないが、丹後と京都の関係は深く、京都ルートの国産ジャカード機の可能性が強いだろう。

　また、山形県内務部から丹後へ派遣された勧業調査員が明治36（1903）年に作成した『山形報告書』にも「当今じゃかーど器械ノ使用日々多キ」[35]と記されており、**表2-1**の紋織物の種類が後になるほど増加することからも、明治30年代後半には丹後地域でもジャカード機が普及したと考えられる。ジャカード機の導入は、縮緬地に無限の変化を生み出すことになった。

　このように西洋の機械技術が日本に導入され、いち早く国産化した機械技術によって、江戸時代までは高級であった紋織の技法が丹後縮緬にも展開されるようになっていった。

---

(31)　註(8)に同じ、142ページ。
(32)　村上宇一『力織機の展開』村上宇一米寿記念刊行会・1967年。
(33)　京都近代染織技術発達史編纂委員会『京都近代染織技術発達史』（京都市染織試験場・1991年）が、日本におけるジャカード機の導入について詳しい。
(34)　註(11)に同じ、「杉本治助氏略歴」による。
(35)　註(9)に同じ、6ページ。

5　明治後期の丹後縮緬
生地見本帖「橋立」の分析

（１）生地見本帖「橋立」に見られる織物の概要

　杉本治助家に残る生地見本帖「橋立」（口絵写真参照）には、すべての生地に名称が書かれており、実用新案登録した生地にはその日付が台紙に朱書きされている。確認できる年代は明治39〜41年で、65点の生地が見られ、その名称を書き上げたのが表２−２である。

　内訳は国内向が41点、外国向（輸出向を含む）が20点、そして４点には国内向・外国向の表示がない。生地の名称から織物そのものの組織や特徴が分かるものもあるが、商品名も多数掲載されている。名称中に多く見られる文字は、橋立が８点、繻子・鶉・紋・壁が７点、絞・縫取が６点、仏蘭西・漣が５点、真田・羽二重が４点などになっている。

　橋立・漣は商品としてネーミングされたものだが、見本帖の表紙も「橋立」となっているように、当地を代表する景勝「天橋立」から名付けたものだろう。なお、「橋立縮」については後述する。

　鶉・羽二重は明治20年にも見られたが、繻子・紋・壁・真田などが登場している。縮緬は糸を経緯交互に打ち込む平織だが、綾浪図２−３右や千島織（後掲図２−７）には織り目が斜めに出る綾織も用いられたほか、表に糸が多く出る繻（朱）子織を応用した繻子鶉図２−３左もあり、一般に織物の三原組織（平織・綾織・朱子織）と言われる技法がすべて駆使されているとともに縫取の技法も確認することができる。

　江戸時代には緯糸に撚りをかける技術を導入して縮緬を織るようになり、明治前・中期には綿糸や紡績絹糸など糸の素材の工夫が見られるものの、織りの技法は平織であったものが、明治後期の生地見本帖「橋立」では織り方そのものにも新たな技法が導入されていることが分かる。

第2章 明治期における多種化

表2－2 生地見本帖「橋立」に記載された織物の名称

		頁	名称	登録番号	年月日				頁	名称	登録番号	年月日	
		1	内地向絞縮緬							内地向漣			
			内地向吉野羽二重							内地向鹿ノ子縮緬			
△			内地向繻子鶉	8920	明治41.5.13			☆		内地向縮緬			
		2	内地向羽二重						13	内地向真田漣	4177	明治40.1.9	S
			輸出向絹縮			B	△			内地向(紡糸製)繻子縞縮緬			
		3	輸出向鶉							内地向橋立縮(3種)			H
			内地向橋立縮			H				内地向絞御絽			
●			輸出向無地壁						14	(内地向)真田縮緬			S
		4	輸出向羽二重							(内地向)佐々浪斜子			
●			輸出向吉野壁					○	*	(内地向)紋仏蘭西縫取			
		5	内地向紋羽二重							(内地向)真田漣			S
△			外国向生立繻子							(内地向)絞縮緬			
○			外国向仏蘭西縮緬			●	*	15	(外国向)縫取紋壁			
		6	内地向綾波							(内地向)絞縮緬			
○	*		外国向紋仏蘭西縫取			B	△	16		(内地向)紡糸製繻子鶉			
●	○	7	外国向仏蘭西壁							毛布縮緬			
△			内地向繻子縮緬							吉野漣			
△			外国向繻子入紋沙							(外国向)紋虎白(2種)			
		8	内地向絞縮緬(2種)	3260	明治39.10.6	●	*			(外国向)縫取紋壁			
		9	内地向橋立絣			H			17	(内地向)絞縮緬			
			内地向千鳥織			T		△			(内地向)紋繻子縮緬			
			内地向真田鶉			S		●	*	18	(外国向)紋壁縫取(2種)			
		10	内地向漣絣	4443	明治40.2.8			☆	19	(内地向)縮緬			
			外国向千鳥織	5970	明治40.7.6	T		○		(内地向)仏蘭西鶉			
			内地向(イナヅマ)形橋立縮	3461	明治39.10.19	H				(内地向)鶉			
			内地向(亀甲)形橋立縮	同	同	H			20	(内地向)橋立縮(縮緬織)			H
		11	橋立縮(松葉形)			H		●	*		(外国向)鬼壁縫取			
			絞縮緬							(内地向)橋立縮(鶉織)	3461		H
B			内地向(紡糸製)千歳絽										
●		12	外国向紋壁(2種)										
B			内地向紡績縞緬頭掛地										

(表の左側)　　(表の右側)　　(出所) 杉本治助家所蔵「橋立」による。
● = 壁　　　　H = 橋立　　　　「橋立」には頁がないため、台紙の順に仮番を付し、
○ = 仏蘭西　　T = 千鳥　　　　1枚の台紙に貼付けられた生地がわかるようにした。
* = 縫取　　　S = 真田
△ = 繻子　　　　　　　　　　　表中の「登録番号」とは「実用新案登録番号」の
B = 紡績糸入　　　　　　　　　ことである。
☆ = 本縮緬

図2－3　繻子鶉（左）と綾浪（右）

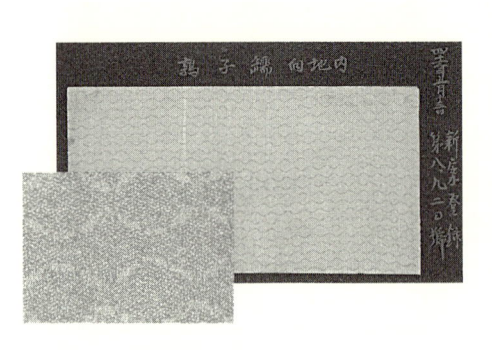

（出所）『加悦町史』（資料編第2巻）巻頭口絵。

（2）輸出への挑戦

　表2－2の外国向の生地のいくつかには「仏蘭西」という文字が入っている[36]が、それはどのような縮緬だったのか。『山形報告書』の記述を紹介しておこう。

> 経糸ニハ羽州産養老ト云フ系ヲ仕用シ即チ三本引揃ト二本引揃トヲ交々用イ一羽五本ニナル理ナリ、総糸数四千三百筋位トス（略）緯糸ハ略経糸位ノ太サノモノヲ三本或ハ四本引揃ヘ撚ヲ施シタルモノニシテ、其製造方法普通縮緬ニ大差ナキモ異ル点ハ、経糸ヲ多クシテ緯糸ノ撚ヲ少シ弱クシテしぼ立ヲ少シタルモノ[37]　　　　　　　　　　（読点は筆者）

　一般に縮緬は緯糸(よこ)で変化をつけるが、これを読むと、経糸(たて)を多く使うことよってシボ立を低くした縮緬であったことが分かる。見本帖の「外国向紋仏蘭西縫取」**図2－4**を見ると、楕円内部の花は一見刺繡のようである。刺繡では、糸を生地の上から下へ通して、絵柄を表すには下にも表と同じ長さの糸が必要とされるが、縫取は一目すくって再び表に糸を出し、裏に残る糸が少ない。要するに、刺繡よりも糸が少なくても絵柄を表すことができる。見本帖では、外国向けの織物に縫取が多くなっている。

図2-4 外国向紋仏蘭西縫取　　図2-5 外国向紋壁縫取

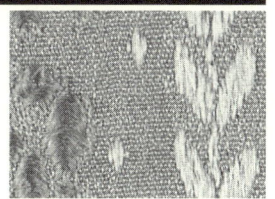

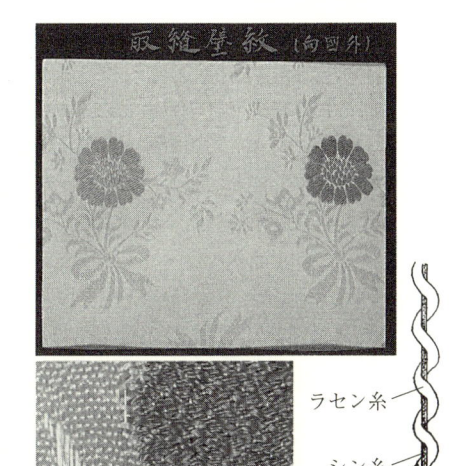

ラセン糸
シン糸

（出所）　図2-4、図2-5ともに『加悦町史』（資料編第2巻）巻頭口絵。

　また、外国向けでは無地壁・吉野壁・仏蘭西壁・縫取紋壁など「壁」が付くものが多くなっている。ちなみに、見本帖の3・4・7・12・15・16・18・20ページに見られる（**表2－2**参照）。
「壁」が意味することは、「壁糸」を使用していることにある。「壁糸」は太い強めの撚糸と細いまっすぐな芯糸を組み合わせて作る。例えば、太い撚糸を右撚りに強撚にした場合、芯糸を組み合わせ、逆方向（左撚り）に撚り返す（**図2－5参照**）。このように、2段階の撚糸が必要になり、通常の縮緬より、手間がかかる[38]。
　この壁糸を使った織物は「壁縮緬」と呼ばれ、国内向けの着物地にも使用さ

---

[36] 註(12)には、1900（明治33）年の第5回パリ万博で、口大野村（現京丹後市大宮町）の鵜飼源右衛門が大縮緬で銅賞を受賞したとある。その後、フランスの商社から注文が入り、仏蘭西縮緬と呼ばれるようになった（口大野コミュニティ活動活性化推進委員会『口大野の歴史』同会・1993年）とあるが、詳細は不明。

[37] 註(9)に同じ、18ページ。

れたが、『東京報告書』には「インドへ輸出された」という記述がある[39]。先の仏蘭西縮緬や紋仏蘭西縫取と同じく、外国向けに趣向を凝らした縮緬を製織することに挑戦していたのだろう。

見本帖以外では、明治36（1903）年に開催された第5回内国勧業博覧会に出品した織物の見本生地を紹介した『第五回内国勧業博覧会紀念染織鑑』[40]では、旧加悦町で生産された「第66号　輸出向薄縮緬」[41]という生地が確認できる。生地台帳の裏には、別名が「仏国向軽目縮緬」とされており、京都高田合資会社が横浜からフランスへ輸出するために開発したことが記述されている。ちなみに、この薄縮緬は、第5回内国勧業博覧会で2等賞を受賞している。先に見たように、天明期から加悦谷地域では軽量の縮緬を織り始めており、近代になってもその特性が引き継がれていることが分かる。

これまで縮緬は国内向の上級な着物の素材生地として語られてきたが、明治後期になると、多種な技法を駆使した輸出用生地への挑戦もうかがえる。

（3）生地の開発——特許・実用新案登録

見本帖の中に記載されている「実用新案登録」された生地について、どのような点が新案のポイントになったのかを検討していきたい。まず、「橋立縮」の実用新案明細書[42]にある解説は、以下の通りになっている。

登録請求範囲	図面ニ示セル撚糸平糸併合織
図面ノ説明	甲ハ経糸、乙ハ撚糸丙ハ平糸、即チ、乙丙ノ併合糸ヲ横ニ一條ノ線緯ニ織リ同線緯内ノ平糸ヲ撚糸ト併列シテ縮マシムル織物ナリ（略）

緯糸に平糸と撚糸を併用して生地を縮ませたことが、これまでにはなかった点として登録請求をし、承認を得ている（**図2-6参照**）。この技法は大正期には「変り縮緬」と呼ばれ、シワがよりにくく縮みにくい性質をもっており、今日の三越縮緬へと引き継がれている。

第2章 明治期における多種化　75

次に、「千島織」の実用新案明細書も以下のように確認ができた[43]。

> 登録請求範囲　図面ニ示セル各種織物ノ組合セヲ以テ「シボ」ニ変化ヲ顕ハス織物
> 図面ノ説明　　（イ）ハ平織（ロ）ハ真田織（ハ）ハ斜子織（ニ）ハ綾織ノ各種織物ノ組合セヲ応用（略）

　その特徴は、平織・真田織・斜子織・綾織の各種織物を組み合わせ、変化のあるシボを生じる優美さにあった（**図2－7**参照）。千島織をはじめ真田蓙織（壁織＋真田織）[44]、真田鶉織（真田織＋鶉織）[45]など、いくつかの織り方を組み合わせたものも多い。

　さらに、見本帖「橋立」には見られないが、旧加悦町の梅田利助が明治26（1893）年に特許を取得し、京都・川島織物で製品化され、10年後の第5回内国勧業博覧会では1等賞牌を受けた「旭織」を紹介しておく（**図2－8**参照）。その特許証には、以下のような記述が見られる。

> <u>此発明ハ経緯ニ太キ糸ト細キ糸トヲ各二条以上ツ、交互ニ配列シテ織成シ、次ニ練煮シテ製シタル織物ニ係リ、其目的トスル所ハ糸ノ撚力ヲ藉ラスシテ容易ニ細キ経緯糸ヲ以テ各区画トナシ、太キ経緯糸ノ部分ノミニ凸形若クハ凹形ヲ現出セシムルニアリ</u>[46]　　　　　（読点・__は、筆者）

---

(38) 寺田商太郎『解説　織物の商品学』（対話社、1968年）の「1.チリメン」36〜37ページを参考にし、京都府織物・機械金属振興センターの技術幹石田幸治郎氏にご指導をいただいた。
(39) 註(8)の「第六章　製品」167〜169ページ。
(40) 『第五回内国博会紀念染織鑑　染織標本2　京都』実用社・1905年。
(41) 丈25ヤード・幅23インチ・量目一疋に付140匁で、貼付された台紙の枠が透けて見える。
(42) 実用新案登録番号第3461号　登録明治39年10月19日　杉本米治（特許庁蔵）。なお、米治は治助の子にあたる。
(43) 実用新案登録番号第5970号・登録明治40年7月6日杉本米治（特許庁蔵）。
(44) 実用新案登録番号第4177号・登録明治40年1月9日杉本米治（同）。
(45) 実用新案登録番号第5978号・登録明治40年7月8日杉本米治（同）。

図2-6　内地向橋立縞

図2-7　内地向千鳥織

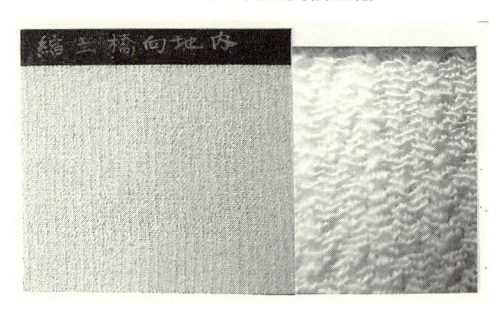

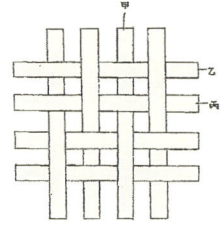

（出所）　見本帖「橋立」より撮影。拡大図および実用新案明細書より作図。

（出所）　見本帖「橋立」より撮影。拡大図および実用新案明細書より添付。

図2-8　特許　旭織

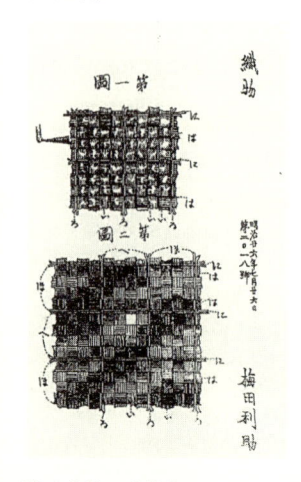

（出所）　左：旭織の生地の拡大写真（株式会社川島織物セルコン　織物文化館蔵）
　　　　　右：特許証（特許庁電子図書館蔵）

目的は、糸の撚力によらずに、容易に生地に凹凸を出現させることにあった。要するに、撚りをかけない糸を使って、縮緬のようなシボをもつ生地ができるということが発明なのである。**図2-8**を見てもわかるように、旭織の生地は大きなシボが立っていることが確認できる。

しかし、冒頭でも述べたように、真っすぐな経糸と強撚の緯糸を使って平織で織り上げるのが縮緬であり、もともと享保期に丹後から絹屋佐平治や手米屋小右衛門らが西陣へ取得に行ったのはこの糸を撚る技術だった。縮緬の織法そのものは平織で、最も原点な織り方である。とすれば、この「旭織」と先の平糸と撚糸を併用する「橋立縮」は縮緬風となり、「千鳥織」は四つの織り方を組み合わせた新しい織物と言えよう。

このような縮緬地の開発については、縮緬の技法そのものの導入をはじめ、糸・機械・市場などの情報取得が必要とされるが、それには流通を掌握していた京都室町を中心とした問屋の力も大きく影響したと思われる。特に、日露戦争の開始（1904年）による不況期に京都企業の傘下となり、一貫生産を行う独立営業の機業家が減少していったなか[47]、「加悦村誌」の記述から特許庁のデーターを調査すると江戸時代には「加悦谷」と呼ばれた現在の与謝野町域だけで明治39〜43（1906〜1910）年に実用新案登録19点と特許2点が確認できた。旭織のように製品化する段階で京都の大手企業と結ぶ場合や、薄縮緬のような輸出品の場合にも京都問屋との結合が見られるが、多くの丹後機業家達が特許や実用新案を取得し、生地の開発を手がけていたことはまちがいない。

6　西洋技術の段階的導入による多種化

明治期における丹後縮緬の多種化には、以下の四つの特徴が考えられる。

---

[46] 特許証「織物　第二〇一八号・明治廿六年七月廿六日　梅田利助」（同）。特許権の梅田から川島織物への移行については、「旭織ハ専売特許品ニシテ明治廿六年加悦町ノ人梅田利助ノ発明ニカヽル後京都市ノ川島甚兵衛ナル者特許権ヲ譲リ受ケ現ニ其権利者ナリ」（註(8)、144ページ）という記録がある。
[47] 4割程度になったという記述がある（註(12)の34ページ）。

❶糸の材質による工夫＝輸入綿糸や紡績絹糸など新たな糸に挑戦し、使いこなしていったこと。
❷機械の導入＝ジャカード機の使用により縮緬地に多くの紋織を展開したこと。
❸輸出向への試み＝シボ立ての低いもの・縫取・薄手等への挑戦。
❹丹後機業家による新しい織物の開発と特許取得・実用新案登録などが見られたこと。

　先行研究で昭和10年以降とされた新しい縮緬のうちで一越縮緬以外の縫取・紋などの技法を用いた縮緬や、朱子（繻子）・斜文（綾）組織をもつ縮緬は、すでに明治後期に丹後地域で製織されており、それらは糸の材質と技法の両方からのアプローチだった。
　その際、製糸業や紡績業のように西洋から新しい機械技術を導入して始まったのではなく、江戸時代から続く技術に西洋からの技術を段階的かつ部分的に工夫しながら取り入れ、緩やかに進行していった。縮緬は主に内需用であったため、急激な輸出を求められた綿織物のように西洋技術の導入によって駆逐されることがなかったのであろう。
　本章では、明治期における縮緬の多種化について、生産地の丹後内部から主に技術的な側面を追ったが、社会経済的には、①明治以降に開発される染色技法＝型友禅の定着による「着物」のローコスト化・量産化、②三越や白木屋などの百貨店化と通販雑誌の発刊（『時好』『三越』『流行』など）による流行の創出と地方への販売開始、③百貨店と丹後に介在する京都問屋との関係の深化などが当該期の特徴として見られ、素材生地として縮緬の需要が高まっていくことも考察する必要があろう。
　さらに多種化した縮緬は、実際に衣生活のなかで、どのように活用されたのか、人々はなぜ縮緬を求めたのか、生活や文化の側面からの検討もすべきだが、それは今後の課題としたい。

第3章

粗製濫造問題の内実

高級品と大衆品

1 粗製濫造とは

　第2章で明治期における丹後縮緬の多種化の実態を追ったが、各種博覧会では新しく登場した縮緬は粗製濫造の酷評を受けた。しかし、市場ではこれらの織物の需要は伸びていった。高級品の路線をとるのか、それとも大衆化の路線をとるのか。明治期における丹後縮緬の評価に関わる言説をここでは探っていく。江戸から明治へと急激な社会変動のなかで、丹後織物産地がとった戦略からその経営革新力を考察してゆく。

　今日、「粗製濫造」とは「いい加減な作り方で出来の悪い品物をむやみに作ること」（広辞苑）を意味し、質の悪さと大量生産を表現している。しかし、生産者の側にのみその原因を還元していいのだろうか。また、初めから悪質なものを大量につくって売れることがあるのだろうか。

　明治期の粗製濫造問題については、これまでも日本経済史において、輸出品として重要だった生糸や織物を分析した多数の研究が存在する。まず挙げられるのが、その原因を商工業への多数の新規参入者が起こした問題として考察した研究である。株仲間の解散以後、開国から明治維新という混乱のなかで新たに設置されてゆく同業組合が、一定水準の商品と量を市場に流通させるように秩序を回復していったことを評価する[1]。

　次に、技術的な側面から、西洋技術の導入や新市場（輸出市場）への対応による混乱から生じた問題として捉えた研究がある。西洋技術の導入による混乱には、工業学校・公的試験場・同研究所・共進会・博覧会などによって技術を習得して乗り越えていった。また、新市場への参入については、相手の要求が掌握できなかったことが混乱の原因であったため、輸出品に対する評価をもとに改良していった[2]。

　確かに、これらの問題に対処したことで日本の技術力が向上し、近代資本主義が成長したことは事実だろう。しかし、前者の新規参入者による粗製濫造問題について考えても、江戸時代から中核として生産していた人々の技術力は維持されていたはずだし、後者の西洋技術の導入に関しても、その要求に対応し

ているので、やはり一定の技術水準があったと考えるべきであろう。つまり、明治期における粗製濫造問題とは、日本の技術力の低さや低下から発生したものではないということになる。ならば、なぜ明治日本において、声高に粗製濫造が叫ばれたのだろうか。

明治期における粗製濫造問題については、これまで主に技術的な側面において急激な対応や変革を迫られた輸出品を中心に議論されてきたが、ここでは、これまでほとんど研究されてこなかった日本人の生活を支えた内需用製品において、どのような事態や問題が発生したのかについて検討していきたい。

本章では、明治期に身分制とともに衣服規制が撤廃され、国内需要が伸びる丹後縮緬の生産者（機屋・機業家）がどのような縮緬を製織したことで「粗製濫造」という問題に直面したのかを明らかにする。これまで、主に機械技術や海外評価から考察されてきた粗製濫造問題を、生産された織物そのモノから考えてゆくことにする。

2 幕末・明治維新・明治前期の粗製濫造問題
粗製濫売・売る問題

（１）幕末・維新期の実態─『丹後機業沿革調査書』と丹後機屋記録から

幕末から明治前期（明治20年頃まで）にかけて、まず丹後地域を対象とした国側の調査報告や地域の機屋記録を手掛かりとして、どのような粗製濫造問題が起こっていたのかを探ってゆく。やや年代は下がるが、明治38（1905）年に東京税務監督局が発行した『丹後機業沿革調査書』[3]に当時の事情が詳細に述

---

(1) 安岡重明「市場の拡大と同業組合の品質規制」（『同志社商学』第42巻第4・5号、1991年）、同「明治期同業組合の品質規制の諸相」（『同』第43巻第4号、1992年）、正田健一郎「明治前期の地方産業をめぐる政府と民間」（高橋幸八郎編『日本近代化の研究』東京大学出版会・1972年）など。
(2) 橋野知子「輸出向絹織物業における粗製濫造問題の実態」、「内地向織物業における明治期粗製濫造問題の実態」（同『経済発展と産地・市場・制度』ミネルヴァ書房・2007年）。粗製濫造問題に関する研究史を整理している。

べられている。「緒言」や「序」もないので刊行の意図は正確に分からないが、おそらく日露戦争開戦にあたり、臨時で徴収されていた織物消費税を恒常化するため、各地の織物業の実態を調査したものと思われる。そのなかで、幕末の丹後縮緬業の実態については以下のような記述が見られる。

> **史料1**
> 天保十三年、幕府勤倹ノ主旨ヲ以テ諸国ニ令ヲ下シ庶民ノ絹布着用ヲ禁止シ、又諸問屋株ヲ停止シタルニヨリ<u>濫売ノ弊</u>ヲ生シ、絹布ノ価格俄カニ暴落シ、前古未曾有ノ衰頽ヲ致セリ、即チ前年一疋ニ付キ代価<u>六十匁ノ品ハ二十匁内外</u>トナリ（略）爾来衰退一ナラサリシカ、嘉永六年米艦隊渡来スルヤ人心恟々物価大ニ騰貴ス、本業ノ如キ亦之カ余影ヲ受ケ時価生地百目ニツキ<u>四五十匁内外ニアリシ物頓ニ百匁以上</u>ノ声価ヲ唱フルニ至リ、当業者ノ利益甚タ大ナリキ、慶應三年会津騒乱ノ端ヲ京師ニ開クヤ市内大火興リ人心動揺シ、大ニ本業ヲシテ廃滅ニ帰セシムルノ衰況ヲ呈セリト雖モ、亦回復ノ時運ニ遭遇セリ、尋テ維新明治ノ聖代トナリ外国貿易隆盛トナルニ従ヒ、<u>生糸ハ輸出品ノ第一位ヲ占メ価格ノ変動頻ル烈シク為ニ又本業ニ大影響ヲ与ヘ取引上大ニ困難セリ</u>(4)
> 　　　　　　　　　　　　　　　　　　　　　　（読点・＿は筆者）

老中水野忠邦（1794〜1851）による天保改革の最中で、天保13（1842）年には庶民の絹布着用の禁止と株仲間の解散が命じられ、それに基づいて問屋機能が停止することで絹布が「濫売」となり、価格が3分の1に暴落したという。その後、ペリー（1794〜1858）来航の嘉永6（1853）年には物価が騰貴し、縮緬は4〜5倍になって、業者はかなりの利益を得ている。そして、京都における幕末の政争によって衰退したが、維新で外国貿易が隆盛になると生糸が輸出品の第1位を占めるようになり、価格変動が縮緬業に大きな影響を与えて、取引が大いに困難した。要は、株仲間の解散による問屋の停止で絹布が濫売され、幕末の社会変動、特に生糸価の変動で生産よりも取引（売買）における問題で困惑している。

　問屋の停止によって既存の流通ルートが確保できなくなった丹後縮緬を、宮

津藩は藩の重要財源と考え、京都に産物用場を設置して、自ら流通に乗り出した（後掲「史料3」を参照）。しかし、廃藩置県後、丹後地域が明治5 (1872) 年に豊岡県の管轄に入ると、与謝郡・竹野郡の機屋仲間は宮津藩政下で設置された京都産物用場の払い下げを豊岡県に願い出た。その文書のなかでは、以下に掲げるように売買に混乱している状況を読み取ることができる。

> **史料2**
> 右用場之義者天保度株解之節機屋共縮緬自侭ニ売崩シ相場一定不仕候のみならず代金請取不足、且被欺或者見倒れ夥敷国損ヲ醸シ機屋一同疲弊仕候ニ付、取締之事免四条室町西ヘ入大黒屋み川店借致し改印取開キ候得共、一廉威厳無之而者取締難出来、其後室町四条下ル処家屋敷買取之上営繕致シ前ニ而取扱罷在候処、去巳年豈不計焼失仕国方機屋並縮緬仲買及ひ糸職之者ヨリ身分相当出金仕、又者材木迄取締之ものヨリ差送漸ク再建致都合よく営繕加ヘ仲買之者は勿論荷持機屋銘々共迄一同用場ニ止宿仕（略）最初目論見之通一同用場ニ止宿仕、縮緬生糸立テ直段日々高下博変ヲ聞取、或売負投売杯仕代金取纏等便宜ニ取用ひ申度(5)　（読点・□・＿は筆者）

天保に株仲間が解散したため機屋達が気ままに縮緬を売るようになり、相場は一定せず、代金の受取不足、詐欺、見込違いなどが理由で、丹後国はおびただしき損を出し、機屋も疲弊した。取り締まりを四条室町西入の大黒屋に依頼して店を借り、改印をしたが威厳がなくて取り締まりができなかった。その後、室町四条下ル処に家屋敷を買い取って営繕し、家の前で取り扱いを始めた。ところが、そこが焼失したため、丹後の機屋・縮緬仲買・糸職から規模に応じたお金を出してもらって再建した。それがきっかけとなって、仲買・荷持・機屋

---

(3) 東京税務監督局『丹後機業沿革調査書』1905年、各地・各国の税金事情を調査した内国税彙纂シリーズの第25号に当たる。同号には『長浜縮緬機業沿革調査書』も合本され、前号は西陣織物の調査になっている。
(4) 註(3)の3ページ。
(5) 「上　丹後機屋中　明治七年一月」（与謝野町字加悦　杉本治助家蔵）、与謝郡竹野郡機屋惣代加悦町中垣佐助杉本儀三郎から豊岡県田中参事に宛てた文書。

が一同に利用するようになり、縮緬や生糸の値段が日々高下するのをうかがいながら売ることを任せたり投げ売りなどをしながら、代金の取りまとめなどで便利にここを用いていると史料には書かれている。

株仲間の解散以前は京都の限られた問屋で売買されていた縮緬が、自由に売買できるようにはなったために混乱を来たし、一時は売るほうのプロにも任せ、そこで縮緬をチェックしたが、かつての京都問屋グループほどの威厳がなかったため、成功せず、結局、丹後の仲買・荷持・機屋達が一緒になって産物用場を運営した。この史料から、つくることのプロである丹後の機屋が売ることにかなり困惑している様子がうかがえる。

これまでの国側の調査報告や地域の機屋側の記録から、株仲間の解散以後、開国・維新など刻々と社会情勢が変化するなかで丹後縮緬業は、つくることよりも流通（売ること）に苦心していたことが分かる。

（２）明治10年代の実態——農商務省『興業意見』から

このような地方の商工業者が直面した問題に本格的に対処するために編纂されたのが、明治17（1884）年に農商務省から刊行された『興業意見』である。殖産興業の道を探るべく、農商務省大書記官前田正名（1850〜1921）が主導した膨大な調査報告書であり、意見書であった。まだ推測にすぎないが、幕末維新期の横浜から急激に増加した輸出生糸に対して「粗製濫造」という言葉がしばしば用いられたとされるが、『興業意見』のなかにも「粗製濫造」という言葉は数多く登場しており、以後、同書をもとに産業に関する公文書が作成されて「粗製濫造」という言葉が広まってったのではないだろうか。これについては今後の課題としたい。

果たして、『興業意見』のなかで丹後縮緬はどのように記述されているのだろうか。

「粗製濫造競争等ノ弊ヲ生シタルハ一時ニ検束ヲ解キタルニ因ル」（巻四第十四）において、一般論として「工商業ノ事タル、幕政ノ頃往々検束ノ甚キニ過キ為メニ進歩ヲ害セシモノ亦少カラサルヲ以テ、維新以降其弊害ヲ除カンコト

ニ熱中シ、大ニ其検束ヲ解弛セリ。然ルニ一度之カ検束ヲ解弛スルヤ、濫売粗製ヲ専ラトスル徒ヲ輩出シ、却テ反対ノ悪結果ヲ来セルモノ多シ」[6]と述べられており、工業・商業は幕政時代に検束が厳しかったために進歩できなかったが、明治維新以後にその弊害を取り除くことに熱中し、弛緩しすぎたため、粗製濫売する徒を輩出したことで悪い結果を生み出したという。

　粗製濫造を問題としながらも、製品の質ではなく、従来なら市場に出なかったものまで「濫売する徒」の輩出こそが問題であったとされている。この記述のあとに、江戸時代における好事例として宮津藩の丹後縮緬政策が紹介されている。

史料3
旧宮津藩ノ封内ニ産セシ丹後縮緬ノ如キハ藩主ニ於テ 物産所 ヲ設ケ、物産奉行ナルモノヲ置キ、其 尺幅及ヒ精粗ヲ検査判別シテ品等ヲ定メ 或ハ 資金融通ノ便宜ヲ与ヘ、販売ノ道ヲ快滑ナラシムル等悉ク藩吏ヲシテ之ヲ主宰セシメ、又 供給ノ数需用ノ度ニ超ユルノ憂ナキカ為メ、毎年定期休業ヲ令シ 、緩急繁閑ノ調和ヲ図リ、 問屋仲買等ノ為メニ機職家ノ利益ヲ壟断セラル、ノ弊風ヲ防遏セリ[7]
　　　　　　　　　　　　　　　（□・＿は筆者）

　宮津藩では、丹後縮緬を藩主が物産所・物産奉行を設けて、製品の精粗を検査し、等級を定めたうえ、資金の融通や販売を円滑にし、需要に応じて供給数量を調整することによって問屋や仲買から機職家（生産者）の利益が妨げられるのを防いだという。要は、藩が物産所を設置して、問屋・仲間に代わって製品のチェックや生産数量の調整などを行い、生産者を保護していたわけである。

　明治5（1872）年に宮津藩の後を受けた豊岡県も縮緬を県の主要産業と考え、何とか宮津藩の産業政策を踏襲して品質を維持しようとするが、明治9（1876）年に丹後地域は京都府に編入されたため改印などの拘束がなくなっていった。

　また、『興業意見』には府県ごとに現状分析と振興策が書かれた箇所があり、

---

(6) 『明治前期財政経済史料集成』（第十八ノ一）明治文献資料刊行会・1964年・93ページ。
(7) 註(6)に同じ。

丹後縮緬は言うまでもなく「京都府」のなかに見られる。丹後縮緬は、どのような評価や位置づけがされていたのだろうか。

史料4
第四　丹後縮緬ヲ改良シ及ヒ其増殖ヲ図ル事
　丹後縮緬ハ維新後<u>組合団結ノ法解ケ</u>、各自其覊絆ヲ脱シテヨリ、目前ノ小利ニ眩惑シ<u>粗製濫売</u>同業相傷ル等ノ弊害ナシトセス。又近来世上一般物価下落ノ為メニ停業スルモノ少ナカラス。誠ニ之ヲ明治十二三年頃ノ盛況ニ比スレハ、就業者及産額共ニ其三分ノ二ヲ減セリ。今安政六年ヨリ本年迄ノ相場一欄表ニ由リテ之ヲ観レハ、今日ハ梢々平時ニ復シタルモノニシテ、明治十二三年ノ盛況ハ全ク一時農間暴富ノ影響タリシニ過キサル知ルヘキナリ。決シテ衰運ニ傾キシニハアラス。故ニ此業ハ将来益々増殖ノ望アルモノニシテ、営業モ亦最モ多年ノ経験ニ富メルモノナリ⁽⁸⁾。

（＿は筆者）

　明治維新になって丹後縮緬も組合の法が解けたために生じた目の前の利益に幻惑し、粗製な商品を濫売して、同業者が互いに傷付けあうなどといった弊害もあったが、物価下落のために止めている業者も少なくなく、明治12（1879）、13（1880）年の盛況に比べると就業者や産額も3分の1程度にまで減っているという。そして、安政6（1859）年からの相場表を見ると、今日が平時に戻っているのであって、明治12、13年の盛況は、一時的に農業者が富裕になったにすぎないとしている。つまり、決して今が衰運に傾いたのではなく、縮緬業は将来ますます増殖する望みがあり、営業も多年の経験に富んでいるという。
　実際、京都府は「縮緬」、「茶」、「蚕糸」の3業種を重要物産と位置づけており、その産額合計310万円余のうち、縮緬の産額は206万円余を占めるほど重要な物産であった⁽⁹⁾。要は、組合が解体して目先の利益で粗製を濫売する者がいたことが問題で、品質そのものの低下についてはほとんど語られていないことが分かる。
　丹後縮緬の品質の実態をよりクリアにするため、同じく京都府の主要産業で

ある西陣織物の状況が書かれた箇所を比較検討しておこう。

> **史料5**
> 第二　西陣織物業者ニ検束法ヲ設クル事
> （略）<u>維新後服飾一変ノ今日ニ至リテ其進歩ノ却テ旧時ニ倍スルモノアルハ、比年米価騰貴ニ随テ農民ノ衣食一般高等ニ赴キ、為メニ一時ノ昌勢ヲ致シタルニ外ナラス</u>。之ヲ以テ農家ノ経済収縮スルニ随テ絹布ノ販路モ亦次第ニ減少シ、其製造漸ク粗拙ニ赴クノ傾向アリ。（略）<u>第一アニリン染料ニ供シテ品質ヲ傷ムルヲ顧ミス、第二窃ニ洋糸ヲ交織シテ巧ニ人ヲ欺キ、第三西陣織模造ノ起ルアリ、第四ニ需用ノ頓ニ増加シ、之ニ応スルコト能ハサリシヨリ、精粗巧拙ヲ省ミス、濫ニ速成ノ法ニ遵ヒシナリ</u>⑽。
> 　　　　　　　　　　　　　　　　　　　　　　　　　（__は筆者）

　維新後、服飾は一変し、急激に進歩していくなかで米価が騰貴したために農民の衣食は高等になったにすぎず、農家の経済が収縮すると絹布の販路も次第に減少し、製造が粗拙になっている。また、アニリン染料の使用や巧みな洋糸の交織によって西陣織の模造品が出現したほか、需要の増加に対処するために速成などが現実に行われていたことが記されている。つまり、明治維新によって誰もが自由に絹織物を着ることが可能になり、そこに米価が高騰したことで農民が裕福になって絹織物への需要が急増したが、従来の方法では需要に追いつけないため化学染料や輸入糸を使用し、模造品や速成品の製織などがなされたということである。まさに、西陣織物は丹後縮緬とは違い、品質そのものが粗製濫造の状態を呈していた。

---

(8)　『興業意見』「巻十六　地方二　京都府」（『明治前期財政経済史料集成』第十九、明治文献資料刊行会、1964年）9ページ。
(9)　註(8)に同じ。
(10)　註(8)に同じ。8ページ。

3 明治中期（20年代）の粗製濫造問題
技術問題の相乗

（1）輸出基準という問題——内国勧業博覧会（第3回）の審査報告

　天保の株仲間の解散以後、幕末から明治維新期、さらに明治10年代（1877～1886）には、品質の問題よりも流通・販売問題で苦慮した丹後縮緬だったが、社会の混乱状況が一段落してきた明治20年代（1887～1896）にはどのような展開を見せたのだろうか。

　日本の外貨は、幕末以来、生糸が稼ぎ続けていた。その最高級品であった「前橋」は、1890年代にはニューヨーク市場でイタリアのシチリア糸に次ぐ世界第2位の価格をつけ、輸出生糸の80％以上がアメリカに向けて太平洋を渡った[11]。そして、生糸に次いで外貨を稼ぐものとして目が付けられたのが絹織物であった。すでに羽二重がアメリカに向けて輸出されて好評を博し、それに続く絹織物が求められていた。

　このような状況下のため、江戸時代から盛んであった国内の織物技術を向上させる必要があった。在来産業の振興策として、明治17（1884）年の『興業意見』の編纂を経て、各地で盛んに共進会をはじめとする博覧会が開催されている。国内最高レベルの内国勧業博覧会も、第1回（明治10年）・第2回（同14年）には少なかった在来織物の出品数が明治23（1890）年の第3回から増えていき、丹後縮緬も第3回から本格的に出品を始めた。この内国勧業博覧会の審査報告は、明治20年代の丹後縮緬の実情を知る手がかりになろう。

　第3回内国勧業博覧会では、丹後縮緬は「第十一類　糸及び織物」の「絹織物」のなかにおいて「綿縮織物」として分類されている。同織物の審査報告の冒頭に「綿縮織物中単ニ<u>海外輸出ノ目的</u>ヲ以テ之ヲ製スルモノアリ、或ハ<u>内国ノ需用ニ充ツルヲ主眼</u>トスルモノアリ、而シテ<u>其品質工作共ニ大差アルハ論ヲ待タス</u>（　は筆者）」[12]とあり、輸出を目的とするものと内国需要を主眼とするものとは品質・工作ともに大差があるとし、輸出向と輸入向（国内向）に分けて以下のように評価している。

史料6

輸出向縐縮織物

輸出向縐縮織物ハ大巾白縮緬ヲ主トシ殆ト京都府（西陣及丹後地方ノ大巾縮緬）群馬県岐阜県ノ三地方ニ限レルカ如シ、京都府ハ殊ニ其多数ヲ占メ群馬・岐阜ノ二県ハ之ニ亜ク（略）大巾縮緬中<u>進歩最モ著ルシキハ群馬県桐生産ノモノトス</u>、蓋シ夙ニ之ヲ海外ニ輸出シ且近時<u>仏国ト特約販売ヲ開キタルカ如キ以テ其品質ノ佳良ニシテ彼国ニ於テ好評ヲ博シタルヲ証スルニ足レリ</u>（略）<u>丹後縮緬ハ明治十八年以降大ニ進ミ組織練白ノ如キハ其改良昔日ノ比ニアラス、只其原糸不良ニシテ歪多ク趣味硬キニ過クノ感ヲ免レサルハ甚タ惜ムヘシトナス、況ンヤ之ヲ海外輸出ニ供センニハ務メテ其欠点ヲ改良セサルヘカラス</u>（略）<u>彼ノ嗜好ニ適スルノ佳品ヲ製出セスンハ終ニ群馬県ノ為メニ牛後ニ列スルニ至ル</u>⒀　　　（読点・__は筆者）

　輸出の主力は大幅白縮緬で、京都・群馬・岐阜産に限られ、数量が多いのは京都だが、群馬県桐生の生産品は進歩が著しいと高く評価している。審査官の評価は、早くから輸出していることと、最近フランスと特約販売を開いたことが品質を佳良とした基準となっている。

　一方、丹後縮緬は、明治18（1885）年以降大いに進歩し、組織や練（織り上がった生地の仕上げ工程の一つ）は非常によくなったが、原糸が不良で歪みが多く、趣味が古い感じが惜しいとされている。海外輸出をするためにはこれらの欠点を改良すべきで、相手の嗜好に適した佳品を製出しなければ、群馬県に越されてしまうという厳しい評価が下されている。要するに、織物生地がよいと産地側が思っていても輸出できるわけではなく、相手国の趣味にあった製品をつくらなければならないと強調されている。輸出という基準が重視され、むしろ伝統や文化は古く、欠点とされるのであった。

⑾　中林真幸『近代資本主義の組織』（東京大学出版会・2003年）を参考とした。

⑿　『第三回内国勧業博覧会審査報告　第一部Ⅲ』（藤原正人『明治前期産業発達史資料　勧業博覧会資料114』明治文献資料刊行会・1974年）441ページ。

⒀　註⑿に同じ、442〜443ページ。

また、「内国向縐縮織物」については以下のような記述がある。

> 最モ重要ナルモノハ内国向大中小巾縮緬及御召縮緬ノ二種トス（略）、丹後縮緬ハ近来<u>大ニ改良シ</u>之ヲ五六年前ニ比スレハ其差異殊ニ著シク<u>品質概シテ良好ニ赴キ且其価値低廉ナルヲ以テ需用極メテ広シ</u>、然レトモ之ヲ<u>他地方ノ縮緬ト対照スルニ其質緻密ヲ欠キ、且原糸ノ不良ニシテ動モスレハ硬味ヲ呈スルト往々青味練ノモノヲ見ルトハ共ニ其欠点ト称スヘク</u>。
> 　　　　　　　　　　　　　　　　　　　　（読点・__は筆者）[14]

「縐縮織物」（ちぢみのある織物）のうちでは、縮緬と御召が重要な二種で、丹後縮緬については、最近改良して品質がよくなり、価格が低廉で需要が広いことを評価しながらも、①質が緻密でない、②原糸が不良で硬い、③練が青みを帯びているなどの欠点が指摘されている。組織や精練の問題は、先の輸出向を論じた**史料6**ではその改良が評価されているが、共通して欠点に挙げられているのが原糸の問題であった。

（2）紡績絹糸の使用と同業組合問題—内国勧業博覧会（第4回）の酷評

原糸の問題がさらに顕在化して厳しい評価を下されたのが、5年後の明治28（1895）年に開催された第4回内国勧業博覧会においてであった。

> 丹後縮緬ナルモノハ価格極メテ低廉ナル為メ需要頗ル広ク、産額亦益増加スルノ勢ナルモ、当業者ハ一意価格ノ低廉ナランコトニ拘泥シテ原糸ノ選択ヲ忽諸ニ附スルノ感アリ、練白亦未タ其深奥ニ至ラス、此ヲ以テ品位ニ甚シキ等差ヲ生シ其不都合ナルコト言フ計リナシ、然レトモ大体ノ上ヨリ観察スル時ハ進歩ノ形跡歴々トシテ見ルベシ[15]
> 　　　　　　　　　　　　　　　　　　　　　　（読点は筆者）

上記のように、丹後縮緬は大体では進歩の形跡があり、価格が低廉なので需要が多く、産額が増加していることは評価しているが、ここでも原糸の選択が

なおざりで、精練が未熟なため品位にばらつきが生じて不都合極まりなしという厳しい指摘がなされている。原糸の不良とはどういうことなのか。博覧会報告には、審査とは別に主な織物の「現況」も記述されている。

>　　京都府丹後縮緬　　起源（略）
>現況　明治十二年頃ヨリ竹野郡ニ於テ<u>絹糸紡績糸</u>ヲ試用セシニ<u>紡績糸ハ従来ノ出品ニ比シテ価格低廉ナルノミナラス使用ノ際工手ヲ省ク等頗ル便利ナルヲ以テ、漸次其使用者ヲ増シ本年ノ如キハ丹後縮緬ノ十分ノ七ハ紡績糸ヲ使用シタルヨリ</u>大ニ其欠乏ヲ告ケ非常ニ騰貴ヲ来タシタル為メ秋ニ入リテ以来多少ノ生糸縮緬ノ増加ヲ見ルコト、ナレリ、要スルニ<u>紡績製縮緬ノ盛ンナルハ自カラ丹後縮緬ノ名声ヲ傷クルノ感ナキ能ハサル</u>ヲ以テ有志者ノ憂トスル所ナレトモ今日ノ趨勢亦如何トモスル能ハサルナリ[16]
>
>　　　　　　　　　　　　　　　　　　　（読点・＿は筆者）

　明治12（1879）年頃から竹野郡では価格が低廉で糸の準備作業の手間が省けるという利点から絹の紡績糸を使用し始めたが、今回（明治28年）は丹後縮緬の7割が紡績糸を使用しているという。そして、このような状態が続くと丹後縮緬の名声を傷つけることになるが、今日の状態はどうすることもできないと憂慮していることから、紡績絹糸がマイナスの指摘を受けてきた原糸だったことが分かる。

　実際、丹後における縮緬業は、糸と同業組合問題において明治10年代後半から30年代にかけて混乱を極めた。その状況の一端を示すかのように、この時期に残された丹後縮緬業の組合史料は非常に簡素な記述なものが多い。周知の通り、近代の同業組合は『興業意見』の刊行とともに、明治17（1884）年、農商務省が「濫売」を取り締まるための同業組合準則を各府県に通達したことに始

---

[14]　註(13)に同じ、444ページ。
[15]　『第四回内国勧業博覧会審査報告　第一部・三』（藤原正人『明治前期産業発達史資料　勧業博覧会資料85』同）68ページ。
[16]　註(15)に同じ、72ページ。

まる⁽¹⁷⁾。そして、明治18（1885）年には同準則を受けて丹後一円の縮緬製造・卸売・仲買・小売業を組織した「丹後縮緬業組合」が設立されているが、明治21（1888）年3月に練仕立業者と職工を加えた取締規則を発布すると組合は解体していった[18]。

同年7月の組合史料である「商況」には、「紡績瓦斯綿縮緬ノ如キハ特ニ売行悪シク全ク粗製ニ流レ終ニ供給ノ度ニ過キタルモノヽ如シ、而シテ当期間機業者カ原料ノタメ大イニ困難ヲ醸シタル」[19]とあり、紡績絹糸や瓦斯綿糸を使った縮緬の売れ行きが悪い理由は、粗製に流れているためだと自ら酷評している。しかし、その一方で、原料のため機業者が大変困難しており、生糸の不足で止むを得ず、紡績絹糸や瓦斯綿糸[20]を使っていることも「商況」には記述されている。

明治25（1892）年には三度（みたび）、規約が出され、丹後一円ではなく郡単位の組合に移行してしまった。その背景には、郡ごとに主力として製織する縮緬の種類に違いがあり、竹野郡や中郡で紡績絹糸や綿糸を使用する割合が高く、与謝郡では比較的その割合が低かったことがあろう[21]。そして、3年が経った第4回博覧会の頃には、悪しき紡績絹糸を使った縮緬はただ安価なだけで需要が増加し、まさに幕末からの粗製濫売に粗製濫造が相乗していったのである。

（3）西洋技術の導入による問題——紡績絹糸を中心に

それにしても、なぜ悪評とされた紡績絹糸を丹後縮緬が使わざるを得ないほど生糸は不足したのだろうか。まず言えるのは、開国によって生糸が輸出されるようになったからである。さらに、ヨーロッパで蚕の病気が蔓延すると蚕種までもが根こそぎ輸出されるようになり、国内向絹織物への供給は当然のことながら不足・高騰し、縮緬業に大きな影響を与えた（**史料1**で既述）。

今日、縮緬の原料になる生糸がほぼ輸入されていることから思うと、他国から生糸の輸入があったと思われるかもしれないが、当時の日本にとって生糸は外貨を稼ぐ第1位の商品であったため、良質なものから輸出し、国内需要において生糸が不足していても輸入するという考えはなかった[22]。また、国内にお

ける生糸需要の増加にもその原因はあった。**史料4**や**史料5**で見たように、明治維新によって身分制が形式的にはなくなり、それに基づいて衣服に関する禁令が解かれたため国内でも絹織物の需要が高まっていった。

　このように、生糸は国内外での需要が高まるなかで絶対的な不足状況に陥った。その解決策として登場してきたのが紡績絹糸であり、不良繭や、繭から生糸を精製してゆく過程で生じる屑繭を紡績してつくられたものである。ちなみに、繭から生糸をつくる時には、約3分の1〜4分の1程度が屑になり、すべての繭が生糸の原料になるわけではない⑵ことを考えると、生糸をつくればつくるほど発生してくる膨大な屑繭をどう活用するか、そのリサイクルは当時においても大きな課題となっていた。

---

⑰　『興業意見』において、「同業組合条例ヲ発スル事」は「商務」の「内国商業ノ秩序ヲ整フル方法」(巻二八　方針一)の冒頭に置かれており、その後、公布される準則も、ほぼこの項目に基づいている。

⑱　東京税務監督局『丹後機業沿革調査書』1905年・83〜101ページ。

⑲　丹後縮緬業組合取締所『明治二十一年自一月至六月丹後国産縮緬及絹織物景況三郡統計一覧』明治21年7月。

⑳　註⑱に同じ、142ページ。

㉑　註⑱に同じ、101〜108ページ。郡ごとの織物の特徴については、第1章を参照。

㉒　明治初年から昭和初期までの日本の輸出入統計として最も一般的な『日本貿易精覧』に輸入品として「其他ノ生糸真綿類」が登場するのは明治18年、「繭」「野蚕糸」の輸入額が現れるのは日清戦争後の明治29年からである。その後も第一次世界大戦の好景気には一時的に輸入は増えるが、大戦後は再び下がっている。

　　後述する京都・川島甚兵衛も、縮緬の原料糸不足から、明治10年代に朝鮮半島へ生糸を探しにゆくが、黄色味を帯びた朝鮮の繭や生糸を精製して白くする苦心を重ねる。やがて、明治19年に欧米視察を終えた川島甚兵衛は縮緬の改良から美術織物の制作へ没頭するようになってゆく(橋本五雄編輯『恩輝軒主人小傳』川島甚兵衛・1913年)。

　　ちなみに、筆者は東京農工大学繊維博物館で世界の繭を見たが、朝鮮繭は日本のものより粒が小さく黄味を帯びていた。安価に輸入できても、その後、白色にする手間や製糸機械でそのまま活用できたかを考えた時、朝鮮繭の生糸が縮緬の主力の原料糸になるのは難しかったと思われる。朝鮮からの輸入が途につくのは日本人技術者が日本向けに技術指導する韓国併合以降、中国からは第一次世界大戦以後である(藤井光男『戦間期日本繊維産業海外進出史の研究』ミネルヴァ書房・1987年)。

㉓　「絹糸紡績の研究一」(『中外商業新報』1912年11月14日付)によると、「最近四箇年の統計に拠れば繭の消費量四九三四一石、生糸産額二六〇八七一九斤、屑物産額一二一一五〇〇斤」とあり、単純計算すると生糸産額：屑物産額＝2：1に近い。

生糸を製造した官営富岡紡績所は有名だが、富岡で出した屑物を再生する内務省勧業寮新町屑糸紡績所が、明治10（1877）年に同じく群馬県内に建設されたことはあまり知られていない。設立の理由について、『日本絹紡糸事業概観』の冒頭には以下の記述が見られる。

> 「生糸ハ専ラ外国ヘ輸出シ、屑糸ヲ国内用ニ充ツルニ至レルハ経済上最モ宜シキヲ得タルモノト謂フベシ」の卓見が、生糸、羊毛、綿糸とならんで絹糸紡績の官営事業を起した理由とされている。生糸は明治、大正を通じて代表的な輸出産業として、最大の外貨獲得の任を負い、絹紡事業もよく国内需要をまかなうのみか、進んで輸出するということで、明治政府の殖産興業の期待によく答えたといえる。特に蚕糸屑物に新らしい価値を付与し、側面より蚕糸業を支えるとともに、絹製品の大衆化をはかったことは国民経済的にみて大いに評価されるべきものがある[24]。

　生糸は輸出、屑糸を国内需要にという図式は、絹紡糸（紡績絹糸）を国内で不足する生糸の代用品とするばかりでなく、生糸の製造から生じる屑物をリサイクルできるというまさに一石二鳥の方法であった。この屑物から絹紡糸をつくるという技術は、日本でも紬（つむぎ）を織っていたように古くからあったが、1830年前後からはイギリス・フランス・スイスで近代的な工場で行われるようになっていた。岩倉使節団で欧米を視察していた大久保利通（1830〜1878）がフランスの絹糸紡績工場に感動し、佐々木長淳（1830〜1916）にその導入を命じたものであった[25]。

　しかし、いくら西洋から指導を受けて官営工場を建設したとしても、すぐに良質な絹紡糸が製造できたかどうかについては疑問が生じる。『新町紡績所沿革（明治十四年度）』（十四年七月ヨリ十五年六月マデ）には以下のような記述がある。

> 　初ニ於テ生糸価格上進ノタメ本所紡績糸ノ売価モ開業以来稀有ノ高点ヲ占メ、且需要多クシテ工業繁劇ヲ極メ（略）十一月ニ至リ漸次ニ低下シ剰

へ金融逼迫セル（略）四月以降金融少シク弛緩ニ赴クヤ<u>西京ノ縮緬営業者ニ介シ販売ヲ丹後ノ縮緬織物ニ謀リ遂ニ多額ヲ估却セシ</u>（略）将来ノ方法ヲ考案スルニ<u>紡績糸需要者ノ最モ多キハ丹後地方</u>ニ在ルヲ以テ、務メテ費用ヲ省キ価格ヲ廉ニシ以テ其需要ヲ来サハ、<u>本所ノ製品挙ケテ之ヲ該地方ニ販売スルニ至ラン</u>　　　　　　　　　　（読点・＿は筆者）[26]

　明治14年というと大蔵卿松方正義が採った緊縮財政下にあり、翌年4月に金融が緩和されると、京都の問屋を仲介して絹紡糸を丹後の縮緬織物へ売却し、将来的にも丹後地方をターゲットにしていたことが分かる。その際の売りは、質の良さではなく価格が安かったことである。
　このように、第3・4回の内国勧業博覧会で散々に酷評された原料糸＝絹績糸の使用による粗製濫造問題は、生糸の不足という問題だけでなく、立ち上げたばかりの不良な国産紡績絹糸の活用という国策を丹後縮緬業が担わされていたという状況もふまえて考えなければならない。

4　明治後期（30年代）の粗製濫造問題
安価・量産のための意図的な粗製濫造

（1）技術の向上——内国勧業博覧会（第5回）の審査報告

　明治20年代の丹後縮緬は、幕末からの濫売を阻止するために新たに設立された同業組合が、生糸の不足を補うため西洋技術の導入によって国策として生産された紡績絹糸を使用したことで品質の取り締まりができない状況に陥った。また、取り締まりが強化されると組合そのものの存続が難しくなり、粗製濫売に粗製濫造が重なるという状態になった。品質はよくないが廉価でとにかく需

---

[24]　島元義枝『日本絹紡糸事業概観』日本絹紡協会・1980年・1ページ。引用史料中の「　」内は、田口芳男の言説、30ページ。
[25]　新町紡績所の設立については註[24]を参考に要約した。
[26]　岡本幸雄・今津健治編『明治前期官営工場沿革——千住製絨所・新町紡績所・愛知紡績所——』東洋文化社・1983年・245ページ。

要には対応できるという、まさに「粗製濫造」という状況を呈していた。しかし、その評価は明治30年代に入ると変化を見せ始めた。

明治36（1903）年に開催された第5回内国勧業博覧会において、丹後縮緬を含む「縐縮類」全体について以下のような記述が見られる。

> 本品ハ上着下着ハ勿論、帯地襟地其他装飾ニ応用セラルヲ以テ、用途甚タ広シ（略）兎ニ角絹織物中重要物タルヤ論ヲ待ス、加フルニ近時輸出向ノ製品漸ク現レ、技術亦稍々進歩セル形績アルハ大ニ喜フヘキコトニシテ前途益々有望ノモノタルヤ疑ナシ[27]。 （読点は筆者）

「縮緬類」は応用範囲の広い織物で、絹織物のなかでも重要で、最近は輸出向の製品の技術が進歩し、前途有望という評価を得ている。ここで言う有望な輸出向製品とは縮緬なのか、あるいは違う織物なのかについては、明治20年代と同様、博覧会における評価が輸出向技術の進歩を評価基準にしていることに変わりない。

さらに、丹後縮緬については出品府県ごとの「京都府」の箇所で以下の記述がある。

> 出品点数三六九、人員二六八、府下与謝・中・竹野・熊野四郡ヨリ出品セシモノ主トシテ京都市ヨリノ出品ハ取扱商ヨリスルモノ多シ、本府ノ縮緬ハ古来丹後縮緬ノ名ヲ以テ世ニ行ハル、モノニシテ、其ノ種類ニハ本縮緬・別赤半紡縮緬・半紡縮緬・丸紡縮緬・絹縮・壁織・乱縮緬等アリ、（略）又紡績入縮緬ハ点数殆ント出品ノ四分ノ一ヲ占メ絹糸紡績業ノ進歩ト共ニ其応用ノ技術益々精巧ニ赴キ殆ント本縮緬ト区別ナカラントスルニ至レリ、蓋シ紡績入ハ耐久ノ功ナク只価格ノ廉ト外観ノ美トヲ以テ需要ヲ惹起シタルモノナレトモ紡績入ハ紡績入トシテ之レヲ供給スルニ於テハ決シテ不可ナラス[28] （読点・＿＿は筆者）

丹後の4郡から出品されているものは京都市の取扱商から出ているものが多

く、京都府の縮緬は古くから丹後縮緬として流通しているという。そのあとに縮緬の種類が列記され、紡績入縮緬は4分の1を占めているが、絹糸紡績業の進歩とその応用技術の精巧によって、本縮緬と区別がつかなくなっており、耐久性はないが、低価格と見た目の美しさで需要を喚起し、紡績入は紡績入と明示して供給することができると評価している。

史料中の本縮緬、別赤半紡、半紡、丸紡縮緬などについては第2章で詳細に述べたので繰り返しになるが改めて簡単に説明しておこう。本縮緬とは、経・緯糸ともに生糸を使った縮緬のことで、別赤半紡・半紡・丸紡縮緬などは紡績絹糸と生糸の配合を工夫した紡績縮緬のバリエーションのことであり、丸紡→半紡→別赤の順に生糸の配合量が高くなっている。

紡績絹糸の質が向上してきたのはもとより、それとともに応用技術が精巧になっているとは、生糸と紡績絹糸の配合が工夫されていることを指しているのであろう。前者は紡績会社の尽力によるが、後者は丹後地域の機屋が工夫をして、新たな原料糸を使いこなしたと言える。

紡績糸とはいえ絹糸を使った丹後縮緬の評価をここまで追ってきたが、同博覧会にはほかにも多くの織物が出品されている。比較として、古くから日本人の日常生活に欠かせない麻織物の評価もあわせて見ておくことにする。

> 麻織物類は上布、蚊帳地、帆布、洋服地、ダック等之に属せり其数に於ては上布類尤も多きを占めたりと雖も著しき進歩の跡を認むること能はす、中には多少器械紡績糸を使用したるものあるも多くは紡績より製織に至る迄悉く手工にして文明の利器を応用したるもの尠く遺憾ながら本邦繊維工業中尤も幼稚の域にあるものと謂わざるを得ず、彼の沖縄上布の一反何拾円と称する如きは聊か雅致の存ずる処あるも実に一種の名物に過ぎずして需用者の僅少なる又知るべきのみ、宜しく紡績より製織に至るまで可成器械を応用し実用品を造るに意を注がんことを望む[29]　　（読点・☐・＿は筆者）

---

(27) 『第五回内国勧業博覧会審査報告　第六部　巻之三Ⅰ』（藤原正人『明治前期産業発達史資料　勧業博覧会資料52』1973年）1ページ。
(28) 註(27)に同じ、1〜2ページ。

第5回内国勧業博覧会の紀念状（株式会社川島織物セルコン　織物文化館蔵）

麻織物、特にそのなかでも今日最上級品として評価されている上布については、紡績より製織に至るまで機械を使わずに手仕事で行っているため、繊維工業中、最も幼稚だとしている。さらに、沖縄の上布については、精緻ではあっても高価で需要者が少なく、名物にすぎないと酷評したうえ、できるだけ機械を使った実用品をつくることを奨励している。要するに、機械技術を導入して量産化ができないものはまったく評価されないという時代であった。

（2）特許織物「旭織」の真実——縮緬風織物の量産

　紡績絹糸の技術向上とその工夫によって、安価な縮緬を量産化したことで、丹後縮緬はこれまでの博覧会の酷評から一転し、第5回内国勧業博覧会では好評を得ることができた。さらに、この博覧会には京都の川島織物が「旭織」を出品し、1等賞牌を受けたことに注目しておきたい。「旭織」については、「京都市川島甚兵衞外一人ノ出品ニ係ル千代鹿子及ヒ旭織ハ品質一定組織意匠共ニ斬新ニシテ価格モ亦貴カラス、装飾用トシテ又実用上ノ需要漸ク多キヲ加フルモノアランカ[30]（＿は筆者）」と絶賛している。

　この「旭織」は、もともと丹後・加悦町の梅田利助が明治26（1893）年に15年を期限として特許を取得したものであった。どういう経緯を辿ってこの特許が川島織物に移行したのかは不明だが、「旭織」は、丹後の坂根清一が開発し

た大変手間のかかる鹿の子絞りを絞らずに絞り風に見せる「千代鹿子織」[31]とともに同社で製品化され、国内のみならず、イギリス・フランス・ドイツ・アメリカへも輸出された。実際、川島織物はこの博覧会に69点（美術品を除く）を出品しているが、そのうち28点が「旭織」の技法を応用した織物であった[32]。

特許とは発明品に付与されるもの[33]だが、その明細書には「此発明ハ経緯ニ太キ糸ト細キ糸ヲ各二条以上ツ、交互ニ配列シテ織成（略）其目的トスル所ハ糸ノ撚力ヲ藉ラスシテ[34]（___は筆者）」と書かれている（第2章で掲載）。つまり、糸を撚らずに容易に縮緬地の特徴であるシボ（生地表面の凹凸）を生み出す技術で特許を取得している。しかし、真っすぐな経糸と1mで3,000～4,000回強く撚った緯糸を織り込むことで生地にシボを生み出すというのが縮緬という生地の独特な技法である。この強撚の技術を工夫することで多種の縮緬が生み出されてきたが、丹後では八丁式撚糸機[35]という機械を使って様々な緯糸をつくってきた（144ページの写真参照）。その撚糸の工程を省くことは、それだけコストダウンが可能になり、確かに量産化が容易になって、大衆の需要に応じる織物となろう。

今日では、中国で生産された生糸を中国内あるいはベトナムへ持ち込んで撚糸加工を行い、西陣や丹後で織るというルートが太くなりつつある。ただ、一

---

(29) 実用社編発行『第五回内国勧業博覧会紀念染織鑑』1905年・10ページ。
(30) 註(27)に同じ、2ページ。
(31) 現物は株式会社川島織物セルコン織物文化館蔵。坂根清一（与謝野町）が特許を取得している。同館所蔵の染織発明会「出品目録並解説書」によると、その製造方法は「普通ノ手織地ヘ強度ノ撚糸ヲ経緯ニ交ヘ、碁盤目状ニ織成シ、練煮シテ繰縮形ヲ生セシメ手工ニ依ラズシテ容易ニ鹿子繰縮ヲ作リ」とあり、普通に手織り地に強度の撚糸をタテヨコに入れて基盤目状を織り成し、練り煮して総（繰）しぼり形を手作業によらずに、容易に鹿の子の総（繰）しぼりを作ることができるという。
(32) 第五回内国勧業博覧会事務局『第五回内国勧業博覧会出品目録』（第六部　染織工業全）金港堂書籍株式会社・1903年・289～291ページ。
(33) 平木道人・小林将高編著『特許実務講座』繊維研究社・1989年・24ページ。
(34) 特許証「第二〇一八号　織物」特許庁蔵。
(35) 八丁式撚糸機は下総国結城郡中村の岩瀬吉兵衛が、山城国淀村に住んで従来からあったものを改良し、天明3（1783）年に八丁式撚糸機を発明したとされる。京都市染織試験場『京都近代染織技術発達史』(1990年) 258ページによる。丹後へいつから導入されたかについては定かではない、今後の研究を要す。

反を織り上げる時に国内で織らなければ西陣織や丹後縮緬とは組合が認めていない[36]。それ以外にも地元の雇用問題があるため、どこでコストを削減するかというと海外生産が可能な撚糸に行き着いてしまう。それほど撚糸は、明治時代のみならず今日なお重要な工程である。

しかし、先に書いた縮緬の定義からすれば、強撚糸を使用しない「旭織」は「縮緬」ではなく「縮緬風」の生地と言える。この縮緬風の織物は安価量産のための織物であり、丹後の小さい機屋では技術があっても量産することができないため、京都の大手の川島織物によってのみ活きるのが特許であった。

ところで、2代川島甚兵衛は、農商務大輔品川弥二郎や大蔵省権大書記官神鞭知常らの進言で明治19（1886）年に欧米を視察し、日本の織物業の行く末を託された人物であった。彼は日本の織物業のレベルは欧米と比べても遜色ないと報告したほか、日本の場合は紋様よりも色が模倣されていると初代特許庁長官になる高橋是清に進言し、自ら日本の織物技術の高さを立証するため、万国博覧会に最高級技術を駆使した美術織物を出品し続けた[37]。

確かに、彼の作品の評価は高く、日本の織物技術の評価を上げたのは事実であるが、多額の資金を投じて最高級の美術織物の製作にのめり込んだ明治20～30年代の川島織物は、「二十七八年、日清戦役の前後に在ては、実に窮乏の極点に達せり、翁（川島甚兵衛）は此の如き間に処して、毫も屈することなく、能く其の智慮を運らして、百方金融の道を講じ、僅かに一時を弥縫して以て其事業を継続せり」[38]という苦しい経営状況に陥っていた。そのため、不本意ながら住友・丁吟らから会社組織にすることで資金を融通され、再生したが、明治39（1906）年、甚兵衛は再び個人経営に復帰することを提案した。すると、会社の経営を担当していた五人者（主任店員）は以下のように述べたという。

> 徒に高尚なる織物の一偏にのみ専らにして、事業経営の実益を度外に措くが如きは、工場を繁栄せしむる所以の要義にあらず。五人者は斉しく眼を此点に注げり。乃ち案を具して組織を定め、全体の事業を分って、高等、普通の二部と為し、高等部は之を翁の直轄として、其の方針とする所に一任し、以て高尚の織物を製作し、毫も収利の如何を顧みることなく、益々

見本帖「特許千代鹿子」の表紙（株式会社川島織物セルコン　織物文化館蔵）

> 川島工場の名誉を発揮するに勉めしめ、普通部は、之が経営を全く店員に委ねて、常に世間の好尚流行を斟酌し、川島氏の名誉を毀損せざる範囲に於て、普通の織物を製し、以て至当の利益を収むることゝせり。（略）此議翁の諾ぶ所とならず⁽³⁹⁾。　　　　　　　　　　（□・＿は筆者）

　五人者は、高尚な織物だけでは事業経営は難しいので、高等と普通の2部に分け、高等部は甚兵衛が収益を度外視して高尚の織物を製作して名誉を高め、普通部では店員が世間の流行を考えながら、川島の名誉を傷つけない範囲で普通の織物を製織して利益を生み出すことを提案した。まさにこの時期、普通部の織物として川島の苦境を支えたのが旭織や千代鹿子織であったと言える。
　五人者の提案は企業が成り立つ方法を示したものだが、日本の技術の高さを自ら誇ってきた甚兵衛から見れば本物ではなく、〇〇風を生み出すことは当然「粗製濫造」であり、自社がその戦略をとることは耐えがたかったと思われる。

---

(36)　西陣織物工業組合渡邉隆夫理事長談による。
(37)　橋本五雄編輯『恩輝軒主人小傳』（川島甚兵衛・1913年）、高橋是清・上塚司編『高橋是清自伝』（中央公論社・1976年）などを参考に要約した。
(38)　註(37)に同じ、100ページ。
(39)　註(37)に同じ、102ページ。

（3）経営革新の深化——高級化と大衆化への胎動

特許・旭織のような縮緬風の織物で基礎収入を確保するという企業経営のあり方を主張した五人者に２代川島甚兵衛が抵抗していたころ、縮緬の最大産地・丹後地域で起こっていた動きが第２章で見た縮緬の多種化であった。その過程で従来の縮緬はどうなっただろうか。

前掲の表２－２で、台紙12・19ページに内国向（内地向）「縮緬」が貼り付けられていることに注目しておきたい（表中☆印）。様々な新しい織物を開発するなかで、江戸の享保期から織り続けてきたオーソドックスな本縮緬も確実に生産している。また、あれだけ批判された紡績絹糸の織物（表中○印）は、もともと与謝郡（加悦谷地域）では少なく、「橋立」においてはすべてが国内向で４点にすぎなかった。

また、この時期、明治33（1900）年に開催された第５回パリ万国博覧会へ丹後地域から９名が縮緬、あるいは白縮緬を出品し、そのうち６名は、ほかに段通縮緬・繻子縞縮緬・鶉縮緬・絹縮・鶉織・繻子入縮緬も併せて出品している。これらが生糸製か、紡績絹糸か、までの詳細な記述はなく、ただ、記録には「縮緬」とあるだけで、その時、フランス政府から授与された賞状やメダルが、今日でも、大切に各家において保管されている。なお、この博覧会は、日清戦争（明治27～８年）後の国威が発揚した時期に開催され、日本最初の女優と言われる川上貞奴が会場でデモンストレーションをして賞賛された。この時、「ジャポニズム」と呼ばれる日本ブームも起こっている。そのような国際的評価にさらされる博覧会には、やはり良質な生糸製の本縮緬が出品されたと思われる[40]。

特許は京都川島織物の指導のもとで量産化が進行し、丹後の機屋も自ら実用新案の開発に精進したが、それらはすべて縮緬本体から見れば縮緬の風合いを決め、手間のかかる撚糸を省略化した縮緬風織物であった。技術から見れば粗製濫造かもしれないが、需要を喚起するという側面から見れば、この時点ですでに200年近く継承してきた縮緬の技法を守りながらも、国内外の安価・量産のニーズに応えるための経営革新力を行っていたと言えよう。

その後、丹後地域においてどのような縮緬が製織されるようになったのだろ

第5回パリ万国博覧会のメダルと賞状（個人蔵）。鵜飼源右衛門（京丹後市大宮町）が本縮緬を出品し、銅賞を受賞（出所）『図説　京丹後市の歴史』161ページ。

うか。内国勧業博覧会は第5回をもって終了したが、大正5（1916）年に開催された「東京大正博覧会」がその延長上にあったと考えられる。折しも第一次世界大戦勃発により、好景気に向かう時期であった。

> 岐阜長濱ノ縮緬ニ比較スルトキハ<u>原料ノ取合セ、組織ノ応用等ニヨル変リ織縮緬ノ製造多数ニシテ需要ノ範囲ヲ増加</u>シツツアルハ喜フヘシト雖モ、其ノ産出ハ主トシテ与謝郡地方ノ一部ニ限ラルルヲ以テ、今後益々之ヲ奨励シ販路ヲ開拓スルノ必要アラント信ス、（略）<u>金紗縮緬ハ其産額多カラス出品中二、三ヲ除ク外、品質ノ見ルヘキモノナシ</u>、元来本品ハ価格ノ関係上今後多大ノ需要ヲ喚起シ得ヘキモノト信シ難シト雖モ、上流社会ノ需要品トシテ欠クヘカラサルモノナルヲ以テ、<u>原料ノ撰擇及製織法ニ注意シ</u>之レカ改善ヲ図ルコト（略）撚系法ノ如キ殆ト<u>全部動力ヲ利用シ、力織機ノ応用モ亦年ト共ニ増加シテ</u>之ヲ数年前ノ業況ニ徹スレハ進歩ノ著シキモノアリ[41]　　　　　　　　　　　（読点・__は筆者）

---

[40] 第5回パリ万国博覧会の出品者は、鵜飼源右衛門・浜見利七・小林新七・加畑万助・尾藤広吉・塩見徳蔵・小林忠七・尾藤直蔵・江原徳右衛門である（『加悦町史』資料編第二巻・2008年・566ページ）。なお、このパリ万博および第5回内国勧業博覧会における丹後地域の人々の活躍については、拙稿「縮緬業の近代化―パリ万国博覧会と第五回内国勧業博覧会」（『加悦町史概要版』2004年・163～173ページ）を参照のこと。

講評は、丹後縮緬は他産地と比べると、原料や組織の応用などによる「変り織縮緬」が多いことを評価している。ここに言う変り織縮緬とは、第2章で見た多種の縮緬風織物などのことを指すと思われる。川島織物で製品化された特許「旭織」は数年で姿を消したが、杉本米治が開発した実用新案「橋立縮」の平糸と撚糸を組み合わせる原理はその後改良が加えられ、シワがよりにくく、縮みにくい今日の三越縮緬の開発へとつながっている[42]。縮緬の基本である撚糸をまったく使わない特許「旭織」は量産され、安価になって一時的には売れたが、すぐに消費され、消滅してしまった。

　一方の実用新案「橋立縮」は、当初の安価量産の目的から脱して撚糸を使った織物がもつ縮むという難点の克服技術に応用された。同じ安価量産の技術でも、撚糸を使うという縮緬の原点を残した技術のほうが残った。つまり、「発明」である特許よりも「考案」である実用新案の方が丹後縮緬には有効だったのである[43]。

　特許と聞けばすぐに優れた発明というイメージで語られるが、本章で見たように量産・安価の視点から承認された特許もあり、国家の技術政策と大きく関わっているため、本当に明治日本の繊維産業のイノベーションになったのかについて改めて検討したい。

　さらに講評では、高価格で需要が喚起し難い「金紗縮緬」という高級品の増産を原料選択と製織法、特に力織機の導入によって図ることも提唱されている。要するに高級品を機械化によって量産し、大衆化しようということであろう。大正期になると、博覧会における評価や助言も国内向けの低価格品と高級品の両方を指導するようになり、明治期の安価・量産の輸出基準から脱却していく。

　そして、第一次世界大戦期以降、丹後縮緬は4-（2）で見たような特許や実用新案の縮緬風織物ではなく、多年の経験を基礎として、国内生糸の生産増や植民地であった台湾や朝鮮、さらに中国からの生糸も輸入できる状況を踏まえて[44]、明治期に散々批判された紡績絹糸から転換して生糸を使用した金紗縮緬や古浜縮緬、さらには一越縮緬という高級かつ本来の縮緬にシフトした。やがて、昭和初期には世界恐慌の影響を受けた生糸が暴落したことが原料安の好機となり、生糸製の縮緬が9割を占めるようになっている[45]（第6章で詳述）。

5 変遷する粗製濫造問題

　最後に、明治期における丹後縮緬の「粗製濫造」として各所で揶揄されてきた問題を、以下の3期に区分してまとめておく。

（Ⅰ）幕末・維新・明治前期――「粗製濫売」＝売買の混乱・流通の問題
（Ⅱ）明治20年代――「粗製濫売」に「粗製濫造」（紡績絹糸の活用）が相乗
（Ⅲ）明治30年代以降――量産・安価の要求から意図的に「粗製濫造」を創出

　まず、Ⅰ期は天保改革の株仲間廃止による流通の混乱に始まり、Ⅱ期は開国によって貿易が開始されると生糸の高騰と不足に悩まされ、国策として生産された紡績絹糸を活用したことで技術的な評価を落とし続けた。Ⅲ期は、その紡績絹糸問題も技術の向上と生産者の工夫によって乗り越えたが、その一方で量産と安価という要求から、特許や実用新案が認可された織物は意図的に粗製濫造を創出した縮緬風織物であった。江戸時代からの技術を継承しながらも、社会需要にも対応する商品をその技術のなかから生み出した。
　このように、明治期における粗製濫造問題は各時代の様々な課題から生じた

⑷1　『東京大正博覧会報告　三巻Ⅲ』（藤原正人『明治前期産業発達史資料　勧業博覧会資料233』1976年）1464ページ。
⑷2　三越縮緬は、「左右強撚糸と平糸使用のもの」と京都府織物・機械金属振興センターの「織物分解に係る品名決定について」では定義されている。同センターの元技術支援課高橋茂夫氏の解説によると、3本の糸の中に平糸を1本挿入することで、生地が安定して縮難くなるという。
⑷3　特許制度が日本の経済発展との関連で研究されたものはほとんどないが、関権『近代日本のイノベーション―特許と経済発展』（風行社・2003年）があり、その「第6章　技術政策―特許制度の分析―」（114～130ページ）で、明治日本の産業において特許と実用新案の有効性を数量化し、在来産業においては、後者のほうの貢献度が高かったことを指摘している。
⑷4　藤井光男『戦間期日本繊維産業海外進出史の研究』ミネルヴァ書房・1987年。
⑷5　「最近五ケ年間品種別生産高」（丹後縮緬工業組合『昭和十五年度丹後縮緬の現勢』1941年）から生糸製の割合を分析すると、昭和11～15年の生産高に占める本製（生糸製）の割合は点数において、87.4～96.1％、価格において90.6～96％になっている。

ものであり、冒頭で述べたように生産者のみに還元できる問題でも、単なる悪質なものを大量生産した問題でもない。確かに、混乱のなかで粗製濫造の状況はあったにせよ、もともと一定の良品としての地位があったからこそ、そのレベルに満たないものに対してクレームが起こったのではないだろうか。また、良質な高級品ばかりが売れ続けるわけではなく、それを買える人は限られている。「薄利多売」という言葉が存在するように、安価な量産品のほうが大衆には求めやすい。

しかし、高級品が大衆化するには、機械化・原料安・労賃安など何らかのコストダウンの要因が働かなければならない。その際、技術や製品そのものが低下する恐れがあり、粗製濫造が警鐘されることになる。それは、近代資本主義への警鐘でもあったと思われる。

江戸から明治という社会変動や西洋技術の導入によって在来の日本の技術力は混乱していたからといって、欧米より低かった訳でも低下した訳でもない。それは、文化や歴史の差異によるものではないだろうか。勧業政策や国策の難題を突き付けられながらも、もち得た技術開発力で丹後地域の織物業者達は、大衆品を生み出すという経営革新力で乗り越えてきたのである。

第4章

ブランドの誕生

「信用」の形成と表象

1 ブランドとは

　明治期の丹後縮緬は、前章で見たように、新たな糸・機械・技法への挑戦があったものの、自由にモノづくりができる時代になって粗製濫造問題にも悩まされた。いったい、どのようにして信用を獲得していったのだろうか。モノづくりは単によい技術があり、よい製品を生み出せば成功するというものではなく、よい技術、よい製品であることを市場（買い手・消費者）にアピールして初めて成し得るものである。そのためにとられた策が、江戸と昭和の２度にわたる丹後縮緬のブランド化策であった。しかし、ブランドとはそんなに簡単に誕生するものだろうか。そもそもブランドとは何か、本章ではその軌跡を追ってゆくことにする。

　「ブランド」という言葉が日本において一般化されたのは、1980年代からのバブル経済以降ではないだろうか。当初は、豊かになった日本人が海外で「高級ブランド」のバックや宝石を買い漁るという姿がマスコミなどで紹介された。その後、バブルは崩壊し、1990年代の不況の時代が訪れると、消費者の需要をつかむマーケティングとペアになって流行し、「無印良品」までがブランドとして脚光を浴びるようになった。

　ブランドをいかに立ち上げるか、強いブランドをどのように創造するのかといった事例について、成功している企業や商品戦略を紹介したハウツー本が店頭にあふれた[1]。とはいえ、「ブランド」とはいったい何なのか、なぜ必要なのか、どのように生み出されるのかを明確に著した本はほとんどない[2]。また、歴史的に考察したものも皆無に等しい。

　そのような研究事情のなかで、小川孔輔氏は「ブランドとは自社商品を他メーカーから区別するためのシンボル、マーク、デザイン、名前のこと」であり、「ブランディングとは、競合商品に対して自社ブランドに差別的優位性を与えるための長期的なイメージ戦略」であると定義している。また、「ブランド（Brand）」という言葉の語源は、ピーター・H・ファークハー氏によると古代エジプトまで遡れ、近代的な商業活動につながるブランディング（Branding）

は、16世紀、中世ヨーロッパのギルド社会において品質を保証するための商標（Trade Mark）を用いたのがその起源で、陶器の底やウイスキーの蓋に焼き印を押した（Burned）[3]と概略している。

このようなブランドの語源に近い品質保証を示すブランディングは、日本にもあったように思われる。少なくとも江戸時代の幕藩体制下において、各藩が財政を潤すために「特産品」の開発に力を注いだことは周知のことで、その際、産物会所や国産方などを設け、やがては専売制を敷いた場合も多い。

従来、専売制度は藩の財政再建政策の一環として考察されてきたが[4]、品質管理という側面はなかったのだろうか。というのも、特産品のなかでも織物は重要な位置を占めており、今日までその技術と名前を残しているものが多々ある。近年、地方再生の梃子として「地域ブランド」の商標登録制度が緩和され、各地で日々ブランド産品が創出されていることからもそれはうかがえる[5]。

そこで本章では、享保5（1720）年に西陣から技術が導入され、現在まで約300年間にわたって京都府北部の丹後地方で織り続けられてきた「丹後縮緬」

---

(1) 石井淳蔵『ブランド──価値の創造』岩波新書・1999年、片平秀貴『パワー・ブランドの本質』ダイヤモンド社・1999年、堺屋太一『ブランド大繁盛』NTT出版・1999年、清丸恵三郎『ブランド力』PHP研究所・2004年、井上浩嗣・松野隆一『なぜ、買い続けてしまうのか！』東洋経済新社・2004年、など多数ある。なお、堺屋氏は同書においてブランドを①伝統ブランド（有田焼・西陣織など）②大量生産ブランド（ユニクロ・コダックなど）③知価ブランド（エルメス・ヴィトン・ティファニーなど）に分類しているが、近年の傾向としては、このようにブランドのうえに「○○ブランド」として記載し、片平氏は同書で「ブランド＝製品」という使用をしており、一般書にはこの傾向が強い。
(2) 木下明浩「製品ブランドから製品・小売ブランドへの発展」（『立命館経営学』43-6、2005年）がレナウンを軸に、百貨店を主たる販売経路としていたアパレルメーカーから、メーカーブランドとして成長した点を分析しているが、企業が強いブランドをもつ必要性を説くことでは、註(1)の諸本と同様の観点であると思われる。
(3) 小川孔輔『ブランド戦略の実際』日本経済新聞社・1994年・13～15ページ。
(4) 吉永昭『近世の専売制度』（吉川弘文館・1973年）は、藩の財政再建の視点から全国諸藩の専売制度を網羅して紹介している。
(5) 2006年4月1日から地域ブランドを商標登録する条件が地場産業の活性化を図るため緩和された。これまで、全国的な知名度が必要であったが、農協や漁協など法人格をもつ協同組合であれば、複数の府県で認知されたものでも登録が可能になった（2006年4月14日付〈朝日新聞〉）。

のブランド形成のあり方を考察してゆく。導入から10年後の西陣の大火を追い風に、「田舎絹」と呼ばれながらも江戸後期には全国に知れわたり、明治・大正とその生産は伸び続け、昭和初期以降、今日まで日本の縮緬生産の約6割を占め、「丹後と言えば縮緬」、「縮緬と言えば丹後」とまで言われるほど「丹後縮緬ブランド」を確立している。

実は、丹後縮緬は約300年の歴史のなかで、その存亡をかけた重要な「ブランド」化を2度行っている。1度目は江戸時代、松平定信（1759～1829）が主導した寛政の改革期で、2度目は大正期の第一次世界大戦を経て日本経済が大きく飛躍した昭和初期である。この2度のブランディングを探りながら、ブランドの生成、価値、重要性、定義などを歴史的に追ってゆく。

そして、このようなブランドの歴史的解明を通じて、従来、貨幣・為替など金融や資本そのものからアプローチされてきた資本主義経済の発展における最も重要なキーワードである「信用」という問題[6]を生産者の側から考察してゆくことにしたい[7]。

2 絹織物のブランド事情
天明・寛政期

（1）丹後地方と縮緬の導入

序章でも述べたように、丹後地方は慶長5（1600）年から京極氏が支配していたが、江戸初期の元和8（1622）年、藩主の死去に伴って、田辺（舞鶴）・宮津・峰山の3藩に分裂した。3藩のうち、ここで関係するのは宮津藩と峰山藩である。峰山藩は旧中郡の峰山町と大宮町を中心とした約1万石の所領ながら、それ以後も京極氏の支配が続いた。一方、宮津藩は、峰山藩の支配地や熊野郡を中心とした幕府直轄領（享保年間に久美浜代官所が設置）を除く丹後一円を支配し、永井・阿部・奥平・青山と領主が変わり、宝暦8（1758）年に入封した本庄（松平）の時代が長く、約7万石（丹後は約5万石）を所領とした[8]。この二つの藩において、縮緬の製織はいつ、どのようにして導入されていった

のだろうか。

　下記の史料は、代々地域の機屋組合に残された記録帳類をもとに、明治になって東京税務監督局が作成した調査報告書の冒頭部分である。

> 丹後縮緬ノ起原ヲ究ムルニ古来峯山加悦谷地方ニ於テ精好（精好ハ当時高価品ニシテ需要者少シ）ト称スル絹織物ノ製作セシニ基ツクト云フ、其後明暦元年其領主京極安智公該品ニ運上ノ令ヲ発シ且ツ其後地検ノ行ハル、三回、為ニ大ニ年貢ヲ高メシカハ領民ノ困難其極ニ達シタリシモ却テ絹織ノ奨励ヲ喚起シ其改良ヲ計リ遂ニ縮緬ヲ製織スルニ至レリ、正徳年間峯山町ノ絹屋佐平治ナル者、京都西陣ニ来リ縮緬織ヲ伝習攻究シタル後、享保四年帰国シ其伝播ヲ勤メタリ、同六年加悦町手米屋小右衛門三河内村ノ山本屋佐兵衛ナル者、亦京都西陣テ縮緬業者ニツキ其織法ヲ習得シ、翌七年八月帰国シ之ヲ創織セリ[9]　　　　　　　　　　（読点は筆者）

　享保年間に縮緬が導入される前に、丹後地方ではすでに「精好」という当時の高級絹織物を製作していたことがベースにあり、一定の技術水準に達していたとある。明暦元（1655）年、峰山藩主京極安智がこれに運上をかけ、その後3度にわたる検地を行った結果、年貢が高くなり、困難した領民が縮緬製織の技術導入を図ったと書かれている。

---

(6) 資本主義における「信用」の問題を論じたものは多数あるが、近年では桜井英治・中西聡編『流通経済史』（新体系日本史12、山川出版社・2002年）が、「Ⅰ貨幣・信用の開始」では古代・中世、「Ⅴ貨幣・信用の浸透」では近世・近代における貨幣とそれらを補完する両替商・小切手・為替・手形などの関係を信用問題を軸に歴史的に論じている。

(7) 本稿ではブランドを一つのキーワードとして論じてゆくが、その際、重要な要素を構成するものに商標がある。この商標に関しては、中林真幸『近代資本主義の組織』（東京大学出版会・2003年）における「高品質製品に自社商標を貼付して高く販売することができれば、品質プレミアムは製糸家に帰属する。これを目的に生糸検査を内部化することによって近代製糸業の生産組織は形成された」（162ページ）という指摘に示唆を得た。

(8) 宮本裕次「縮緬織物業の形成と機屋組合」（加悦町史編纂委員会『加悦町史　概要版』加悦町・2004年）を参考にした。

(9) 東京税務監督局『長浜縮緬機業沿革調査書・丹後機業沿革調査書』（内国税彙纂第二五号）1905年・1ページ。

その一つのルートが京丹後市峰山町の絹屋佐平治、もう一方が旧加悦町を中心とした加悦谷地域（与謝郡の一部、現与謝野町）の手米屋小右衛門と山本屋佐兵衛らであった。このように、のちに特産品となる縮緬の技術導入は、藩の命令ではなく地域の民間人の手でなされたことがこの史料からも分かる。

　導入から約10年後の享保15（1930）年、京都西陣で未曾有の大火が起こり、約7,000あった機数の半数近くが焼けた。これは、西陣から「田舎絹」と呼ばれた地方産地にとってはまたとない好機となり、京都市場と距離が近く、密接な関係をもっていた丹後は急成長を遂げることになる。それは、延享元（1744）年、西陣を保護するために幕府が産地の新機を禁じ、丹後の京登せ高（出荷高）を年間36,000反に制限したことからも明らかである。

　さらに、導入から約50年後となる明和8（1771）年には、丹後の生産拠点であった加悦谷地域における縮緬機数が、加悦町50・後野村45・算所村25・三河内村61となり、天明5（1785）年には、加悦町84・後野村82・算所村48・三河内150と、機数は増加の一途を辿っている[10]。

（2）天明・寛政期の絹織物事情と丹後縮緬

　このような丹後における縮緬生産の急増は、江戸時代中期に高級絹織物への需要が高まったことを物語っている。当時の絹織物に詳しい記録『和漢　絹布重宝記』を手掛かりに、天明・寛政期の絹織物事情を探ってみよう。

　『和漢　絹布重宝記』は、田宮純（楚州）が天明8（1788）年冬に記したもので、翌天明9年正月（25日から寛政に改元）に京都・江戸・大坂の三都で出版され、当時の多くの人々が読んだと思われる。

　目録には、「羽二重・浜羽二重・加賀絹・丹後絹・秩父絹・日野絹・福島絹・川越絹・南部絹・郡内絹・白茶宇・亀綾・縮緬・紗綾・龍門・綸子・絖・斜子・琥珀・絹縮・絽・紗・縐子・紬・太織」とあり、初めから郡内絹までが地方ごとの絹織物について、後半は絹織物の種類ごとにその特徴や産地が記述されている[11]。そして、冒頭にある「凡例」は以下に示す「目印」から始まっている。

一　総而絹之目印に三都、および諸国通用之相印あり、左にしるす
　　ヨ印　羽二重　　ト印　加賀絹　　タ印　丹後絹　　ハ印　浜羽二重
　　ア印　郡内絹　　キ印　上州絹　　チ印　秩父絹
是は紛れ安き似寄たる絹ゆゑ、小紋模様などに染れば、わかりがたきゆゑに絹の覆紙に、右の目印を書付置也。余は絹局の家々に印あるべし[12]

　まずは、三都ならびに諸国で通用する「目印」が絹の覆紙に付されていたことに注目したい。この7種に関しては、紛れやすく似ていることが押印の理由になっている。ほかの絹織物にも絹局では「印」をつけていた。ここで言う「絹局（ごふくや）」とは、産地から仕入れて売る京都問屋仲間の会所のことであろうか。特に染色されることを前提とした白生地は、一見するだけでは区別がつかない絹織物なので、仕入れた京都の絹局が押印したうえで流通させていた。
「田舎絹」と蔑まれながらも、天明期にはすでに地方の絹織物が全国的に流通する市場が形成されていたからこそ、その中心になっていた京都問屋での押印が必要とされ、白生地に対する信用保証は京都問屋が担っていたことになる。つまり、京都を中心とする絹織物市場が形成されており、一定の発達を見せていたということである。
　ところで、このような押印は単に地方絹を区別するためだけに必要だったのだろうか。同書には、地方絹のランキング、絹織物の種類の格付け、地方絹内における序列と特徴も記述されており、そのなかで最上級に位置づけられたのが、種類では羽二重、産地は加賀であった。以上のような絹織物事情を踏まえて、次に丹後絹および丹後縮緬を見ていこう。

---

(10)　丹後縮緬の歴史に関しては以下の書籍を参考にした。京都府立丹後郷土資料館『丹後縮緬』特別展図録20、1989年）および、岩崎英精編『丹後ちりめん始祖伝』（丹後ちりめん始祖顕彰会・1965年）。加悦谷における明和8・天明5年の機屋の数値は、後者92〜93ページによる。
(11)　楚洲田宮純『和漢　絹布重宝記』竹村嘉兵衛（皇京）・前川六左衛門（東部）・雄崎貞次郎（浪速）・天明9（1789）年・国立国会図書館古典籍資料室蔵。
(12)　註(11)に同じ。

> 丹後絹　夕印（略）
> 加賀絹より余程下品なる絹なり、紋附のおもてなどには一切出来がたし、裏地已下染小裁に多仕入る也、買廻し目廻り也、生絹にて京へ出す
> 一　丹後縮緬
> 全体糸のよりわかく絞ひくし、絹の性も柔なり、万事唐屋形縮緬に似たる品多し、地性余り強くはなし。中にも不勝絹は着用して毛むく立也。加屋宮津より出るもの至て麁品なり、大野是にまさる、岩滝峯山上品也。極上の絹に栄専といふ銘の有きぬあり。地の端に[朱印]といふ朱印を押たり、丹縮中の佳品なり、上包の文庫にも此大なる判をすゑたり、京都にて絹局是をたばこの葉ととなふ。又永仙などと似よりたる物あれども、絹亜なり、乍然此絹又佳なり（略）是も国より練て来る也、五疋づゝ文庫に入れ、上書に源氏狭衣めきし銘を付、十反入と書付するなり（略）[13]
>
> （読点・＿＿は筆者）

　この記述を読む限り、丹後絹は加賀絹より「余程下品」と思われるが、同書では、加賀ついで長浜、そして丹後という地方ランキングになっており、関東圏の産地が全体に低位に置かれている。「買い廻し」、「目廻り」とは相対ではなく、市場において相場買いをする用語で、「生絹」とあることから未精練のまま京都の問屋へ出荷されていたことがうかがえる。

　また、丹後縮緬は、丹後の産地内でも加悦・宮津産の評価が低く、大野が中位、岩滝・峰山のものが上品という順位が、縮緬の導入から約70年が経ったこの時点ですでにできていることが分かる。極上の絹には「栄専」というたばこの葉の朱印がされている。「永仙」という絹も良品で、文庫に入れ、上書に源氏物語や狭衣物語めいた銘を付けていた。「是も国より練て来る」とあり、両者とも丹後から精練して出荷されている。

　『和漢　絹布重宝記』には、加賀の羽二重の場合も大白・真白を頂点とした種類の順位が記述されているが、地方の産地内部にランキングがあり、商標が用いられていたことがはっきりと分かるのは丹後縮緬だけである。

3 江戸時代のブランド化
峰山藩・宮津藩・豊岡県の試み

（1）峰山藩による試み——寛政期

　先に挙げた極上の「栄専」に朱印を押すのは誰であろうか。京都の絹局か、丹後で上品を織り出す岩滝・峰山の産地だっただろうか。丹後絹は生絹で京へ出荷していたことから考えると、精練をしないと生地そのものの質が分からないので京都問屋であったと考えられる。では丹後縮緬のほうはどうだったのか。この問題にさらに近接するため、峰山藩が寛政元（1789）年に出した次の「口達」を見ていこう。

　　　　口　達
近来縮緬不引合ニ付一統難渋之趣相聞候、京都問屋向ニテモ売先差支之儀も有之、別テ不都合ニおよひ候旨、就右旁々此度平野屋太助乃願ニまかせ、御領分縮緬引請為替御用達被仰付惣方手広売買致候様ニ相成候（略）
一永代直売之縮緬ニ候得共、平野屋方此度引請を被仰付候得バ、惣縮緬屋共一旦右之者方江荷入致シ其上相対を以、外方江直売致候とも勝手次第ニ候、右之通平野屋方江荷入不致さず猥ニ直売致候儀ハ不相成事ニ候、但是迄之問屋方江入荷致候節ハ可為勝手次第候
一右之通永代手広ニ商ヒ候事、莫大之利潤ニ可相成、殊ニ是迄問屋向売買之趣取調候処、差当り候テモ利益有之段相聞へ候上ニモ厚思シ召を以、此度之通被仰出候事、其上改所等被仰付御入用筋モ有之候儀、旁々以壱反前ニ付銀弐分宛為朱料差出可申候
一被仰渡候通壱反以上之縮緬ハ改印を請可申候、其外生縮緬縞縮緬之類ニテモ同様之事ニ候、決テ無印之縮緬売買いたし候儀ハ不相成候、若無印之縮緬私として取扱候ハヾ吟味之上急度可被仰付候（略）

⒀　註⑾に同じ。

一機株前々より定有之事ニ候、若隠機等いたし候者見聞候ハゞ行事方より早々可訴出候
一平野屋方前条之通被仰付候上ハ随分無如才取計縮緬屋共為宜敷様ニ可致旨達置候、猶亦相対を以売買ニ出精致シ家業いとなみ可申候
右之趣可得其意候　　　　　　　　　以上
　酉十二月
　　　　　　　　　　郡奉行㊞
　　　　　　　　　　町奉行㊞
　　　　　　　町在惣縮緬屋共江[14]　　　　　（読点は筆者）

先に見た『和漢　絹布重宝記』が出版された直後に、郡奉行と町奉行から町方の縮緬屋に通達されたものである。寛政元年と言えば、松平定信の寛政の改革の真っただ中にあたる。天明7（1787）年、筆頭老中に就任した松平定信は、大名・旗本以下、武士層に対していわゆる倹約令を発している。そのなかで、衣服に関しては「衣服調度等旧くとも有来たりしを用い、新製を用ふべからず。朔望の外白小袖着すべからず。かつ上衣は今まで縞類用ひざりしが、此後は着用すべし（略）婦女の衣服もこれにおなじかるべし」[15]と、新調することを禁止したほか、特に白小袖の着用を1日と15日以外は禁じている。

これは、白小袖の素材には絹のお召・縮緬・羽二重などが考えられ、代わりに、従来は町人が使用していた木綿の縞類の着用を奨励している。さらに町人に向けては、寛政元年3月、不相応の美服や髪かざりをした者を罰するという通達を行っているが、これは守られなかったのか、11月に再度、女性の着物や手の込んだ織物などの新調を禁じ、値段の上限を指定するほか調度品への金銀箔の使用を禁止した[16]。もともと絹は奢侈品であり、そのなかでも縮緬はさらに高級品で、武家の女性や裕福な町人女性を顧客としていたため、倹約令によって取引が減った。

そのため「口達」によると、京都問屋へ向けて売先を支えたが、ことさら不都合になったという。すなわち、中央市場が崩壊した状況と言えよう。そこで峰山藩では、京都・平野屋太助の願出によって同店を御用達にした。その際に

定められた「口達」の五つの但し書きを以下に要約して説明しておこう。
❶領内の縮緬を一手に集めて販売することになったこと、すなわち峰山藩による専売制の確立である。
❷改所の経費として1反ごとに銀2分ずつを朱料として差し出すこと。
❸1反以上の縮緬は改印を受けること。生縮緬や縞縮緬も同様で、無印の縮緬を取り扱った場合は吟味があること。
❹機株をもたない隠機は行事方より訴え出ることが呼び掛けられ、「行事方」とあることから、地域にはすでに何らかの機屋組織があり、その世話役としての「行事」が機能している。
❺平野屋は縮緬屋とうまくやっていくように促している。また、売買方法は売り手と買い手が直接取引きする「相対」としていることから、京都の絹織物市場では相場が立ち行かなくなっていることがうかがえる。

　寛政の改革によって、従来の京都問屋や市場が機能しなくなり、縮緬を売りさばくための新たなルートが求められていた。そこで平野屋太助が名乗り出たが、絹織物に対する信用は平野屋だけでは得がたいので、峰山藩として改印をして信用保証のうしろ盾になったのではないかと思われる。新たな市場に向けて商品を売り出す時、その商品の価値は未知数なため、藩の押印によって一応の信用基準が確保されたと考えられる。
　従来、専売制の研究は江戸後期における逼迫する藩の財政再建政策として考察されてきたが、峰山藩のように、中央市場の閉塞によって藩が流通における信用のうしろ盾にならざるを得なかった場合もあるのではないだろうか[17]。その後、峰山藩では、寛政6（1794）年に、菱屋嘉兵衛・笹屋甚兵衛が堺に出店し、さらに大坂への売りさばきも試み、京都のみならず販路の拡大を主導した[18]。

---

(14)　岩崎英精編『丹後ちりめん始祖伝』丹後ちりめん始祖顕彰会・1965年・118〜120ページ。
(15)　寛政の改革における倹約令については、徳富猪一郎『松平定信時代』（近世日本国民史、民友社・1927年）の「一八　倹約令の励行」（87〜93ページ）を参考とし、『徳川禁令考』（司法省・1894年）各巻で補足・確認した。
(16)　註(15)に同じ。「五三　奢侈停止」（257〜262ページ）。

（2）宮津藩と豊岡県の試み──幕末・維新期

　丹後へ縮緬を導入したもう一つのルート、加悦谷を支配した宮津藩はどのような施策を講じていたのだろうか。

> 安永四年、縮緬業繁盛ニ赴キ農ヲ顧ミサルノ傾アリシカハ、松平伊予守ハ新ニ機台ヲ据付クルコトヲ禁シ鑑札ヲ下附シ、一機ニツキ銀四十匁ノ運上ヲ徴収セリ、此ノ如ク其監督厳重ナリシカハ新ニ業ヲ始メントスル者ハ其鑑札ヲ得サルヘカラス（略）<u>天保年間ニ及ヒ京都ニ用場ヲ設ケ縮緬ヲ点検シタル後売買セシメ又産地ニ於テ織物ヲ売買スルコトヲ禁シタリ</u>、其十三年、幕府勤倹ノ主旨ヲ以テ<u>諸国ニ令シテ諸問屋株ヲ停止セラル</u>、ニ方リ藩ニ於テモ亦、機屋株ヲシテ之ニ準セシメタルニ濫売ノ弊ヲ生セシ為メ、同年十一月<u>京都ニ呉服所</u>ヲ設ケ其販路ヲ開ケリ、嘉永五年、粗製濫造ヲ戒メ需給ノ均衡ヲ計レリ、<u>文久元年、物産改良法ヲ定メ印会所ヲ置キ縮緬ニ朱印ヲ押捺シ其印料トシテ一疋銀一匁ヲ徴収セリ</u>（略）[19]（読点・__は筆者）

　宮津藩における縮緬業への対策は青山氏の時代にも見られたが、宝暦8（1758）年に本庄氏の入城で本格化した。その施策は農業を重視し、新規の機を禁じ、従来の機には運上の徴集によって鑑札を下付した。その後、天保年間（1830〜1844）には産地での縮緬の売買を禁じ、京都用場を設けて縮緬の検査を行い、問屋に代わって販売を試みている。つまり、宮津藩による縮緬の専売制の開始である。しかし、これは機屋の反対や不徹底でうまくいかなかった。
　天保13（1842）年には、老中水野忠邦（1794〜1851）が天保の改革の一環として発令した株仲間の解散によって、宮津藩では再度、京都に呉服所を設けて販路を開拓することにした。文久元（1861）年には産物改良法を制定し、印会所を置いた。そして、朱印を押印し、印料を徴収するようになった。
　このような一連の宮津藩による政策は、従来、印料の徴収という側面から、宮津藩による縮緬業の圧迫が強調され、近年でも藩の財政再建策として考察されている[20]。ただ、株仲間の停止後は、峰山藩の場合と同じく、既成の流通ル

第4章　ブランドの誕生　119

ートが閉塞状態となったことは想像に難くなく、藩として対策を講じることが必須であったと考えられる。

　混乱する市場において縮緬に対する信用を保持するためには、やはり公的な裏づけが必要で、その具体策が改印にあったのではないだろうか。しかし、宮津藩の場合、対応が時代的に遅く、地域における機屋の結合と自立が進んでいたため、その施策はことごとく失敗に終わっている。

　その後、宮津藩・峰山藩の支配は終わり、明治5（1873）年に丹後は、但馬国と丹波国の多紀・氷上・天田の三郡を管轄とする「豊岡県」となった。

> 明治維新後旧規尽ク消滅ニ帰シタルタメ粗製濫造同業相傷クルノ弊ヲ生シタリ、於茲明治五年、豊岡県庁ニ於テ旧規ヲ参酌シ機鑑札ヲ交付シ且ツ<u>勧業所ヲ設置シ改役ヲシテ製品ヲ検査シ改印ヲ押捺</u>セシメタリ、然レトモ其廃県後、機業ニ関スル保護監督ナカリシカハ又乱状ヲ演出シタリ（略）[21]
>
> 　　　　　　　　　　　　　　　　　　　（読点・＿は筆者）

　天保の株仲間の解散以後、市場は統制を失い、さらに安政5（1858）年の開国によって、輸出品の筆頭であった生糸を原料とする縮緬業に生糸の高騰と不足が襲った。そして、明治維新という政治の大転換によって、旧来の規則がことごとく消滅したため、粗製濫造をして同業者同士で傷つけるという弊害まで生じてしまった。豊岡県では、旧規に基づいて機鑑札を交付し、勧業所を設けて製品を検査し、改印を押捺することにした。県の政策として縮緬業の振興を

---

(17)　「流通と権力」の問題は、近年では、吉田伸之編『流通と幕藩権力』（史学会シンポジウム叢書、山川出版社・2004年）においてまとめられているが、その一方で、西向宏介氏は「幕末期専売制の変容過程と市場条件」（『日本史研究』397、1995年）において、これまでの専売制の研究を分析視角が政策史の観点に偏っていることを指摘し、姫路藩の木綿専売制の分析を通じて、産地資本の動向を重視し、産地資本が主導する地域経済が藩の政策を規定してゆく側面を明らかにしている。
(18)　丹後織物工業組合『組合史―丹後織物工業組合六十年史』1981年・16〜18ページ。
(19)　註(9)に同じ、1〜2ページ。
(20)　註(8)を参照のこと。
(21)　註(9)に同じ、2ページ。

重視していたため、品質の向上は必須であった。

　特に、明治6（1873）年、ウィーン万国博覧会に国内から選抜され、峰山から出品した縮緬が入賞している[22]ことも大きな刺激になった。寛政以後の改印による長い品質管理の賜物であろう。

　一方の宮津藩領の縮緬は、国内での選抜段階ですでにその評価は低かった[23]。両藩による政策がはっきりと明暗を分けたことになる。なお、豊岡県の支配は近代の範疇に入るが、ここで見たように宮津藩の政策を踏襲しているため、あえて江戸時代の区分で記述したことを断っておく。

4　近代のブランド化
粗製濫造から再びブランド化へ

（1）明治・大正期の丹後縮緬

　しかし、江戸時代を踏襲する品質管理を目指した豊岡県は明治9（1877）年に廃止され、丹後は京都府へ編入された。以後、権力による保護監督がなくなり、さらなる乱状を演出してゆくことなる。なお、すでに第3章でも、幕末から明治時代の混乱状態については、「粗製濫造問題の内実」として具体的に記述しているので、論旨の都合上、必要な部分を以下のように要約しておきたい。

　開国によって縮緬の原料であった生糸は輸出品となり、品薄と高騰が続き、生糸の代用品として、明治15年（1882）頃から屑繭や副蚕糸から精製された絹紡糸が使用され始める。その背景には、明治10年（1877）、群馬県に官営新町紡績所が大久保利通の勧業政策の一環として設立されたことがある。絹紡糸が大型紡績機によって量産が開始され、国内向には紡績絹糸を需要し、海外向には外貨の稼げる良質で高級な生糸を輸出するという図式が出来上がった[24]。

　そのため、明治28年（1895）に開かれた第4回内国勧業博覧会では、出品した7割の丹後縮緬が紡績絹糸を使用し、自ら丹後縮緬の名声を傷つけていると酷評された。しかし、その勢いは止まらなかったようで、それは見方を変えれば、紡績絹糸の縮緬でも十分な需要があったことを物語っている。江戸時代の

身分による衣服規制が解かれ、日清戦争直後の好景気も追い風となり、人々はかつて高嶺の花であった縮緬を求めたのであった。

　やがて、明治36年（1903）の第5回内国勧業博覧会では、丹後縮緬の出品のうち、紡績絹糸の比率は4分の1にまで下がり、技術が精巧になり、本縮緬（生糸を使用した縮緬）と区別がなくなっている[25]と評価される。そのうえ、本縮緬とは別の製品として、絹紡縮緬を「紡績入」と明示して売り出すことまで指導された。さらに大正期になると、丹後縮緬はどのような展開をみせるのか。大正5（1916）年に開かれた東京大正博覧会では、丹後縮緬は以下のような評価を受けている。

　　丹後縮緬ハ逐年其産額ヲ増加シ今ヤ年額一千萬円ヲ起ユルニ至レリ、本品ノ特色ハ概シテ小皺ニシテ友禅及ヒ小紋生地トシテ適当シ、且ツ緯糸ニ紡績絹糸ヲ巧ニ使用シテ其ノ価格ノ低廉ナルニアリ、又之ヲ岐阜長濱ノ縮緬ニ比較スルトキハ原料ノ取合セ、組織ノ応用等ニヨル変リ織縮緬ノ製造多数ニシテ需要ノ範囲ヲ増加シツツアルハ喜フヘシト雖モ、其ノ産出ハ主トシテ与謝郡地方ノ一部ニ限ラルルヲ以テ、今後益々之ヲ奨励シ販路ヲ開拓スルノ必要アラント信ス、（略）撚織物需要ノ好況ハ他ノ機業地ヲシテ其ノ研究ヲ盛ナラシメ未タ産額ノ見ルヘキモノナシト雖モ、本区ノ出品中ニモ決シテ侮リ難キモノ少ナカラス、此等新機業地ノ将来ハ必スヤ丹後縮

---

[22]　中郡役所『丹後国中郡誌稿』（1914年）の97～98ページに、明治6（1873）年に開催されたウィーン万国博覧会へ峰山製の縮緬が出品されたとあり、ウィーン万国博覧会の出品目録から「表状　絹縮緬　豊岡県」が確認できる（東京国立文化財研究所美術部編『明治期万国博覧会美術品出品目録』1997年）。また、明治9年のフィラデルフィア万博にも峰山縮緬が吉田宗治郎・鍋島仙吉・池辺金介により出品されている（前掲による）。

[23]　ウィーン万博へ出品する織物を選抜するため、各府県から提出された資料を収集した『織物集説』（1913年7月21日購求、国立国会図書館蔵）には、豊岡県の罫紙で、峯山縮緬と宮津近傍縮緬が提出されているが、「縮緬　丹後国与謝郡宮津近傍産」の項目では、「機械ノ製置組織及方法都テ峯山縮緬ト一般只其品位少シク下等トス」と記されている。

[24]　日本における絹紡糸事業の展開については日本絹紡協会『日本絹紡糸事業概観』（1980年）に詳しい。

[25]　『第五回内国勧業博覧会審査報告　第六部　巻之三Ⅰ』（藤原正人『明治前期産業発達史資料　勧業博覧会資料52』明治文献資料刊行会・1973年・1～2ページ）。

<u>縮ノ販路ヲ圧迫スルニ至ルノ時機アルヘキヲ以テ</u>、須ラク生産組織ヲ改善シテ工費ノ節約、品位ノ向上ヲ謀ルト共ニ強撚糸使用ニ有スル多年ノ経験ヲ基礎トシ、常ニ世ノ趣向ヲ喚起スヘキ撚織物ヲ工夫シ、目先キヲ新ニシテ販路ノ拡張ヲ期スヘキナリ[26]

(読点・＿は筆者)

　大正5年と言えば、大正3（1914）年7月に始まる第一次世界大戦の影響で日本の産業界は好景気になってきた頃である。丹後縮緬もその産額を伸張していることが分かるが、緯糸に紡績絹糸を巧みに使用して価格が低廉であることを評価している。かつて紡績絹糸の使用を酷評されたが、ここに至って見事に使いこなしたと言えよう。また、与謝郡の一部で製造されている「変り織縮緬」が需要を増加させているので、今後これを奨励することも強調されている。ここで言う「変り織縮緬」とは、従来の糸を撚って平織にした縮緬ではなく、ジャカード機を利用して、生地に模様を浮き出す紋織や第2章で見た新しい縮緬風織物などのことを指すと思われる。

　しかし、このような丹後内部での新製品の開発に対する努力は評価するものの、縮緬のような強撚糸を使った織物の需要が好況なので、これまで3大産地と言われてきた丹後・岐阜・長浜以外の新機業地が登場してきていることが指摘されている。そのため、さらなる組織改善・工費節約・品位向上が求められている。そのうえ大正2（1913）年7月には鐘紡が京都支店に絹織布試験工場を新設し、さらに大正6（1917）年には、関連企業として日本絹布株式会社を設立して、絹紡縮緬の大量生産が始まろうとしていたことを付記しておく[27]。

（2）国練問題の浮上

　このように明治時代の粗製濫造問題を乗り越えた丹後縮緬に、新たな問題が浮上してくる。それが国練問題であった。大正3（1914）年、工場法の制定に向けて全国を視察していた農商務省商工局長の岡実は、未精練のまま京都へ出荷していた丹後縮緬について、友禅染で柄（模様）が施された着物を完成品と考えると白生地でも半製品だが、製織段階までしか行われていない状況は半製

品の半製品であり、今後の発展に大きな弊害になるという講演を行った[28]。

　この時の講演が契機となり、翌年に丹後で精練・検査して、白生地として出荷することを目指した国練期成同盟会が中郡の精練業者を中心に発足し、それ以後昭和3（1928）年まで14年に及ぶ運動が展開されている。詳細な動きは、本章末尾に**「国練検査制度実施への歩み」**としてまとめたものを掲載した。

　その過程で、大正10（1921）年に丹後縮緬同業組合を設立したことは重要である。明治31（1899）年、重要輸出品同業組合法によって丹後の4郡に郡単位で同業組合を、翌年には自主的に丹後縮緬四郡同業組合連合会を結成した。そして、明治33（1900）年の重要物産同業組合法の公布に基づき、翌年には丹後縮緬同業組合連合会に改組した。

　その5年後には生産量が少ない熊野郡同業組合が脱会し、3郡による連合会となるが、あくまでも郡ごとの活動が中心だった。それが、丹後一円の①製造業者（賃機を含む）・撚糸業者、②精練業・整理加工業、③筬業・紋紙業者・機料品販売業者、④織物並び原料の売買業・問屋業・仲立業、約1,500人が結集する組織となった[29]。

　これまでの研究では、組合の結成には同業者の5分の4の調印が必要であり、丹後縮緬に関わる商工業者が一致団結しない限り、弱小な丹後の業者は京都問屋には対抗できる勢力にはなれないということが強調されてきた[30]。しかし、

---

[26]　『東京大正博覧会審査報告　三巻Ⅲ』（藤原正人『明治前期産業発達史資料　勧業博覧会233』明治文献資料刊行会・1976年、163〜165ページ）。
[27]　鐘紡株式会社社史編纂室編『鐘紡百年史』鐘紡株式会社・1988年・181〜184ページ。
[28]　岡実の講演については、注[18]に詳しい。なお、丹後における精練業については江戸時代の天明・寛政期には第3章でも検討したように丹後絹は未精練のまま、縮緬は精練して出荷していた。明治以降については以下の史料に詳しい。
　　精練業ハモト機業家自カラ之ヲナシタルモノニシテ其分業トナリシハ明治十五年頃ナリトス、然レドモ現時尚ホ機業家ニシテ之ヲ兼併スルモノナキニアラズ、殊ニ与謝郡ニ於テハ其専業者殆ンド之ナク多ク他地方ノ練屋ニ依託スルモ亦機業家ノ兼業ニカ、ルモノ少ナカラズ、又農業家ニシテ副業トスル者数名ナキニアラズ（略）
　　丹後ノ精練法ハ始メ我国旧来ノ絹練法ニヨリタルモノニシテ、藁灰ノ浸出液ノミ用ヰヲイタレドモ（略）於茲十数年欧米ノ精練法ニ倣ヒ石鹸ヲ使用スルニ至レリ、而シテ現今ノ精練ハ総テ絹糸紡績ニ限リ、本縮緬及ビ綿縮緬ニ至リテハ多ク京都市ノ専業者ニヨリテナリ（略）　　　　　　　　　　（読点・＿＿は筆者、出典は註(9)に同じ、43〜44ページ）
[29]　註[18]に同じ、39ページおよび44〜45ページ。

そんな単純な問題とは思えない。なぜ、丹後としての団結が必要なのか、もう少し深く考えてみたい。

　国練検査実施へ向けて動き出したときに一つの事件が起こった。大正6 (1917) 年、京都縮緬商問屋組合が三郡連合会に対し、糊や飴などで不正増量したものが多いと申し立てた。縮緬は重量が一つの価格基準になるため、その対策として精練後の織物重量の基準値を設定することを要求した。それは、精練工程を握る京都問屋がさらに優位に立ち、返品や値引を増加させることにつながるものだった。この要請に対して、国練を実施して練り上げた品で提供すると三郡連合会では回答し、京都側がこれを了承したことで国練に拍車がかかったと従来言われてきた[31]。しかし、その段階で三郡連合会の幹部が目指したのは、京都府による検査であった。のちに初代丹後縮緬同業組合長に就任する津原武は以下のように述べている。

> 検査には統一と権威が必要である、それには京都府か公力を以てする強制検査に限るのであるから、丹後側は当時の府知事故木内重四郎君を動かし、其方針の下に進むへく準備計画中、之を聞知した京都側は俄然反対運動を起され、商業会議所の出動すら見るに至ったが、其内木内知事の桂冠を一期としてあへなくも挫折したのである、それは大正六年の秋から翌七年五月までの事であった[32]。

　津原は「検査には統一と権威が必要」、そのため京都府という「公権力」を求めたのであった。誰が縮緬の検査をするかで製品に対する信用度が違うと考え、「京都府」にそれを要請したがあえなく失敗する。そして、「組合検査の一路あるのみ」と、三郡に分立する同業組合をつくりあげることが急務となったのである。

　しかし、この時点で、京都府による検査は果たして可能であり、丹後にとって有益なものだったのだろうか。大正6 (1917) 年当時、三郡の組合で掌握していた生産反数は130万反余で、国練検査がのちに実施される昭和3 (1928) 年には300万反を超えている[33]。これだけの縮緬を京都府がどうして検査する

のか。京都府の役人に縮緬を熟知した人が多数いたとは思えず、結局は京都問屋と丹後側の問屋や生産者が委嘱されて検査をし、京都府が印を押し、その際に手数料を取る形態にならざるを得なかったはずである。

　では、組合による検査、すなわち自ら生産したものを自ら検査する自己管理のほうはどうだったのか。生産者は製品の良悪や詳細な注意を身近に確認でき、技術力や生産性の向上が図られるというメリットがある。その一方で組合内という身内の検査であり、厳しい基準が保持できるのかという問題が生じるが、自己管理によって高品質を維持できなければ即座に市場は反応し、京都府という公権力に頼るよりもはるかに厳しい要求が産地に課せられることになる。この同業組合での検査が信用を得れば、高品質に伴うプレミアム（付加価値）を丹後の側で掌握でき、白生地として自立が可能になる。

　しかし、京都問屋が精練と品質管理をしているという「信用」で売れてきた「丹後縮緬」を、今度は丹後の側でどのようにしてその「信用」を確立し、市場に訴えていけばいいのか。そのために、これまでの郡ごとの利害を超えて丹後という地域全体での結束が必須となる。そして、組合により多くの産地内の縮緬業者を糾合し、そこで行う品質管理を徹底することで組合が信用を担保できるかにかかっていた。

　弱小の丹後業者が団結して京都問屋と闘ったという単純な図式で語られてきたことの根底には、弱小零細な業者がどのようにして「信用」を確立してゆくのかという大きな問題が流れていた。

（3）国練（くにねり）検査制度の実施

　1,500人に近い同業者の5分の4の調印を得ることは3郡の利害が絡んで難

---

(30) 岩崎英精編『国練検査三十年の歴史』（丹後織物工業協同組合・1958年）では、国練は一貫して京都問屋への対抗や離脱の問題として記述されている。
(31) 註(30)に同じ。
(32) 津原武「丹後縮緬の検査について」（『丹後縮緬　国練検査実施号』丹後縮緬同業組合・1928年9月1日）3ページ。
(33) 註(18)に同じ、「明治元年以降の生産高推移表」（227～231ページ）の当該年度による。

航したが、2年後の大正10（1921）年10月、無事に丹後縮緬同業組合が結成された。設立された組合は、国練検査制度の実施に向けて精練に関する設備・検査方法など、具体的に動いていかねばならなかった。大正14（1925）年1月には3郡の5か所（網野・峰山・加悦・岩滝・口大野）に精練工場を建設し、ここに組合の織物検査所を併設した。さらに、練った縮緬を保存するため、倉庫業も兼営する丹後縮緬精練倉庫株式会社（社長吉村伊助・資本金100万円）が設立された。峰山の縮緬商である吉村商店社長の吉村伊助を筆頭に、地元の有力者160余人が株主となった[34]。

会社の設立が決定し、組合に検査制度実施委員会を設けて、実施に向けて一段ずつ着実に上っていた矢先の昭和2（1927）年3月、丹後大震災に見舞われた。震災により丹後地域の織機の約7割が壊滅したが、「丹後縮緬復興に関する請願」を貴衆両院・政府・京都府知事へ提出し、5月末には政府が低利資金・奨励金などの提供を閣議で決定し、年末には織機の台数が震災前を上回ることになった[35]。

震災という大災害や丹後地域内の利害調整、さらには京都縮緬商組合との交渉など多くの難問をクリアして、昭和3（1928）年9月1日、国練検査制度が実施された。これで丹後から、精練された白生地として縮緬を売買することが可能になったのである。

同日に発行された組合機関誌『丹後縮緬』の国練検査実施記念号に、組合長である津原武が「時論　丹後縮緬の検査に就いて」という論稿を寄せ、そのなかで検査の必要性を以下の4点から論じている。

> 第一は、粗製濫造の防止てあるといへは甚た月並てはあるか、真理は常に平凡てある、昨年三月大震災以降の丹後縮緬は機業設備から見ては正しく禍を転して福と為したのてあつた、（略）震災前の機台数は五千五百九十六台てあつたか、昨年十二月にはそれか六千二百三十一台に増加し、而かも総てか優良機に改善せられたのてあるから、生産力の増加と新需要とか釣合の取れぬ結果、加速度を以て粗製濫造の一路に向て猛進することは蓋し避け難かるへき運命てあり、今に於て之を喰止むへく国練検査を敢行

しなくては、頽勢終に救ふへからさるものかある
　第二には<u>取引の安固</u>てある、(略) 試に本年一月から五月までの取引に付、<u>丹後側の十六商店と京都商店との難引及返品</u>の統計を検するに、総取引高四百八十三万余円に対して、難引か八万六千余円、返品か三十二万円三千余円てある (略)。
　第三は<u>縮緬金融の関係</u>である、国元問屋と機業家との取引金利は、現在三銭三厘と三銭五厘である、(略) 担保資格からいへは生縮緬にはそれかない、未検査品ては貸出しの危険率か高い、此意味から見て<u>国練検査は実に縮緬と銀行との交通を開く</u>の施設てある (略)
　第四は<u>市場の拡張</u>てある、(略) 吾等は縮緬の唯一中心たる京都市場を尊敬する、左れとたつた一つしか市場を有たぬ商品が如何に心細きやを思い、更に増産傾向にある丹後縮緬を見て数量的にも品種的にも<u>新なる得意先を考へ置くへきてはないか</u> (略)(36)　　　　　　　　(＿は筆者)

　まず、第1に「粗製濫造の防止」が挙げられている。すでに博覧会の評価で見てきたように、近代に入って絹紡問題で丹後縮緬の評価は低かった。そのうえ、大正期にはほかの新機業地の参入や追い上げがあり、ここに来て震災後に導入された優良機による増産および粗製濫造を誘引する問題が山積みとなっていた。工場形態ではすでに第一次世界大戦の好景気時に力織機化されてゆくが、賃機形態では震災による復興資金で力織機化が進行したため増産に拍車がかかった。
　第2に京都問屋との取引では、キズや不良品として扱われる難引や返品が金額において8.5％程度を占めていること、第3には、機屋の金融改善策として

---

(34) 註(18)に同じ、59～61ページ。このような会社方式をとったのは、できたばかりの組合では自ら精練工場や倉庫を建設する資金がなかったためであろう。のちに昭和7 (1932) 年、同業組合から工業組合へ改組する際、社長吉村が他界したこともあろうが、工業組合は同社を買収している。吉村のような多額納税者で丹後一のブルジョアジーに、その資本力を頼らなければならなかったのであろう。
(35) 註(18)に同じ、61～63ページ。註(33)に同じ、4～5ページ。
(36) 註(32)に同じ、1～2ページ。

も必須であること、すなわち未精練の生縮緬では担保資格がなく、銀行よりも高利な問屋に依拠せざるを得ず、金融面において問屋の傘下から自立できないこと、そして第4として、市場の拡張を述べている。

これらの問題は、明らかに近世からの取引・金融・市場を脱して、新たな方法による新規ルートの獲得を目指したものであった。

一般には生産方法については機械化や工場化が近代化の指標になるが、金融においては問屋の支配から銀行への転換がそれに当たる。京都問屋の傘下にあった流通は、すでに見てきたように丹後縮緬と最も取引が深い京都縮緬商組合が国練検査制度には反対していたが、染呉服商組合の中枢であった市田・丸紅・安藤・吉田忠商店の4大商店が全国から4,000余の呉服商を集め、京練品と国練品を対照展示した「丹後縮緬国練普及大会」を10月8日に開催したのを皮切りに、各地で同様の催しを重ねて、京都縮緬商組合との仲介にも尽力した[37]。

さらに、高島屋をはじめとする百貨店など第一次世界大戦以後に飛躍的に成長した新たな流通ルートとも提携することで販路を拡大し、信用度も増していった。国練検査制度の実施は、丹後縮緬においては金融・流通の側面でも近代化を目指したものと言える。これらが実現するには、その前提に良質な丹後縮緬を生み出すことなしにはあり得ないことであったが、果たしてそれだけで信用を得て製品が売れてゆくのだろうか。

5 ブランドは「信用」の証

これまで述べたように、組合によって精練・検査・合格した縮緬が新たなルートで市場に登場していくことになったが、丹後縮緬であることを保証し、その信頼が消費者に分かるためには「商標」(標識・マーク) が必要であった。丹後縮緬の商標問題は、大正14 (1925) 年8月、丹後・岐阜・長浜の3大産地の結集を図った一府二県縮緬連盟の結成総会の折、「本製・絹紡入・人絹入の製品ごとに標識を織り込む」ことが提案されようとして、京都・浜縮緬商の反対で挫折している。

本製とは生糸を用いたもので、粗製濫造で悩まされた絹紡（紡績絹糸）入、さらに人絹入の製品がこの時期には問題となっていた。人絹とは絹のような外観をもった人造絹糸（イミテーションシルク）、つまりレーヨンのことで、綿花または木材パルプを原料としている。19世紀のフランスに始まり各国で開発され、やがてイギリスのヴィスコース法による製造法が主流となり、世界的には第一次世界大戦期にその消費が激増した。日本でも大正2（1913）年に初めて製造されて以来、羽二重や銘仙などの織物ではその使用が飛躍していったが、丹後では大正末で1割程度に留まっていた[38]。

　その後、組合では国練検査制度（昭和3年）を確立し、丹後縮緬工業組合への改組（昭和7年）と精練倉庫会社の買収を経て、昭和8（1933）年、独自に「紡績に非ざる家蚕糸、野蚕糸のみをもって又はこれに金糸、銀糸、漆糸を混織しある織物」に限り「正絹　丹後」の印章を押印することを決定した。その際、「丹後縮緬」ではなく「正絹　丹後」としたのはなぜだろうか。

　世界恐慌、さらには昭和恐慌による生糸価格の下落のため、昭和9年段階で、丹後工業組合で出荷する縮緬は約95％が生糸を使用した本製品となっており[39]、近代になって紡績絹糸の使用によって低下した「丹後縮緬」のイメージを払拭するには、紡績糸や人絹糸ではなく、高級素材である生糸を使用していることを強調する必要があった。それは「信頼のブランド＝丹後縮緬」の証であり、以後、「正絹　丹後」印は生糸を使った高級品のイメージをつくり上げ、戦後、晴着や礼服という高級な着物の素材生地として定着した。やがて高度成長期以降、庶民の娘でも成人式に振袖を着て、嫁入り仕度に着物を調えた丹後縮緬の全盛時代がやって来るのである。

　丹後が「正絹　丹後」マークを導入した昭和初期に、日常着やお洒落着とし

---

(37)　丹後縮緬同業組合『丹後縮緬　国練検査実施号』1928年9月1日、16～19ページ。
(38)　註(18)に同じ、53～55ページおよび、丹後縮緬工業組合『丹後縮緬作業読本』1936年・27～30ページ。ヴィスコース製法は「精製パルプを苛性曹達の濃厚なる溶液に浸して繊維素ザントゲン酸曹達といふものを作り、更に水を加へて振ると、軟い飴状になり、これをヴィスコースといひ」（『丹後縮緬作業読本』29ページ）、この液を濾過してつくってゆく。
(39)　註(18)に同じ、75～76ページ。

て大流行していた銘仙（絹紡糸を使用）を製織していた関東の織物産地が戦後衰退してゆくのとは好対照であった。国練の実施と「正絹　丹後」の押印は、戦後の洋装化のなかで、日常は洋服、冠婚葬祭や改まった席では着物という日本における服装の転換を先読みしていたかの選択であった。

　本章では、江戸の寛政期と近代の昭和初期の2度にわたる縮緬のブランド化を考察したが、両者に共通した点をまとめてみると以下の3点となる。
❶ある一定度に縮緬が浸透した状態で、これまでの市場が閉塞し、新たな展開をするためには他者との差別化・優位化をする必要に迫られていた。
❷京都問屋から丹後へ縮緬の生産や流通に対する主導権が移行していく際、良質な縮緬を製織できているかという信用の認知が鍵となる。
❸長期にわたる絹織物生産の技術を保有していること、すなわち歴史的な基盤が形成されている[40]こと。

　では、寛政と昭和のブランド化の相違点は何だろうか。明らかに昭和のブランディングが寛政のそれよりも段階が上がっていることである。寛政段階ではブランディングの主体が京都問屋から峰山藩という公権力へ移行したが、昭和においては京都問屋から丹後縮緬同業組合になった。それも、当初は京都府という権威を活用しようとしたが、結局は地域の生産・販売の同業者1,500名余を統括した丹後縮緬同業組合を結成し、公権力よりもはるかに厳しい自己管理のもと、自らの手でブランディングを行ったことである。さらにその際、生糸を使用したもののみに独自に「正絹　丹後」という押印をしている。

　生糸を使ったものにしか付けない「正絹　丹後」マークは、近代になって絹紡糸の使用によって低下していた丹後縮緬を高級品のイメージに再生させ、絹紡や化繊が氾濫するなか、ほかの織物との選別化に成功し、地域ブランドとして定着させていった。

　今日、「製品＝ブランド」という捉え方をした書物が多数見られるが、ブランドとはそんなに安易に立ち上げられるものだろうか。確かに、良質な製品が必ずしもブランドとして長期にわたって高い評価を得て消費者に求められるとは限らず、パッケージや広告などイメージや心理的なほかの要因が重視されが

ちである。しかし、約300年にわたり、今日、和装業界が閉塞するなかで、日本の絹織物生産の3割以上を、また縮緬生産においては6割以上を占める丹後縮緬を考察してみると、自己管理に基づいて良質な縮緬を生み出したこと、そして、それを消費者に分かる形でマーキングしていることが非常に重要な要素になっている。

　さらに、本章ではほとんど検討できていないが、江戸時代から全国的に知られていた「丹後縮緬」という名称の認知度も大きな役割を果たしていたと言えよう。ならばブランドとは、長期にわたって厳しい自己管理のもとで、生み出された良質な製品で、その質をマークによって刻印して消費者に分かるようにした知名度の高いものと言えるかもしれない。

　刻印するということは、その製品に対して保証を与えているということである。それこそが、使用してみないと分からない高価なモノを消費者が購入する際、その価格に見合った商品であるかどうかを保証するという「信用」そのものであり、少なくとも丹後縮緬の場合は、その「信用」を打ち出したことで発展したということは事実である。

---

(40) 丹後の聞取調査では「丹後という土地柄があって縮緬がある」という言葉をしばしば聞く。丹後縮緬は一社による製品ではなく、地域が育んだ地域ブランドなので、「縮緬業の歴史にみる丹後の地域力」(松岡憲司編著『地域産業とイノベーション』(日本評論社、2007年)において、同業組合結成の要因を軸に地域性や地域力の問題は考察している(本書の第1章に収録)。

年譜 【国練検査制度実施への歩み】

初期	大正3年 (1914)	農商務省商工局長岡実が丹後縮緬を視察 生縮緬で出荷する不利（粗製濫造・難引問題・精練業の奪取等）を指摘
	4年 (1915)	中郡峰山町の精練業者を中心に「丹後縮緬国練期成同盟会」が結成
	6年 (1917)	与謝郡同業組合長に津原武が選任 京都縮緬商問屋組合が3郡連合会に会見を要請 （内容）粗製濫造・不正増量などの対策として目戻り標準を設定 3郡連合会は、国練を実施し、練り上げ品で提供と回答 京都側も了承（国練検査の公約了解が成立） 京都府木内重四郎知事へ「府検査」を陳情
	7年 (1918)	京都の精練業者、問屋組合、商工会議所らの反対により、府検査は挫折 組合検査の実現のため、3郡組合を統一した丹後縮緬同業組合設立へ
	10年 (1921)	丹後縮緬同業組合を設立、津原武が組合長に就任
中期	11年 (1922)	丹後縮緬精練倉庫株式会社の設立を決議 創立委員長に吉村伊助、発起人総代に津原武を選出、検査制度を研究
	14年 (1925)	丹後縮緬精練倉庫株式会社の設立 国練り検査反対・延長運動が展開、15年1月の実施を延期
	15年 (1926)	組合内に諮問機関として検査制度実施準備委員会を設け、あらゆる問題を審議
	昭和2年 (1927)	丹後大震災（3月）、約8割の織機が被災
終期	同年	「丹後縮緬復興に関する請願」を貴衆両院・政府・京都府知事へ提出 政府、低利資金・奨励金等を閣議決定（5月末） 年末には織機台数が震災前を上回る復興を遂げる
	3年 (1928)	国練検査制度の実施（9月1日） 丹後縮緬国練普及大会（10月8日）、市田・吉田忠・丸紅・安藤商店が主催

(註) 津原武「丹後縮緬の検査に就いて」（丹後縮緬同業組合『丹後縮緬』国練検査実施記念号 1928年9月）および丹後織物工業組合『組合史』1981年を参考に作成した。
なお、初期・中期・終期の区分は津原に基づく。

第5章

大正・昭和の機業場で働いた女たち

自由な女工像の創出

1　織物業は女工哀史か

　実際に縮緬づくりの現場で働いた女性達の実像を、職工カードの分析から明らかにする。その際、女性達が働く実態を浮き立たせるため、まず諸種の男女比較を行い、その差の原因を考察する。さらに、ほかにどのような点で女性達の間に差が生じるのかを検討し、近年、繊維産業分析に導入されているジェンダーという視点の有効性も考えていきたい。

　近代の女子労働者の代表は、何と言っても繊維産業で働いた女性達であろう。その過酷さを「女工哀史」という言葉に象徴した膨大な研究が存在する。その後、悲惨な側面のみを捉えることへの批判として、主体の側に着目する研究[1]が1980年代後半から現れ、近年においてはジェンダーの視点が導入された研究[2]も盛んになってきている。

　これまで繊維産業で働いた女性像は、『職工事情』、『日本の下層社会』、『女工哀史』などの古典的文献や工場法をめぐる言説、紡績・製糸の大工場の史料などから分析されており、限られた史料が全体像を物語っているように思う。

　かつて繊維産業については、「主婦として有力な資格」と村上信彦（1909～1983）が明治期における機織りを特筆しつつ、製糸・紡績・織物業を一括して労働の過酷さを論じた[3]。この点は、戦間期を研究した大島栄子においても踏襲され、明治・大正・昭和と日本の資本主義が急速に発展し、資本主義の段階が変わっていったであろうにもかかわらず、中小工場が多い織物業の労働事情は大工場以下で当然とされた[4]。史料を提示しての具体的な研究がなされないまま、この視角が織物業においては現在でも有効になっている。

　このような研究事情のもとで本章が課題とするのは、これまで事例研究が少ないと思われる織物業における大正・昭和戦前期（主に戦間期）の女子労働者の実態を、地域に残された丹後縮緬業の史料[5]から明らかにしてゆくことである。

　縮緬は主に内需向けの在来織物業で、原料糸（生糸）の不足で開国による影響は受けるものの、力織機の導入は緩やかに進行していった[6]。同じ繊維産業でも、明治以降に輸出を目的として大規模な工場制を西洋から導入した紡績

業・製糸業、また高度な技術をもつ男性職人が多く従事する西陣、そして輸出織物の大半を占めた羽二重を織る北陸・関東の産地とも様相が異なっている。

このような事情をふまえ、大正から昭和にかけて丹後を代表した機業家（生産者・織物業者）に残された「職工名簿」という個人データカードを中心に本

---

(1) 鈴木裕子『女工と労働争議―1930年洋モス争議』れんが書房新社・1989年、三輪泰史「紡績労働者の社会意識」（広川禎秀編『近代大阪の行政・社会・経済』青木書店・1998年）ほか多数の研究がある。

(2) 三宅義子「日本の社会科学とジェンダー―＜女工哀史言説をめぐって＞」・竹内敬子「工場法とジェンダー」（久場嬉子編『第1巻 経済学とジェンダー』叢書 現代の経済・社会とジェンダー、明石書店・2002年）ほか多数の研究があるが、姫岡とし子の『ジェンダー化する社会』（岩波書店・2004年）をはじめとする一連の研究は、女子労働の過酷さや悲惨さからの観点ではなく、製織労働を日独比較してジェンダーの観点から解く新しい視点だろう。製織労働の担い手が日本では副業として見なされたため女性であったが、ドイツでは手工業の伝統＝ツンフト（同職組合）の誇り・専業性などから男性であることを指摘している。しかし、本稿で扱った絹織物のルーツ、シルクロードの起点で暮らすウイグル族の染織調査によると、製糸から準備段階までのキツイ仕事を女性が行い、製織するのは男性であるという（岩崎雅美編『中国・シルクロードの女性と生活』東方出版・2004年・52～54ページ）。そこには、ドイツのような同業組合など存在しない。なぜ、製織労働は日本では女性、ほかでは男性なのかについては、専業化してゆく理由の解明のためにも、織物の種類や作業工程と労働のあり方、機械・技術、習得期間、労働時間など多くの分析が必要だろう。

(3) 村上信彦「女性の職業」（『明治女性史』中巻後篇、理論社・1971年）には、繊維産業に関わる女工を「製糸・紡績・織物」と一括しながらも、「織物女工が圧倒的多数であることは機業の歴史を考えれば当然で（略）、昔は織る技術は女として当然の資格だったから、持ち前の技術を生かそうとすればだれでも織物女工になれた時期があった。これが製糸や紡績と異なる点である」（129ページ）とし、織物業が明治期には数量的にも歴史的にも女性にとって身近な業種であり、「織機は主婦として有力な資格」となりえる点が製糸・紡績と相違していることを指摘している。

(4) 大島栄子氏が「両大戦間の女子労働」（女性史総合研究会編『日本女性史 5現代』東京大学出版会・1982年）で研究されたのは紡績・製糸女工で、織物業に関しても「桐生・足利、秩父地方などの在来機業地の織物女工は、第一次大戦後も封建的な雇用関係が維持されたままになっていて、前借金付きの5～7年もの年期奉公による織物女工が『見習い』という名の下に、ただ働きの労働力として存在した」（37ページ）と最後に付け加えられているが、史料を提示しての考察にはなっておらず、織物工場は工場法適用外の零細経営が多いため、戦後の1947年まで法規制がなかった点が強調されている。

(5) 丹後の縮緬業に関する研究については、拙稿「近代・丹後縮緬研究ノート」（『種智院大学研究紀要』第6号、2005年）の「はじめに」で詳細に整理・検討している。

(6) 拙稿「縮緬業にみる丹後の地域力―発展の内的要因」（松岡憲司編『地域産業とイノベーション』（日本評論社・2007年）9～18ページを参照（本書第1章に収録）。

章では分析してゆく。その際、縮緬業で働いた女性達の実態をよりクリアにするため、まずどのような点で男女に差異が見られるのかという男女比較の手法を試みる。その後、男女差以外にはどのような点で差異が生じていたのかを検討し、さらに縮緬業や地域の特徴について明らかにしていきたい。

2 分析資料に関する考察
杉本治助家・生産形態・「職工名簿」と補足資料

（1）杉本治助家（西山機業場）について

　本章で分析する資料「職工名簿」を所蔵する杉本治助家は、縮緬技法を江戸時代に丹後へもたらした加悦谷ルートの一人である手米屋小右衛門の弟善三郎の後継に当たる。治助・米治親子は、近代に縮緬業によって同家を再興し、丹後・加悦谷地域を代表する西山機業場を経営した。どのような展開を経て近代を迎えたかは定かではないが、幕末以降の同家の事情は『加悦村誌』[7]および『加悦町誌』[8]に詳しく、以下の記述はこれらの史料による。

　治助は、安政2（1855）年に加悦町算所に生まれ、16歳の時に加悦町加悦の手米屋善三衛門家の婿養子となり、縮緬業を再興するかたわら、明治になると

加悦町内の工場風景（大正〜昭和初期）　（与謝野町教育委員会提供）

表5−1　職工数の推移（西山機業場）

	大正7	大正8	大正9	大正10	大正11	大正12	大正13
男性	26	22	18	22	16	15	22
女性	60	53	29	43	38	31	39
計	86	75	47	65	54	46	61

（出所）　株式会社西山機業場・第一期営業報告および第二〜七期考課状による。杉本治助家蔵。

　丹後地域の管轄した豊岡県庁の御用掛（生糸・縮緬の検査役および徴税役）も務めた。明治9（1876）年に丹後は京都府の管轄となり、豊岡県が廃止された頃から治助は放蕩を始め、一時同家は窮状を極めたが、明治20年代には再び生糸・縮緬売買業に転じ、それで蓄えた資本で料理店を営みながら縮緬業を再興し、やがて日清戦争の頃には縮緬業に専念した。

　明治26（1893）年頃から、丹後において初めて織りの技術で生地に模様や柄を描き出せるジャカード機を導入し、これを活用した息子の米治は多数の新しい織物を開発した（詳細は第2章で既述）。初めて丹後に発動機と力織機を導入するのも治助で、明治41（1908）年頃のことと伝えられており、第一次世界大戦中の大正6（1917）年には34台の力織機を設置した新工場の建設に着手し、翌大正7年には株式会社西山機業場となった[9]。

　職工数は、表5−1に見られるように、男女比率は約1：2で圧倒的に女子労働者が多かったが、製糸や紡績の大工場と比べると男性の割合が高い。株式会社化した大正7（1918）年には86名の職工が働いているが、第一次世界大戦後には47名となり、その後はやや回復するものの元には戻っていない。戦後不況の影響が考えられるが、手機から力織機への転換によるものもあると思われる。

---

[7] 『加悦町史』の編纂過程における調査によって見つかった史料。未定稿のもので、筆者・発行年は不明だが、特許や実用新案登録などの記述から、特許庁における原本へ辿りつけ、信憑性は高い。大正初期のものと思われる。与謝野町教育委員会蔵。

[8] 永濱宇平『加悦町史』加悦町・1931年・314〜318ページ。

[9] 大正6（1917）年段階で、敷地総坪数1,311坪、建物総坪数554坪、石油発動機1・重油発動機1・力織機34・撚糸機12・糸繰機1・管巻機2・整経機1・発電機1台を擁し、機械化を進めている。註(17)および「工場仕様書」、「石油発動機使用工場増設願」など（杉本成史家蔵）による。

(2) 丹後縮緬業の生産形態――工場と自営機（独立機）と賃機（歩機）・副業から専業へ・手機から力織機へ

　このように西山機業場は、大戦を経て動力工場化・株式会社化を進めてまさに近代化してゆくが、丹後地域全般はどのような動向にあったのだろうか。やや遡るが、明治36（1903）年の『丹後縮緬業調査報告』には、「丹後縮緬ノ過半ハ農家ノ副産物タルモノニシテ製造ノミニ従事スル者甚タ少シ、従ツテ縮緬製造家トシテ大工場ヲ所有スル者少クシテ六十人以上ノ職工ヲ使用スル工場ハ僅々五六ニ過キス（即チ会社組織ナリトス）、多クハ自宅ニ於テ二三台ノ織機ヲ備フルモノヨリ十台位ヲ備フルヲ常トス」[10]とあり、明治後期でも2～10台の織機を備え、専業ではなく農家副業として縮緬業に従事している者が多く、そのため5～6軒しか60人以上の職工を使用する大工場（会社組織）がなかったと記録されている。

　さらに、「別に又賃織業者ナルモノアリテ之ハ製造主ヨリ製造ニ必要ナル物品即織台綜テ其他一切ヲ貸与ヘ、経糸ハ整経シテ緯糸ハ撚リテ与ヘ、只製織セルノミニシテ賃機ヲ与フモノナリ」[11]と続き、小規模ながら織機を所有して独立自営する機業家のほかに、製織のみの賃機が多数存在していたことがうかがえる。

　大正期になると、日本銀行京都支店が、大正4（1915）年と大正14（1925）年の2度にわたって丹後機業の実態調査を行っている。第一次世界大戦開戦の翌年、大正4年の調査では、「世人力尚一般ニ器械織ヨリモ手織ヲ尚フノ風潮アルカ故ニ現状ヲ維持セル」とあり、なかなか力織機化が進行していかないことが記述されており、日銀は需要の多い縮緬は「機械織」によって廉価に供給することを指導している。

　また、「昔ハ農家カ副業トシテ織機ニ従事スル者少ナカラサリシカ、今日ニ於テハ大部分専業トスルモノニシテ、副業トナス者ハ極メテ少数ナレハ、農繁期ニ於テモ生産ニハ殆ト影響スル所ナク」[12]とあるので、大正～昭和戦前期には、江戸～明治時代や戦後のような農家の副業や女性の内職ではなく縮緬業は専業化していたことがうかがえる。

　そして、第一次世界大戦を経た大正14年の調査では、総機業戸数1,383戸で、

その内訳は自営機508戸・歩機（賃機）773戸・自営歩機併用34戸・休機68戸となっている。また、総織機台数は5,140台で、その内訳は力織機4,828台・手織機239台・足踏機73台となっており、力織機が95％を占めており、ほぼ動力化している(13)。大戦中の好景気によって、丹後地域では力織機化が進行したのである。

職工名簿（与謝野町教育委員会提供）

このように、丹後においては大正期に副業から専業へ、そして第一次世界大戦を経て手機から力織機へ移行していった。なお、この大正14年の調査には、丹後地域では織機30台以上を保有している8工場が挙げられているが、そのなかで与謝郡からは西山機業場のみで、保有織機台数37台とある(14)ことからも西山機業場が戦間期の丹後地域を代表する工場であったことが分かる。

（3）「職工名簿」と補足資料――『丹後のはた音』・『織手さん』

杉本家に残された史料群のなかに、「職工名簿」という表紙がついた186枚のカードが綴られた台帳がある。カードの項目は、男女・氏名・生年月日・本籍・住所（寄宿・通勤）・履歴（学歴・職歴）・雇入年月日・解雇年月日および理由・雑・作成年月日になっている。作成年の最も古いものは大正4（1915）年で、以後昭和14（1939）年まで、ほぼ戦間期にあたる時期に雇用された職工186人分のデータが掲載されている。

---

(10) 山形県内務部第4課『丹後縮緬業調査報告書』明治36年調査、明治37年刊行。
(11) 註(10)に同じ。
(12) 日本銀行調査局『丹後ニ於ケル縮緬機業』1915（大正4）年5月、京都支店調査。
(13) 日本銀行調査局『最近ノ丹後縮緬機業』1925（大正14）年末調査、翌年9月刊行。
(14) 註(13)に同じ。8工場の内訳は、与謝郡1、中郡3、竹野郡4となっている。

はたを支えた女性たちの手記

「履歴」欄には、縮緬業においてどのような仕事に従事してきたのかが記入されている。なかには「業務○○」という記述もあり、西山機業場における仕事内容かもしれないが、履歴か従事した仕事かの区分が難しいためここでは一括して扱うことにした。後述するが、本章では縮緬の生産工程で男女はどのように関わっているのかを考察するため、186枚のカードのうちこの「履歴」に記載がある103人分の記述を中心に分析を進めてゆく。ちなみに、103名の内訳は、男性37：女性66で約1：2になっている。

なお、職工に関する記録を作成することは、すでに明治期にも行われていたことが東京税務監督局『丹後機業沿革調査書』(内国税彙纂第25号、1905年) で確認できる。本章で分析するカードには「工場法第廿七条ニ依ル」とあるので、大正5 (1916) 年の同法施行後のものと思われる。

杉本家に残る史料群には、残念ながら当時の仕事（工程）ごとの賃金や労働時間が記されたものがない。また、登場する人々の追跡調査や聞き取り調査などもできないため、数量分析に留まる。そのため、同じ丹後地域であるが、旧加悦町とは異なる現在の京丹後市域で発行された『丹後のはた音』[15]と『織手さん』[16]で補足することにした。発行年が1998年と1992年であるため、1次史料ではない。

『丹後のはた音』は、旧丹後町の婦人会が中心となって明治末～昭和初期に生まれた女性達が自らの手で生い立ちから今日までを綴ったミニ自分史を収集したもので、①昔の手ばたの時代、②太平洋戦争勃発まで、③戦中から戦後へ、④戦後・出機の時代、⑤織物産業を守りたい、の5部構成になっている。一方『織手さん』は、久江勇が多くの女工の聞き取りをまとめたもので、ザブタイトルが「丹後ちりめん　女工昭和史」になっていることもあって戦前の記述が豊富である。

3 働く女と男の実態 I
仕事（工程）からの分析

（1）縮緬の生産工程について

　男女による差があるのかどうかの議論に入る前に、縮緬の作業工程のうち、本章に必要な部分についてのみ専門用語の説明を再度しておく。繰り返しになるが、本章においては重要なキーワードになるためご容赦いただきたい。
①**生糸**──原料の生糸が製糸工場からカセ状態（49ページ参照）で送付。
②**糸繰**──カセ状態の生糸をボビン（糸枠）に巻き取る。
③**整経**──経糸（たて）を織機に仕掛けるための準備作業。
④**撚糸**──緯糸（よこ）に撚りをかける作業、シボのもとをつくる。
⑤**製織**──糸を織機にかけて織る作業。

　このあと、縮緬の白生地ができ上がるまでには、⑥精練（織り上がった縮緬の表面に付着しているセリシンや汚れを洗浄）→⑦乾燥→⑧幅出→⑨検査→⑩出荷となる[17]。次節以下で述べるが、実際の工程はさらに細分化されており、それらの記述に関しては『丹後縮緬作業読本』[18]の解説を用いた。
　特に④の撚糸は、主に生糸の緯糸に1mで3,000〜4,000回の強い撚りをかける作業で、⑥の精練とともに縮緬の特徴であるシボを生み出す重要な工程になっている。原料糸の選択から製織工程に至るまで、風合いを命とする縮緬には糸に関する重要な準備段階が多数存在する。文書群を見る限り、⑥以降の工程は西山機業場ではなく、分業されて主に他所で行われたと思われる。

---

[15] 「丹後のはた音」編集グループ『丹後のはた音──繊維産業を支えた人たちの記録──』同グループ・1998年。
[16] 久江勇『女工昭和史　織手さん』同・1992年。
[17] 京都府織物・機械金属振興センターおよび丹後織物工業組合のパンフレットによる。
[18] 丹後縮緬同業組合『丹後縮緬作業読本』同・1936年。

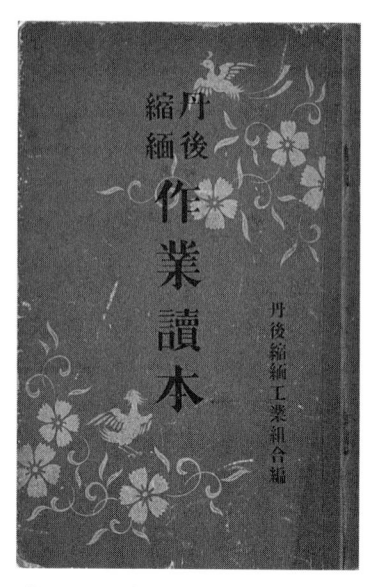

職工たちの教科書（昭和11年発行）

（2）仕事内容に見る女と男

　まず初めに、男女によって従事した仕事（工程）の内容に差異があるのかを検討する。履歴欄から業務内容を抽出し、工程ごとに男性と女性の従事者の人数を書き上げたのが表5-2であるが、明らかに、男女によって従事した工程が異なっている。

　女性は、見習・機先（織機の側について織人の補助をする）・準備などの補助作業と糸合・管巻など、撚糸（④）における準備作業に多い。「糸合」とは、緯糸（よこいと）として所要の太さにするため何本かの糸を合わせる工程で、その後、合糸した糸を熱湯で煮て柔らかくする「緯煮（ぬきに）」を経た糸を木管に巻いて撚糸の準備をするのが「管巻」で、糸の長短や太細に合わせて巻くという技術を要する作業である。そして、最も顕著なのが「織人」で、女性のみで一人も男性がいない。

　製織（織人）が圧倒的に女性の仕事であった一方で、糸繰・糊付・撚糸・力織機関連などは男性の作業になっている。糸繰（②）は先述通り。「糊付」とは整経（③）の準備作業で、所要の太さにして常に張力と摩擦を受ける経糸（たていと）を保護する。その糊には、粘着・柔軟・防腐・調色のために布海苔・膠（にかわ）・白蝋（ろう）などが使用されており、配合・温度・煮方などを季節や生糸の状態に合わせるという熟練された技術が必要であった。

　さらに、撚糸（④）は縮緬の風合いを決める最も重要な作業で、この緯糸の撚り方を工夫することで縮緬に様々な種類を生み出すことが可能となる。言うまでもなく、生糸の状態・温度・湿度・縮緬の種類など技術と熟練を要求される。そして、力織機のように機械に関する作業も男性が行っている。

　やや時代が遡った明治後半の記録にも、経糸を準備する整経と緯糸を撚糸す

第5章　大正・昭和の機業場で働いた女たち　143

表5－2　履歴（職歴）に見る男女

	見習	機先	準備	追廻	糸繰	糸繰・整経	糊付	糊付見習	緯糸合	管糸合	管巻	管巻見習	管巻指揮	撚糸	撚糸・糊付	織人	整理	刺繍	レース	力織機見習	力織機監督	職人	その他	合計
男性				1	8	3	2	1						1	4	1		1	8	2	2	1	2	37
女性	2	8	4		1					1	3	3				33		6				3	2	66

（出所）　杉本治助家蔵「職工名簿」。
　　　　「その他」は履歴に数種が記載されている者。
　　　　内訳…男性＝糊付・工場内外掃除係、下準備・刺繍
　　　　　　　女性＝管巻・機先・織人、糸繰・準備工程

る以外は女性の仕事という区分が記述されており[19]、女性と男性が従事した仕事の違いは、いったいどこから来るものだろうか。この結果を、京都府織物・機械金属振興センター（京丹後市峰山町）で長年にわたって当地の織物の技術指導をされてきた和田忍さんに尋ねた。

　この資料では男性が多いとされる「糸繰」には、現在、女性も従事しているが、いまだに「撚糸」の工程には女性の姿が見られない[20]という。本来の丹後縮緬は、多種な縮緬を生み出すために、八丁式撚糸機という湿式の撚糸機を使って緯糸の撚糸を工夫してきた（次ページの写真参照）。

　撚糸の作業には蒸気と冷水がつきもので、夏は暑く、冬は寒い。特に、丹後の冬は雪に閉ざされて厳しく、撚糸は乾燥すると切れてしまう生糸に水をかけながらの作業となるので足元が冷える。そのうえ、撚糸はそのままでは糸が戻ろうとするために緯糸も「糊付」が必要だが、八丁式撚糸機に水をかけるので、その糊が糸から落ちて溶けた糊で床が滑りやすくなり、細心の注意を要する重労働であることを第一の理由として挙げられた。さらに、女性は結婚・出産を

---

[19]　東京税務監督局『丹後機業沿革調査書』（内国税彙纂第25号）1905年・49ページ。
[20]　現在までの史料調査で、女性が撚糸に従事した史料は1点確認している。昭和2年、与謝郡石川村（現与謝野町）の農家で、妻が5人程度の女工を雇用して縮緬を展開している（京都帝国大学農林経済学教室『農家経済調査簿』与謝郡に所収）。

約120年前から使われている八丁式撚糸機（株式会社山藤にて撮影）

機に仕事を辞める場合が多いため、技術の伝承が難しいということがあるかもしれないと付け加えられた[21]。

確かに、撚糸はでき上がった縮緬生地を規定する作業で、その技術は最も重要であり、力織機を使う製織の作業よりも職人的な作業である。それゆえ、辞める可能性のある女性にはさせられないということであろう。

ちなみに、平成17（2005）年以降、生糸の段階的輸入自由化に伴って、生産コストの安い海外で撚糸加工された絹糸が丹後へも多く持ち込まれるようになってきた。その実態を調査するため、平成20（2008）年10月に筆者が訪問したベトナム・LamDong 省 BaoLoc 町の撚糸工場（日系・京都繊維商社）では、写真のように日本から持ち込まれた乾式のイタリー式撚糸機（日本製 KUBOTA）によって丹後や西陣向けの撚糸が生産されており、乾式のせいか、若いベトナム人女性が涼しい顔で多数の機械を管理していた。

なお、同社は協力工場を含めてベトナムに11工場を展開しているが、うち主力の撚糸2工場での撚糸の種類は100以上に及んでいる[22]。改めて、織物と糸の深い関係を痛感した。このベトナム現地調査については、第7章で詳述しているので参照いただきたい。

丹後では、この撚糸を各種の撚糸機でさらに撚り、また合糸し、縮緬の糸に仕上げている。機械とそれに従事する労働の厳しさ、そして技術伝承が複合し

第5章　大正・昭和の機業場で働いた女たち　145

ベトナムの撚糸工場の内部（松村株式会社ベトナム工場にて撮影）

てジェンダーを形成する要因になっている。

（3）賃金に見る女と男

　上記の工程ごとの賃金に関する詳細なデータではないが、男女の賃金に関する記述をいくつか追ってみた。先述した明治36（1903）年の『丹後縮緬業調査報告書』の段階では、まだ工場形態が少なく副業や賃機が多かったため、工場内の賃金よりも出来高で支払われる工賃が記述されている。

　未定稿ながら、戦前の丹後において最も著名な郷土史家である永濱宇平（1880～1941）が昭和8（1933）年に執筆した「丹後縮緬考」には、大正元（1921）年～昭和7（1932）年にかけて、男女職工の賃金が年代を追って記述されている。

---

(21) 京都府織物・機械金属振興センターの次長兼織物室長和田忍氏（1948年生）による。撚糸作業の厳しさは筆者もここ数年、丹後地域の工場を回り、よく耳にする。
(22) 生糸の輸入自由化に伴う実態調査は、農産畜産振興機構『シルク情報』（2006年12月～2007年2月号）や京都府織物機械金属センターHPにも輸入生糸の糸質に関する調査が掲載されている。ベトナム工場調査に関する聞き取りは、松村株式会社専務取締役松永孝精氏はじめ現地駐在員らのご協力による。ちなみに、大手商社が繊維事業から撤退した現在、松村株式会社はシルクの取扱量において国内トップ企業となっている。

永濱によると、賃金には男女の性別・仕事別・技能の優劣などによって差があるが、賃金評定には同業組合でつくられた「賃金定目」があり、それを基準にして、「大正元年、男工上（主として車廻し）日給17銭、女工上（主として織手機先）12銭、女工下（主として糸繰其他雑務）弐銭、（略）大正五年には世界大戦の影響を受けて高騰の気配を示し、六年以降女工が男工に追従若くは凌駕し、男工五十銭乃至九十五銭に対し女工五十五銭乃至壱円の相場を示し、（略）同十年男女とも上工七十五銭乃至七十七銭、下工二十三銭乃至二十五銭」[23]となり、それ以後は男女差がなくなっている。

第一次世界大戦による好景気が縮緬の需要を高め、大正6（1917）年には女工の賃金が男工を上回っており、その後、大正10年以降〜昭和7年に至るまで賃金による男女差はなく、技術や仕事別の賃金差のみになってゆく。同業組合で一定の賃金水準が確保されていたのも丹後縮緬業の特徴と言えよう。

ほかに比較できる史料がないのでこれ以上の検討はできないが、この史料に基づくと、第一次世界大戦以降は丹後の工場においては賃金に男女差がなくなり、技術や仕事で賃金差が出てくるということになろう。

4 働く女と男の実態Ⅱ
学歴・勤務年数・本籍地・勤務形態などからの分析

（1）学歴・勤務年数に見る女と男

仕事内容においてはっきりとした男女の差異が見られたが、「職工名簿」にあるほかの項目からはどのような傾向が見られるのだろうか。また、先に見た仕事（工程）と学歴はどのような関係にあるのだろうか。

表5－3は学歴を男女別に調査したもので、「なし」は記載がないため、学歴がないのか、未記入なのかは不明である。男性の場合、ほぼ半数が小学校卒で、さらに残りの半数が高等小学校卒で、工業学校卒も1人いる。女性は56％が小学校卒だが、小学校を卒業せずに勤めている者も3人いる。高等小学校卒は約20％で男性より少なく、学歴は全体的に男性のほうが高い。

表5-3　学歴に見る男女

	小学校未卒	小学校卒	高等1年修了	高等小卒	工業学校卒	なし	計
男性		16	2	14	1	4	37
女性	3	37	4	13		9	66
計	3	53	6	27	1	13	103

（出所）　杉本治助家蔵「職工名簿」。

　このうち、比較的学歴が高い高等小学校卒の男性14人と女性13人が、表5-2で挙げたどのような仕事に従事していたかを追ってみた。男性は、刺繍4・糸繰整経3・力織機2・糸繰2・糊付1・レース1・撚糸1になっている。表5-2では、力織機関係が3人だったが、その学歴は高等小卒と工業学校卒と学歴が高いこと、また刺繍やレースなどでも高等小卒の割合が高くなっている。
　撚糸の技術は縮緬の命と言われるのだが、重労働が理由か1人だけである。一方女性は、多い順から、機先4・管巻2・見習2・織人2・刺繍2・準備1になっている。機先の8人中4人が高等小卒であること以外は顕著な特徴は見られない。
　『織手さん』には、昭和7（1932）年に小学校を卒業し、14歳の春に行待織物工場（峰山町）へ就職した大江はな子の「機屋奉公」が記述されている。同工場は織機100台以上を擁し、峰山でも1、2を争う工場だったが、「高等科を卒業して来た娘は、管巻きをしていても日給が十五銭とか、私達は三年も立ち、こうして機を織っているのに日給十四銭である。勉強をしていないとこんなにも差が付くものかと残念であった。（略）女工には小学校卒業が多かった」[24]と、工場内にも学歴社会が存在していたことが述べられている。
　ここで彼女は、管巻をしている高等科卒の娘のほうが機を織っている小学校卒の自分より日給が高いと、労働の質ではなく学歴による賃金格差に不満を感じている。彼女は1年目に管巻、2年目に追廻し（経つなぎ・糸切れつなぎ・機ごしらえなど製織の準備・補助作業）、3年目に織手となっている。ほかの

---

(23)　永濱宇平「丹後縮緬考」1933年（京丹後市峰山図書館蔵）。
(24)　久江勇『昭和女工史　織手さん』自家発行・1992年・20ページ。

表5－4　勤務年数に見る男女

	～3ケ月	3～6ケ月	6ケ月～1年	1～3年	3～5年	5年以上	記載なし	合計
男性	3	5	7	7	3	3	9	37
女性	3	6	8	21	12	6	10	66
計	6	11	15	28	15	9	19	103

(出所)　杉本治助家蔵「職工名簿」。
　　　　特に指示がない限り、セル内の左側の数は以上、右側の数は未満を示す。
　　　　「記載なし」とは「解雇」欄に記載がないもの、即ち継続勤務中か、または、記入漏れかと思われる。

人達もほぼ同様の過程を述べていることから、3年程度の工場勤めで技術が修得できたことが分かる。

　表5－4は、勤務年数を男女別に探ったものである。男女とも1～3年の勤続年数を頂点に、両端へなだらかに減少しているという傾向にある。先にも見たように、女性の場合でも3～5年勤続する人が12人、5年以上も6人いる。ここでも、男女差はほとんど見られない。3年あたりがピークになっているのは、女性の場合は3年程度で織手になれることと関係しているのかもしれない。西山機業場は、技術取得のための学校のような役割をもっていたのではないかと考えられる。

（2）本籍地と寄宿・通勤に見る女と男

　どこから働きに来ているのか（労働力供給地）、また寄宿・通勤の形態において男女による違いがあるのかについて調べてみた。

　表5－5は、103人の本籍地を他府県・京都府内・与謝郡内・加悦町内に分け、男女別に人数を書き上げている。男女とも最も多いのは町内出身者で、女性は103人中41人と44％、男性は同12人と32％を占めており、女性のほうがその割合が高くなっている。次いで与謝郡内が多く、京都府内と他府県はほぼ同じ割合である。

　圧倒的に、町内と近隣の村々から働きに来ていることが分かる。また、その

表5−5　本籍地に見る男女

	県外	京都府内	与謝郡内	加悦町内	記載なし	計
男性	6（16.2）	7（18.9）	11（30）	12（32）	1（2.7）	37（100）
女性	8（12.1）	6（9）	23（34.9）	29（44）	―	66（100）
計	14（13.6）	13（12.6）	34（33）	41（39.8）	1（0.9）	103（100）

（出所）　杉本治助家蔵「職工名簿」。（ ）内は男性・女性・計に占める割合。
　　　　　県外の内容は兵庫県13（男6・女7）、朝鮮1（女1）になっている。
　　　　　兵庫県内の出石・宍粟・朝来・氷上郡を本籍としている。
　　　　　京都府の加佐・中・天田・竹野郡を本籍としている。
　　　　　本表の「加悦町」は1954（昭和29）年に合併する前の加悦町域を指す。
　　　　　2006（平成18）年に加悦町は野田川町・岩滝町と合併、与謝野町になっている。

傾向は女性のほうが強い。京都府内や他府県の内容を調べてみても、加佐・中・竹野・天田郡と隣接する郡であり、他府県とはいうものの兵庫県が13人（男6・女7）と朝鮮1人（女1）で、兵庫県内の出石・宍粟・朝来・氷上郡の出身でこちらも比較的近隣からやって来ている。

　杉本家には、明治20（1887）年に加悦町の機屋へ働きに来ていた人達を調べた「機業者奉公人人員調」も残存するが、そこに記載された154名全員が、**表5−5**と同じく町内・丹後地域・近隣の村々および丹波・但馬地域の出身者であった[25]。労働力の需要と供給のバランスが近郊地域でとれていたということがあろうが、現在の当主・杉本成史さんによると、「見ず知らずの人は雇わない。知人や機屋の紹介が必要だったと伝え聞いている」と言う。工場内には高額の生糸が充満し、織り上げた縮緬には様々な技術が盛り込まれているため、産業スパイの可能性もあり、身元確認は工場主には必須のことであったらしい[26]。

　これらの職工達の階層は、明治後半の記録によると「職工ハ各地ト一般ニシテ下級社会ノ者多シト雖トモ当地ニ於テハ中流ノ者少シトセズ」[27]とあり、「職工＝下級」というイメージで捉えがちだが、農業・漁業以外の産業のない丹後

---

[25]　「明治弐拾年八月二十日　機業者奉公人人員調　与謝郡加悦町機業総代」（杉本治助家所蔵）による。
[26]　杉本成史氏ならびに、註(21)の和田忍氏の談による。
[27]　東京税務監督局『丹後機業沿革調査書』49ページ。

表5-6　寄宿・通勤の割合に見る男女

	寄宿	割合	通勤	割合	記載なし	合計
男性	30	81%	6	16%	1	37
女性	33	50%	28	42%	5	66
計	63	100%	34	100%	6	103

（出所）　杉本治助家蔵「職工名簿」。
　　　　　「割合」は以下を四捨五入とした。

では中流の者も多く働いていた。また、「機業ガ同地方ノ一般的産業タル結果、織機ノ智識ヲ具フルニアラスンハ結婚後不便ヲ感スルコト多キニ因ナリ」[28]ともあり、家業として家内工業的に機業をする場合が多いので、織機に携わった経験が結婚後にも役立ったことが分かる。

　旧竹野郡丹後町間人(たいざ)で明治41（1908）年に生まれた中江千代は、「織手になってから、兄の仕送りのために加悦谷のほうに働きに行きました。加悦は給金がよくて間人の二倍ももらえるということで間人からも大勢行きました」[29]と記述しており、当時の加悦町域の人口が漸増していること[30]からも、近隣エリアからの労働力供給は西山機業場だけの傾向ではなかったと考えられる。時には変形しながらも、近隣からの長期的な雇用ルートが形成されていたのだろう。

　さらに中江は、次のように述べている。その文面から、口入れ屋の存在、景気の変動による働き先の移動、大阪の綿布工場の労働の厳しさなどがうかがえる。

> 「間人の織手さん達は、景気が悪くなると他所へ行き、景気が良くなったらまた帰って来てはたを織りました。間人には口入れ屋が二、三軒あり、南河内、泉南、佐野の綿布を織る工場に娘達を連れて行くために人を集めており、（略）　綿布工場は、糸のほこりと塵が舞い舞いしており、頭の上には水か霧かただよっており、とても耐えきれず家に葉書を出して迎えに来てもらいました[31]。

　表5-6は寄宿と通勤の割合を男女別に分析したものだが、女性の寄宿の割合は50％で、男性のほうが81％と圧倒的に高くなっている。一方、通勤してい

る女性の66人中28人を追ってみると、その半数以上の15人が働く「妻」だった。前掲の大江はな子が勤務していた峰山の行待織物工場でも50人余の女工が寄宿舎に入っていたが、近隣の村々から通勤していた人もおり、それらの人達は「所帯もち」であったという[32]。この傾向は、西山機業場と行待織物工場だけに限られたものではないと思われる。

（3）働く「妻」たちの実態

表5-7は、「妻」の記載がある15人を雇用時の年齢・雇用期間・履歴・本籍・退職理由などの項目について調査したものである。雇用時の年齢は、最も若い人で19歳、最年長で41歳、平均すると27.9歳となる。もちろん中途採用と思われるが、準備工の2人と刺繍の1人を除くと全員が「織人」となっている。今日でも中途採用や年齢制限がしばしば問題になるが、織手としての技術で彼女達が雇われていたことが分かる。

雇用期間は、短い人は5日だが、2人がこの時点ではまだ働いており、1番古い人は大正4年から昭和14年まで24年間も勤めていたことになる。そして退職理由は、「家庭事情」と「家事都合」が1件ずつあるが、ほかは「本人希望・自由」になっている。

同社の大正7（1918）年の「工場規定」には「第七条　職工ハ一定期間ノ雇用契約ヲナシ其義務ヲ修了スベキモノトス」、「第八条　雇用契約ノ期間ハ会社ト職工又ハ職工親権者トノ随意契約トス」とあり、年季奉公のような条項は見当たらない[33]。

彼女達は織手というスキルをもっているため、退職後に別の工場に移ったり、

---

[28] 日本銀行調査局『丹後ニ於ケル縮緬機業』1915年5月、京都支店調査。
[29] 久江勇『女工昭和史　織手さん』自家発行・1992年・16ページ。
[30] 加悦町の人口は、国勢調査によると4,197人（大正9）→4,130人（大正14）→4,552人（昭和5）→5,493人（昭和10）となっている（京都府立総合資料館『京都府統計史料集』1969年）。
[31] 久江勇『女工昭和史　織手さん』自家発行・1992年・16ページ。
[32] 註(31)に同じ。20ページ。
[33] 杉本成史家蔵「株式会社西山機業場工場規定」（全14条）。

表5－7 働く「妻」たちの様相

	生年月日	雇用年次	雇用時の年齢	雇用期間	履歴	本籍	形態	退職理由
1	明治29	大正4	19	継続	織人	加悦町	通勤	
2	明治30	昭和9	37	継続	織人	加悦町	通勤	
3	明治32	昭和9	35	3年	織人	加悦町	通勤	本人希望
4	大正2	昭和8	20	3年4ヶ月	織人	桑飼村	通勤	本人希望
5	大正4	昭和11	21	5ヶ月	織人	加悦町	通勤	本人希望
6	大正2	昭和9	21	9ヶ月	準備工	河西村	通勤	家庭事情
7	明治41	昭和5	22	6年9ヶ月	織人	加悦町	通勤	本人希望
8	明治26	大正12	30	記載なし	職人	加悦町	通勤	本人希望
9	明治41	昭和9	26	11ヶ月	刺繍	加悦町	通勤	本人希望
10	明治29	昭和8	37	1年11ヶ月	織人	加悦町	通勤	本人希望
11	明治26	昭和9	41	5日	準備工	加悦町	通勤	本人自由
12	明治39	昭和9	28	2ヶ月	織人	加悦町	通勤	家事都合
13	明治40	昭和8	26	5ヶ月	織人	桑飼村	通勤	本人希望
14	明治39	昭和8	27	20日	織人	桑飼村	通勤	本人希望
15	明治34	昭和4	28	1年6ヶ月	織人	加悦町	通勤	本人希望

（出所）　杉本治助家蔵「職工名簿」。
　　　　　雇用時の平均年齢＝27.9歳

問屋や工場からの仕事を受けて自宅で製織する出機（でばた）・賃機になる人が多かった。『織り手さん』や『丹後のはた音』にもそれらの記述が多数見られるが、戦前は前者が多く後者が少ない。なかには、間人（たいざ）で明治34（1901）年に生まれた蒲田せいのように、「結婚して2年間勤めましたが姑が病気になり寝たきりになりましたので、自由な時間が欲しいので雑貨の行商に替わり」[34]、85歳まで商売を続けたという人もいた。

　今日でも、結婚後に女性が働き続けやすいかどうか、またそこで身に着けた技術が次に生かせるのかが、その産業や企業の質・体制を示す一つの指標となっている。「丹後に生まれたら、糸けさえおぼえて居れば、生涯食いはぎはない」[35]と当時の人々が言ったように、現在、丹後で縮緬業に従事している人の

約9割が50代以上で、主力は60代半ばとなっている[36]。もちろん、70歳を過ぎても元気に機を織っている人が多い。

5 女工哀史像の見直し

　丹後の西山機業場を事例に、大正から昭和戦前期、いわゆる戦間期に縮緬業で働いた女性達の実態を追ってみると、仕事内容においては男女の差異が見られたが、賃金をはじめとして、それ以外の点では男女の差異がほとんどなかった。女性は圧倒的に製織の仕事に就き、男性は糊付・撚糸・機械などの仕事に従事していたことが分かる。

　特に男性の場合、技術や熟練が必要であったうえに重労働であった。力織機などの機械関係や刺繍などの専門的な仕事は、男女差よりも学歴の有無のほうが重視された。また、男女とも町内を中心に近隣の出身者が多く、その傾向が男性よりも女性のほうが強いため、寄宿の割合については女性でも半数程度で男性のほうが高かった。織手というスキルをもつため、結婚後に通勤で働く妻も多数おり、全体的に勤務年数は長かった。

　このような背景には、西山機業場が日露戦後に労働時間短縮の先陣をきり、当時14時間労働が一般的であったのを11時間半に短縮したこと[37]、また奨励金・功労金・賞与の制度を設けて長期勤務者を表彰したほか、株式会社化した時には、優良職工や女工達にも株の分配を図り[38]、企業の一員として士気を高めたことなどがある。

　そして何よりも、知人を介して近隣の女性達を雇用したために労働状況が身近に見えたことが大きい。酷使を繰り返しても、大資本をもって遠方から次々に女工をリクルートできた近代の製糸業や紡績業とはまったく異なった労働環境になっていた。

(34)　久江勇『女工昭和史　織手さん』自家発行・1992年・7ページ。
(35)　註(34)に同じ。1ページ。
(36)　丹後織物工業組合『産地の概況と統計・資料―平成16年版』同・2005年。
(37)　註(8)に同じ。315ページ。
(38)　株式会社西山機業場『第一期考課状』1919年2月（杉本成史家蔵）。

縮緬業は、一つの企業が単に利潤を追求するだけでなく、丹後の人々が自らの手で江戸時代に導入した地域を支える産業である。地域に生き、地域を支える人々、ましてやその半数を占める女性を低賃金で酷使するだけでは長期的な成長はなかったであろう。

これまで、歴史学では常に紡績・製糸・織物業は3点セットで語られ、労働の厳しさや経済成長、そして効率などの観点を中心に「女工哀史」として語られることが多かった。本章で事例とした西山機業場のあった旧加悦町は細井和喜蔵（1897〜1925）の出身地であり、彼が書いた小説『奴隷』[39]には、最初に勤めた明治末期から大正初年、第一次世界大戦直前の加悦谷の縮緬工場が登場する。そこで描かれている工場主は、彼が愛した女性（女工）を犯して自殺に追いやるあこぎな人物として描かれている。これらのことに加え、丹後縮緬には冬の雪に閉ざされる気候や京都の下請けなどといったイメージが先行し、当初、研究対象とするには重かった。しかし、実際に史料を調査してみると、地域のなかで必要な労働力として、結婚後もたくましく働く女性達が浮かび上がってきた。

確かに、本章で提示したのは、内需向け在来型の高級絹織物を製織した地域の稀有な一事例にすぎないのかもしれない。史料の限界性や調査不足はあろうが、これまで調査してきた地域の史料からは、かつて描かれてきた酷使や差別の実態よりも、商品開発への努力や地域の結束力の強さ、そして縮緬業を支えてきた女性達の誇りが見えてくる。

さらに、本章で用いた男女比較も両者の差異をクリアにするには有効だが、実態を知るにはいくつもの視覚からの分析を重ねていく必要がある。多くの女性達が携った繊維産業に関する研究は、地域社会との関わり[40]をはじめ、新たな視点で史料を掘り起こし、読み直すことが必要な時期に来ていると考えている。

---

[39] 細井和喜蔵『奴隷』（細井和喜蔵全集第2巻）三一書房・1956年。原本は、1926年に改造社から発行されている。

[40] 松井美枝が「紡績工場の女性寄宿労働者と地域社会の関わり」（『人文地理』第52巻第5号、人文地理学会・2000年・59〜73ページ）において、東洋紡績・神崎工場を事例に紡績女工と地域社会との関係を考察しているが、「はじめに」で地理学における研究論文も含めて、女子労働研究事情を詳細に整理・検討している。

第 6 章

昭和恐慌下の需要拡大

昭和恐慌像再考

1 昭和恐慌像の形成

　丹後縮緬業は昭和2（1927）年に丹後大震災の被害に遭い、続いて昭和4（1929）年の世界大恐慌・昭和恐慌の波を受けた。しかし、一般に経済状況が最も悪かったとされる時期に近代の最盛期「黄金時代」を迎えた。なぜ、一般財界と逆の動向になったのか。その理由を解明し、さらに日本史において「昭和恐慌」でイメージされている社会像への疑問を投げ掛ける。

　本章は、昭和恐慌期に高級品ながらも需要が拡大してゆく絹織物・縮緬に着目し、なぜ売れたのか、その実態を解明することを通して昭和恐慌像の再検討を図ることを目的とする。一般に昭和恐慌とは、昭和4（1929）年10月に世界大恐慌が発生し、日本にもその影響が及んだ経済状況を指す。昭和5年1月に浜口雄幸（1870～1931・第27代総理大臣）内閣のもとで金解禁が実施されると、さらに経済が悪化し、昭和5～6年が底となり、6年末に成立した犬養毅（1855～1932・第29代）内閣の大蔵大臣であった高橋是清（1854～1936）が就任直後に金解禁を再停止したことで為替安となり、輸出が回復して景気も好転していった。

　さて、昭和恐慌研究は金解禁論争・統制政策・高橋財政などを中心に多数存在する[1]が、いずれも政策研究に終始しており、「はじめに恐慌ありき」が前提にあり、恐慌像そのものを真っ向から論じた研究は見当たらない。そこで、これまで昭和恐慌像がどのように形成されてきたのかを整理しておきたい。

　まず、1960～1970年代にかけて、今日の様々な研究の基礎データになっている長期経済統計[2]が完成し、国民総生産額・貿易額・物価・賃金・労働者数など、いずれも昭和5～6年を最低値とした負の指標が提示された。さらに、労働争議・倒産・失業者数なども増加していることから、日本経済全体がマイナスというイメージが形成された。その上、欠食児童や娘の身売りなどの記事や写真が教科書に掲載されることで農村の貧困や困窮像が相乗した。

　しかし、1980年代には橋本寿朗（1946～2002）が、日本の恐慌は先進国中で軽度であり、大企業ではデフレ下で合理化・賃金カットなどによって生み出さ

れた利益が新たに設備投資されたことで恐慌を克服したと論じた(3)。さらに1990年代には、農村社会研究の視点から大門正克（1953～）が恐慌期の農村を東北型・養蚕型・近畿型に区分し、地域差を指摘した(4)。そして21世紀に入ると、東北の窮状は当時のメディアや学者が補強した像ではないかという疑問が投げ掛けられ(5)、恐慌の影響のみならず災害や構造的な問題があったにもかかわらず、「哀れで可哀相」という眼差しが問われた(6)。

このように、昭和恐慌像は程度や地域差という指摘はあるものの、いまだ数量やビジュアルの影響が強く、日本経済全体がマイナスで困窮している像を平成20（2008）年秋に発生した世界同時不況の経験をふまえて、再検討してみる意義はあろう。

この時代状況のもと、急遽、平成21年2月に文庫本化された『世界大恐慌』の「解説」で林敏彦（1943～）が、世界大恐慌は誰もが言及するが、誰も真剣に研究したことがない事件であり、経済変数のみで理解しようとすることを空疎とし、アメリカでは「大恐慌の中で四分の一の労働者が職を失ったということは残りの四分の三は職についていたという意味であろうか。彼らはどのような産業でどのような仕事をしていたのだろうか(7)」と問うている。

この問いをさらに進め、従来、昭和恐慌期には恐慌の影響を顕著に表す現象が重視されてきたが、逆に恐慌期に需要が拡大したモノ、すなわち売れたモノに着目してみたい。それが、本書で研究対象としてきた高級絹織物「縮緬」であった。

序章および第1章で丹後地域の明治・大正・昭和における織物生産高に関する数量を確認したが、昭和に入ってからも、小波はあるもののほぼ太平洋戦争

---

(1) 近年のまとまった研究としては、岩田紀久雄編『昭和恐慌の研究』東洋経済新報社・2004年、「特集　1929年世界恐慌と日本社会」（歴史科学者協議会『歴史評論』719号、2010年）などがある。
(2) 大川一司を中心としたグループが東洋経済新報社から、全14巻の長期経済統計を1966～1979年に刊行。通称「大川統計」と呼ばれる。このほかにも日本銀行調査局『東京小売物価指数』（1968年）・『卸売物価指数』（1964年）や、横浜市史資料編2（日本貿易統計、1972年）なども刊行されている。
(3) 橋本寿朗『大恐慌下の日本資本主義』東京大学出版会・1984年。橋本は、議論の起点を水沼知一「昭和恐慌（1）」（隅谷三喜男編『昭和恐慌』有斐閣、1974年）とする。
(4) 大門正克『近代日本と農村社会』日本経済評論社・1994年。

表6−1　内地向縮緬主要産地組合における点数・価格・割合（昭和元年・1926年）

	A　点数	B　割合	C　見積価格	D　割合
丹後縮緬同業組合	2,817,558	70.59	44,864,763	64.35
岐阜縮緬同業組合	383,158	9.6	7,963,457	11.42
福井県織物同業組合	329,172	8.25	5,911,541	8.48
浜縮緬同業組合	211,146	5.29	5,436,190	7.8
石川県内地能美郡内地織物同業組合	107,978	2.71	2,307,696	3.31
西陣織物同業組合	105,753	2.65	1,965,431	2.82
桐生織物同業組合	24,460	0.61	1,028,631	1.48
三河中央織物同業組合	3,303	0.1	91,414	0.13
尾州絹織物同業組合	4,299	0.11	84,519	0.12
金沢内地絹織物同業組合	3,984	0.1	69,334	0.1
其他	757	—	12,622	0.02
合計	3,991,568	100(%)	69,735,598	100(%)

（出所）　丹後縮緬同業組合『丹後縮緬』昭和3年9月号　47頁による。
　　　　Cの見積価格は円、割合は小数点以下3ケタ目を四捨五入した。

が始まる昭和16（1941）年までは伸び続けており、恐慌の影響は見られない。また、丹後地域は**表6−1**に示すように、昭和元年で全国シェアの7割（点数）を占めており、丹後における実態を解明することで縮緬の動向を語ることは可能と思われる。本章では主に、丹後縮緬同業組合が発行した機関誌『丹後縮緬』や新聞を中心に分析してゆく。

2　恐慌前夜の状況

大正末期～昭和初期の生産実態

（1）丹後縮緬の全国的位置づけ――昭和初期

本章で考察してゆく昭和初期において、丹後は全国の織物産地のなかでどの

表6−2 全国主要織物組合産額（昭和元年・1926年）

(単位万円)

西		東	
泉南	9893	遠江	5226
福井	8850	桐生	3842
西陣	6508	足利	3591
和歌山	5808	伊勢崎	3258
尾西	5215	八王子	2384
丹後縮緬	4531	秩父	1510
名古屋	4156	埼玉	1084
知多木綿	3614	佐野	1042
泉北	2828	青梅	843
今治	2347	北都留甲斐絹	740
石川能美	1372	米沢	706
丹葉	1239	五泉	607
岐阜西濃	11□1	福島県輸出	570
中備	979	見附	547
伊予	938	邑葉	54□
播州	918	所沢	541
三河	819	羽前輸出	504
岐阜縮緬	797	十日町	384

(出所) 大日本織物協会『染織時報』484号（昭和2年）付録の「全国織物同業組合職工並産額表」から上位を抽出。
回答組合数は103組合。
原本の単位は千円、千円の数値を四捨五入した。

ような位置にあったのだろうか。**表6−2**は昭和初年の全国主要織物組合産額を示したものだが、丹後縮緬同業組合は西の6位、全国でも7位になっている。この**表6−2**に掲載されているのは同業組合で、近代以前にその起源をもつ在来型の産地組合が多い。全体では西高東低の傾向にある。東西合わせてトップ

---

(5) 山下文雄『昭和東北大凶作—娘身売りと欠食児童』無明舎出版・2001年。
(6) 河西英通『続・東北』中公新書・2007年。
(7) 林敏彦「解説」（秋元英一『世界大恐慌』講談社学術文庫・2009年・325〜327ページ）。

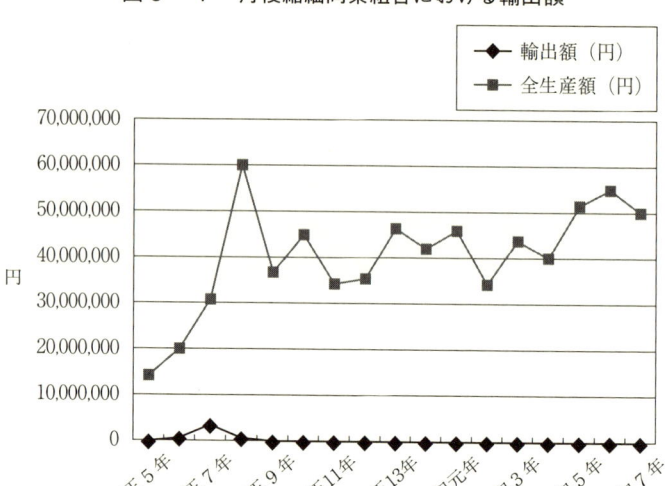

図6-1　丹後縮緬同業組合における輸出額

(出所)　以下の2種の資料から合成して作成した。
大正は日本銀行調査局『最近ノ丹後縮緬機業』(大正15年9月)、昭和は丹後縮緬同業組合『丹後縮緬』各年度2月号の「当組合管内生産額内訳」による。

の泉南は輸出向けの綿織物、次いで福井は輸出向けの絹織物を代表した羽二重、西陣は国内向けの着物用生地や帯地など多種の絹織物、和歌山は綿ネル、尾西は毛織物の産地である。

　東のトップは遠江で、輸出用の綿織物・遠州織物、桐生は「西の西陣、東の桐生」と言われる絹織物、足利・伊勢崎・八王子・秩父は大正から昭和初期に大流行する銘仙の産地である。原資料には103組合の詳細なデータが掲載されており、その産額総計は約11.1億円(輸出2.7億円、国内8億円)で、同年の国民総生産額が約160億円[8]の7％を占めることから考えると、伝統的な織物産地の力が健在であったことがうかがえる。明治以降に西洋から大型の動力織機を導入して安価な日常品を量産化し、輸出している産地が上位を占めるなかで、丹後は高級絹織物の産地として、西陣とともに善戦していると言えよう。実際、丹後織物は、**図6-1**に示すように、大正から昭和になってもその輸出額は総

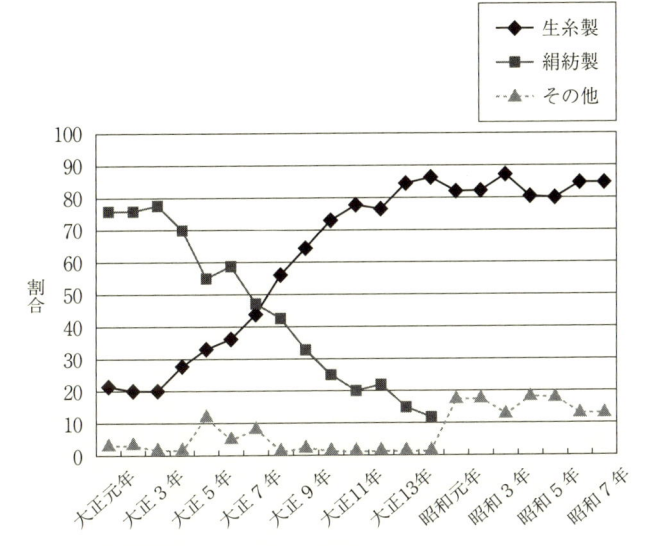

図6-2　生糸製の割合（丹後縮緬同業組合管内、大正元〜昭和7年）

（出所）以下の2種の資料から合成して作成した。
大正元〜14年は日本銀行調査局『最近ノ丹後縮緬機業』（大正15年9月）、
昭和は丹後縮緬同業組合『丹後縮緬』各年度2月号の「当組合管内生産額内訳」による。
なお、原資料では生糸製は「本製」、絹紡製は「紡製」の表記になっている。
昭和は紡製とその他を合算している。

生産額の1％程度に留まる内需用であった。

また、昭和初期の丹後縮緬は、開国以降、悩まされ続けた原料糸である生糸の不足という難題からやっと解放されている。その理由は第3節の（1）で詳述するが、**図6-2**に示すように、大正8（1919）年には丹後縮緬における原料糸の割合が、これまで工夫を重ね、活用してきた紡績絹糸と生糸で逆転している。それ以後、生糸の割合は増え続け、昭和に入ると8〜9割が生糸製に回帰した。なお、昭和に入って「その他」の数値が高くなるのは人絹糸の導入によるものである。

---

(8) 大川一司・高松信清・山本有造編『国民所得』（長期経済統計6）東洋経済新報社・1974年・200ページの「第8表　粗国民生産」1926年「159,7500万円」による。

(2) 日本銀行京都支店調査『最近ノ丹後縮緬機業』に見る生産実態

　昭和恐慌期における丹後縮緬の生産実態を詳細に調査した資料がないため、大正15 (1926) 年9月に日本銀行調査局（京都支店調査）が刊行した『最近ノ丹後縮緬機業』[9]に基づいて、調査を行った大正14年末における生産実態を明らかにしておきたい。

　まず現状は、「機業ノ組織ハ未タ幼稚ナル家内工業ノ域ヲ脱セス、売買取引ハ依然トシテ半製品タル生縮緬ヲ以テ行ハレ、機業金融亦伝統的問屋金融ニ甘ンスル」[10]とあり、家内工業で未精練な半製品を取引し、金融面では問屋の下に置かれていると酷評されている。ちなみに、ここに言う「問屋」とは「産地問屋」のことである。

　この調査書には、①かつて産地の取引を担っていた仲買や買継商が、第一次世界大戦を経た大正後半にはほとんどいなくなり、約110戸の産地問屋が取引において重要な位置を占めたこと、②産地問屋は糸部と縮緬部を設け、原料糸を仕入れ、機業家へ販売し、できた縮緬を買い取り、京都問屋へ販売したこと[11]も記述されている。

　このように機業家は仕入れと販売の両面から産地問屋を頼ることになり、産地問屋は金融面でも機業家に深く関わってゆくことになるが、その一方で、産地取引の中心が京都問屋の手下にあった仲買や買継商から産地問屋へ移行したことは、京都問屋に対して丹後産地の地位が上がったと言える。

　次に生産規模だが、機業戸数1,383戸、織機台数は5,140台で、1戸平均3.7台という小規模なもので、その内訳は自営機が508戸で37％、賃機が773戸で56％、自営賃機併用が34戸で7％という構成になっている。

　その階層分解は10台未満が1,329戸で96％と大半を占め、10台以上〜20台未満が39戸、20〜50台が12戸、50台以上は3戸しかない。織機の総台数5,140台のうち動力織機が4,828台と94％を占め、大正2 (1927) 年の調査では動力織機は6台のみであったことから、第一次世界大戦の好景気によって動力織機へ転換していったことが分かる[12]。

　さらに、従業者総数は9,753人（男2,805人・女6,948人）で、その内訳は監督・

表6-3 昭和5年 産業（大分類）別人口 （与謝・中・竹野郡）
(人)

	農業	水産業	工業	商業	他	無職	合計	有業者数
与謝郡	13,255	1,237	9,230	4,043	2,660	30,432	60,857	30,425
中郡	6,344	5	3,543	1,473	1,053	10,689	23,107	12,418
竹野郡	8,283	500	5,922	1,478	1,086	15,062	32,331	17,269
計	27,882	1,742	18,695	6,994	4,799	56,183	116,295	60,112

(出所)「17、産業（大分類）別人口 市区町村」（内閣統計局『昭和五年 国勢調査報告』（第四巻 府県編 京都府 昭和8年9月26日発行）100〜101頁より作成。他＝鉱業・交通業・公務自由業・家事・其ノ他ノ産業が含まれる。

事務員が51人、雇用従業者が6,428人（男1,407人・5,021人）、家族従業者は3,274人（男1,347人・女1,927人）で、雇用従業者が家族従業者の2倍近くいる。なお、専業・副業の数値は示されていないが、大正4（1915）年の段階でも「昔ハ農家カ副業トシテ機織ニ従事スル者少ナカラサリシカ、今日ニ於テハ大部分専業トスルモノニシテ、副業トナス者ハ極メテ少数ナレハ、農繁季ニ於テモ生産ハ殆ト影響スル所ナク、只旧正月ハ職工帰郷スルカ故ニ二週間位宛全部休機スルヲ常トス（＿＿は筆者による）」(13)とあり、大半が専業であったと思われる。

では、この縮緬業は丹後という地域社会においてどのような位置を占めたのだろうか。昭和5（1930）年の『国勢調査』(14)から、与謝・中・竹野郡の産業構成を明らかにしたものが表6-3である。農業と商業＋工業の比率はほぼ1対1、総人口11.6万人のうち有業者数は6万人余で、同年の縮緬機業家1,357戸と従業者9,847人(15)の合計11,204人では18.6％を占め、実に約5人に1人が縮緬

---

(9) 日本銀行調査局（京都支店調）『最近ノ丹後縮緬業』同・1926年9月。実際の数値に関しては、丹後縮緬同業組合の統計に拠っている。
(10) 註(9)に同じ、2ページ。
(11) 註(9)に同じ、25ページ。
(12) 織機の動力転換に関する分析は、佐々木淳「一九三〇年代前半における丹後の銀行と丹後縮緬」（『龍谷大学経済学論集』第46巻第4号、2007年）に詳しい。
(13) 日本銀行調査局（京都支店調）『丹後ニ於ケル縮緬機業』同・1915年・4ページ。
(14)「17 産業（大分類）別人口 市町村」（内閣統計局『昭和五年 国勢調査報告』第4巻・府県編・京都府・昭和8年）。

を生産していることになる。さらに産地問屋・機料店（織機等）・行商人など、販売・流通も含めて何らかの形で縮緬と関わっていた人はさらに多くなる。まさに、縮緬業で丹後社会が成り立っていたと言っても過言ではない。

3 世界恐慌・金解禁・昭和恐慌下の状況
昭和4～6年（1929～1931）

（1）金解禁以前の状況と世界大恐慌の発生（昭和4年）

織機台数3.7台、10台未満が96％という小規模な家内工業で売買取引は未精練のまま、問屋金融に依存する丹後縮緬業はどのように昭和恐慌を迎えたのだろうか。ここでは、縮緬業者を統合する丹後縮緬同業組合が組合員に向けて発行していた月刊機関誌『丹後縮緬』をもとに、その実態を追ってゆく。

昭和4（1929）年の年頭、丹後縮緬同業組合長である津原武は組合員に対して次のようにその年の心構えを述べた。

大正11（1922）年6月25日発行の『丹後縮緬同業組合公報』第1号（丹後織物工業組合蔵）
（出所）『図説 京丹後市の歴史』163ページ。

本年の景気は金解禁の鍵に依て左右せらるへきてあり、金利も貿易も生産も総ては之に支配せらる、てあろふ。（略）金解禁の決定せらる、までの財界は、所詮暗雲低迷闇中模索てあるへく、それか決定せらる、前後は、経済理法からしても人気作用からしても、吾等は一時不景気を覚悟せねはなるまい[16]。

津原は民政党選出の衆議院議員であったためか、党首浜口が主導する金解禁について言及している。党是とはいえ、やはり、金解禁には不安を感じており、暗中模索や

不景気の覚悟という表現をしている。

　第一次世界大戦は未曾有の好景気をもたらしたが、戦争が終結すると大正9（1920）年には反動恐慌が起こり、その後、景気は回復せぬまま不況状態が継続し、その対策の一つとして、大正6（1917）年に停止されたままの金本位制を復活することで膨張した金融を引き締めるという金解禁論の正否が当時盛んに議論された。さらに大正14（1925）年に普通選挙法が成立し、昭和3（1928）年に初めて普通選挙が実施され、2大政党の「政友会」と「民政党」がしのぎを削った。昭和4（1929）年の初頭段階では政友会の田中義一（1864～1929・第26代）が首相を務めており、金解禁は野党である民政党の浜口雄幸が提唱する財政政策であった。

　ではその後、昭和4年の景気はどのように推移していったのだろうか。『丹後縮緬』には、年に一度、前年を総括した「〇〇年中丹後縮緬商況」があり、昭和4年については以下のように綴られている。

> **史料1**　「昭和四年中丹後縮緬商況」
> 当業者は<u>極度に悲観し生産調節の為め四月一日より休機断行を叫ふあり沈衰裡に終始せり</u>。四月に入り政局不安金輸出解禁問題の停迷等に因る一般財界の不振に過せられ他面原料糸は為替安の結果輸出促進し従て相場を維持せるに反し製品は殆んと採算皆無の状態（略）<u>七月政変あり金解禁を目標として政費節約を主唱せる浜口内閣成立以来着々財政緊縮の実行に為替は逐日漸騰</u>(略)、<u>(十月)下旬に至り米国株式の大暴落延て英米両国準備銀行の金利引下けは円為替の昂騰</u>となり殆んと平価に垂々とし生糸の急落に従て製品は惨洛の憂目に遭ひ休機操短の声喧しく不安動揺裡に越月せり。(略)要するに昭和四年の我丹後縮緬は上半期は為替の暴落に依り下半期は禁輸出解禁予想に悩まされたる一般財界の萎靡沈衰に禍せられ終始不況にして<u>全機台の六割三分五厘の操業に過ぎさる状態なり</u>⁽¹⁷⁾。　　　（＿＿は筆者）

---

⑮　丹後織物工業組合編『組合史』（同・1981年）所収の「明治元年以降の生産高推移表」の「昭和5年」の数値。

⑯　丹後縮緬同業組合『丹後縮緬』昭和4年1月号・1月15日・2ページ。

要約すれば、春先も休機を叫ぶほど景気が沈んでおり、政局の不安定や金解禁の停滞などによって一般財界も不振であった。そのため為替安となり、原料糸は輸出が促進されて相場を維持していたが、製品（織物または縮緬のことか）はほとんど採算が合わない状態に陥っていた。そして7月には、金解禁を目標とし、政費節約を主唱する浜口内閣が成立し、財政緊縮を実行したために為替は日々高くなっていった。さらに10月下旬には、アメリカの株式が大暴落して世界大恐慌が発生し、英米の準備銀行が金利を下げたことで円為替は高騰したため生糸は輸出が困難となり、価格が急落したことにつられて製品価格も下落し、休機や操業短縮の要望が大きくなった、ということである。

要するに、昭和4年の上半期は為替の暴落に、下半期は金解禁予想に景気が停滞し、丹後でも全機台の63.5％しか操業できなかったということである。発生当初は生糸と連動して縮緬価格も下落し、「惨洛の憂き目」と表現されるように丹後縮緬の売れ行きも暗雲に覆われていた。

（2）金解禁実施とその影響（昭和5年）

昭和5（1930）年1月11日、いよいよ金解禁が実施された。その日を、織物界や丹後縮緬業界はどのように迎えたのだろうか。

> **史料2**　「昭和五年中　丹後縮緬商況」
> <u>年頭金解禁の実施あり</u>、其の成行如何は国際商品たる生糸を原料とする織物界に於ては殊更注目せる処にして<u>金解禁、消費節約は必然的に物価の下落、兌換券の収縮を来す</u>が故に、勿論好況は望め得ざるもどの程度に採算出来得るかを懸念しつゝ、<u>金解禁の十一日を迎へたり</u>、然れども客臘既に<u>金解禁の声明ありて準備整ひ居りし為めか何等の変動</u>も認めず、横浜定期は却つて好調を示し、従来<u>金解禁構へに極度に警戒せる</u>織物界も解禁実施に伴ひ<u>安定気分</u>を呈し為めに稍々品不足を生じ先高気配を以て旧正を迎へたり(18)
> （読点・＿は筆者）

生糸を原料とする織物界は、金解禁に加え、浜口内閣の消費節約が物価の下落や市場に流通する貨幣も収縮させるので好況は望めず、採算があうのかどうかを懸念していた。しかし、年末すでに金解禁の声明があって準備が整っていたためか、実施されても何らの変動もなく、かえって好調で、これまで極度に警戒していた織物界は安定気分や先高気配で旧正月を迎えた。要するに、経済実態ではなく不安心理が景気を悪化させていたのである。

その後、事態はどのように推移してゆくのか。8月、丹後縮緬を最も多く仕入れる京都縮緬商組合の組合長野橋作太郎は、『丹後縮緬』に「警告」という文章を寄せている。

> **史料3**　「増産の事実に鑑み組合員各位へ警告」
> 世界的深刻なる不況の惨風に見舞はれ各産地共生産減退せる現況にも不拘貴地本年上半期間に於ける<u>生産状態は前年に比し概して一割以上の増産を見るは丹後縮緬の需用増進を示せる次第にして好調を辿りつゝあるは取扱業者として喜ふへきこと</u>に御座候。
> <u>乍然之れは稀れに見る現象にして大勢観としては前途に尠なからさる不安を醸生するもの無きか懸念致居候尤も我々同業者間にストック品無く或は一部染漬問屋方面に偏在さる、もの、如く察せられ候若し茲許一巡後近き将来に生産過剰を来たし一面購買力萎縮減退するか如きことあらは自然売崩し</u>其他不祥事を醸すか如き事態発生せは我々当業者のみならす広く得意先方面にも多大の不利を招来する次第にて丹後縮緬界の為めに甚た遺憾のこと、存し憂慮罷在候⒆。　　　　　　　　　　　　（＿は筆者）

これによると、京都縮緬商組合組長であった野橋作太郎は、丹後縮緬は上半期に1割以上の増産を示し、好調を辿ったという。これは稀に見る現象として、好調の理由を縮緬問屋にはストック品がないこと、一部の染漬問屋（白生地を

⒄　丹後縮緬同業組合『丹後縮緬』昭和5年2月号・2月15日・6〜7ページ。
⒅　丹後縮緬同業組合『丹後縮緬』昭和6年2月号・2月15日・8ページ。
⒆　丹後縮緬同業組合『丹後縮緬』昭和5年8月号・8月15日・2ページ。

仕入て染色業者へ発注する問屋）の偏った状態と見ており、一巡すると生産過剰になり、購買力が萎縮減退すれば売り崩してしまうと警戒している。

　別史料でも「問屋筋ハ金解禁不安ノ為数年前ヨリ手持品ノ一掃ニ努メ殆シト滞貨ナカリシ状態ナリ[20]」という記述も確認でき、金解禁直前に不景気を予想した問屋筋が在庫を控えたが、実際に解禁されると先述のように大きな変動もなかったため、その反動として問屋筋が買いに走ったことが好調の要因となり、一過性の現象と京都縮緬商組合組長の野橋は捉えている。

　そして、史料の続きで丹後に生産調整を要請している。この野橋の「警告」から1か月半後に出版された『丹後縮緬宣伝号』には、株式会社丸紅商店京都支店長の矢守治太郎が次のような意見を寄せている。

　史料4　「丹後縮緬の将来　統制ある発達を望む」
　生活向上に拠る高級品への憧れは人世の通有性あるが故に、仮令政府の緊縮、節約の声如何に大なりとも、養蚕地或は特種の事情に由る農村地方を除く都会地に於ては寧ろ本年の如き前年より三四割方の安値は却て絹布に対する需要を喚起せしめるであろう。（略）元来縮緬と言へば即ち織物界中の最高級品贅沢品視されてあつたが本年に於ては、十円を以て相当品を容易に求め得ると云ふ画期的安値を見せた事に於いて大衆年来の憧れを満足せしめ為めに相当の需要を呼ぶものと思惟さるゝ。殊に御召の生産著減は丹後縮緬の有利展開を切実に物語るものである。以上の理由に因り不景気とは云へ丹後縮緬の将来は前途に洋々たる観を持つものと考へる[21]。
　　　　　　　　　　　　　　　　　　　　　（☐・＿は筆者）

　矢守は、生活が向上してくると高級品への憧れは普遍的なものとなり、政府が緊縮や節約を叫ぼうとも、養蚕地や特別な事情のある農村地方を除いた都会地では、前年より3〜4割程度安値になって絹布に対する需要を喚起させるだろうと言っている。

　要するに、矢守は「養蚕地」や「特種の事情ある農村地方」だけが特別に経済状況が悪い地域と見なし、ほかでは売れるというのである。もともと縮緬は

織物界の最高級品・贅沢品視されてきたが、今年は画期的な安値を見せたことで、大衆が年来の憧れを満足させるために相当の需要を呼ぶと予想し、不景気とはいえ丹後縮緬の将来は前途洋々としてその増産を進めている。京都縮緬商組合長の野橋が生産調整を警告するのとは、まったく対極の見通しを述べている。

しかし、ここで注意しておきたいのは、縮緬が「画期的安値」を見せたという点である。なぜ、縮緬は安値になったのか。恐慌によるデフレの影響なのか。その点は3節で検討する。

（3）「黄金時代」の到来（昭和6年）

果たして、京都縮緬商組合長の野橋か、丸紅京都支店長の矢守か、どちらの予想があたったのだろうか。答えは、丹後縮緬同業組合長である津原の昭和6（1931）年の「年頭所感」にあった。

> 丹後縮緬の今日は正しく黄金時代なり、全機台の運転全能率の発揮、而かも猶ほ足らさる底の総動員下に新年に入りたるなり[22]

津原は、この年頭を「黄金時代」と表現している。全機台の運転、全能率の発揮、それでも足りない総動員状態で生産したということから、縮緬の需要は拡大しているということであろう。つまり、丸紅の矢守の予想のほうが当たったのである。

丹後縮緬業界は、このように好調で幕を開けたが、この年、冒頭で述べた長期経済統計では、国民総生産額・貿易額・物価などは最も底を示した。果たして、昭和6年は丹後縮緬にとってどのような年になってゆくのか。

---

[20] 「昭和五年中当組合管内生産額内訳・備考」（丹後縮緬同業組合『丹後縮緬』昭和6年2月号・2月15日・37ページ）。
[21] 丹後縮緬同業組合『丹後縮緬』宣伝号・昭和5年10月1日・3〜4ページ。
[22] 丹後縮緬同業組合『丹後縮緬』昭和6年1月号・1月15日・1ページ。

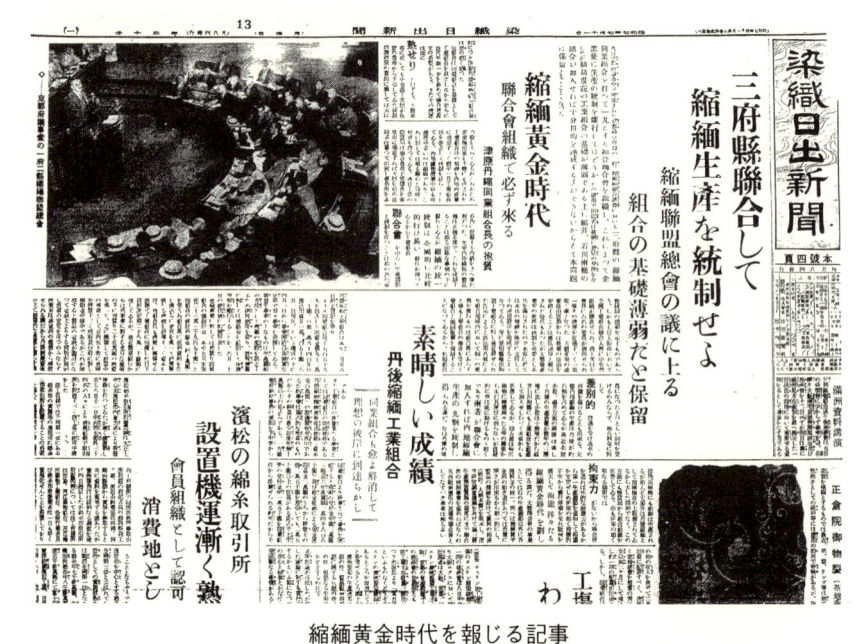

縮緬黄金時代を報じる記事
（出所）『染織日出新聞』昭和7（1932）年7月11日付。

史料5　「昭和六年中丹後縮緬商況」
上半期は金解禁後の第二年として稍々財界の安定と産業の合理化による生産費の低下を実現し（略）稍々景気回復の暁光を示したのである、然るに下半期に入るや世界経済恐慌は多額の戦債に苦悩する独逸の窮状を巡りて格段の悪化を告げ、上半期の小康状態は根底より揺かせられたのである、就中英国の金本位制停止は（略）吾国の禁輸出再禁止見越の宣伝と相俟つて急激に莫大なる弗買を勧発し巨額の正貨を流出せしめ、業界の最も望ましき金融緩慢即ち低金利時代は一朝にして去り（略）加ふるに満蒙問題か突発し然かも逐日険悪なる気勢を見るに至り、之に伴ひ惹起する対支貿易の不振と共に内外の悪材料山積され諸物価は一斉に大暴落を来たしたるか年末突如政変あり、禁輸出再禁止断行せられ其の結果、必然為替の低落となり随つて物価急反騰を見る（略）世界大恐慌の渦中に捲き込まれ、然も

> 打続く財界の悪材料に未曾有の不況沈衰時代を出現（略）苦境時代を辿れるに不拘吾丹後縮緬界は至極堅実なる歩調を以て順調なる否寧ろ素晴らしき売行を示し、例年季節的に起る滞貨の気配もなく<u>月々生産の新記録を造</u>り⁽²³⁾

（読点・ □ ・＿は筆者）

　上半期は金解禁後の2年目で、産業合理化による生産費の低下を実現し、財界は安定して「稍々景気回復」の光が見えてきたが、下半期は、世界経済がドイツの窮状から悪化し、イギリスが金解禁を停止したことで日本も再び金解禁を停止するであろうという見通しからドル買いを誘発したため、為替は下落して国内では金利が上昇した。そのうえ、満州事変が勃発し、対中国貿易が不振となったことも加わって国内物価が暴落した。

　そして年末には、政友会の犬養毅内閣が成立し、高橋是清蔵相が金解禁を再び停止したため為替は低落し、その一方で物価は高騰したという。為替安によって輸出の伸長から景気回復が予想され、また物資も輸出優先となるため国内の物価は上昇した。経済情勢は、このように日々刻々と変化していることが分かる。

　世界大恐慌の渦中に巻き込まれ、満蒙問題の発生によって昭和6年下半期の財界は未曾有の不況に陥ったが、丹後縮緬業界は素晴らしい売れ行きを示し、月ごとに新記録を重ねていった。

4　拡大する需要の要因
低価格化・地域ブランド化・大衆化と多種化

（1）低価格化の実態——生糸の暴落と縮緬の量産化

　ここまで述べたように、財界一般の景気が悪化したにもかかわらず昭和6（1931）年も丹後縮緬の需要は伸びている。丸紅の矢守が大衆の購買欲を喚起する道を提唱したが、実際に縮緬の価格は買う側（一般消費者）の手元でそん

---

(23)　丹後縮緬同業組合『丹後縮緬』昭和7年2月号・2月15日・7ページ。

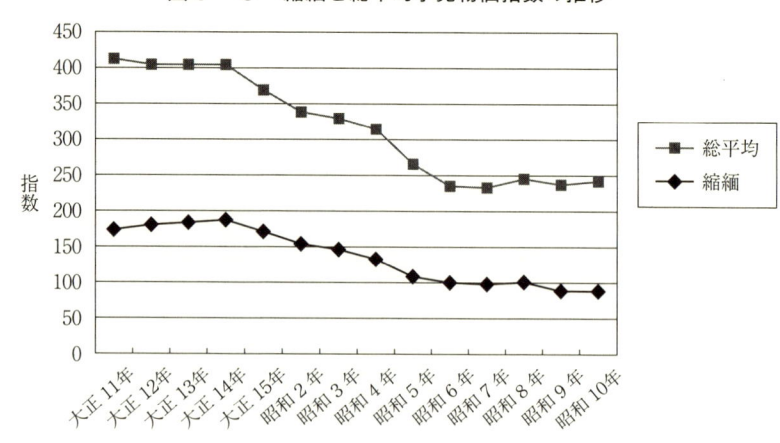

図6-3 縮緬と総平均小売物価指数の推移

(出所) 日本銀行統計局編『東京小売物価指数（大正11～昭和42年）』（1968年）から、縮緬・総平均の小売物価指数を抽出して作成した。
大正3年7月＝100とした指数。

なに下がっていたのだろうか。またそれは、大衆にも購買層を拡大できるほどの価格だったのだろうか。一般財界が不況であればあるほど、売れるためには価格は重要なポイントになろう。

図6-3は、東京市場における縮緬と総平均小売物価指数の推移を示したものである。第一次世界大戦が始まった大正3（1914）年7月を100とする比較値になっている。総平均小売物価は大戦終了後でも400前後で推移し、高物価水準のままであった。昭和になると下がり始めるが、昭和6～7年でも250前後の水準を維持している。

一方、縮緬は、大正後半期に示した最高値でも200までで、それ以後低下を続け、昭和7年には100となり、ほぼ大戦前と同じ水準に戻っている。昭和6年時、一般平均物価が下がったとはいえ大戦前の2.5倍であったのに比べると、恐慌下とはいえ、消費者にとっては割安に感じたのではないだろうか。

では、なぜ縮緬の価格は一般物価の低下よりも割安になったのか。その理由は大きく分けて2点ある。1点目は、縮緬の原料糸となる生糸の暴落であり、

図6-4 生糸と総平均卸売物価指数の推移

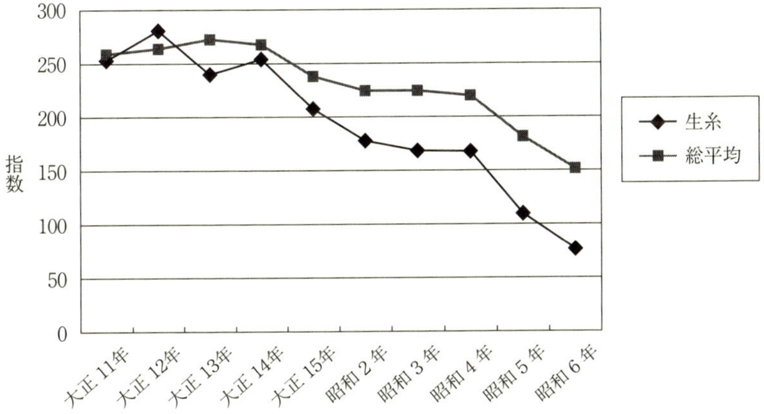

（出所）日本銀行統計局編『卸売物価指数（明治20年〜昭和37年）』（1964年）から、生糸と総平均卸売物価指数を抽出して作成した。
明治33年10月＝100とした指数。

もう1点は丹後内部の事情（丹後震災と量産化）にあった。まず、1点目の原料糸・生糸の暴落について考えてみよう。

実際に、生糸はどのくらい暴落したのか。図6-4は生糸と総平均卸売物価指数の推移を示したもので、明治33（1900）年10月を100としている。生糸と総平均卸売物価指数はともに大正後半期には250前後で推移しているが、昭和に入る頃には生糸のほうの下落が大きくなり、昭和6年には最高値の大正12年と比較すると4分の1程度まで下がっている。特に、昭和5年からの下落が激しく、昭和4年と6年を比べると2分の1になっている。しかし、縮緬の価格は最高値の2分の1であっても、生糸が4分の1であれば利潤は十分に出る。

この生糸価の暴落の要因としては、当時、生糸の8割以上を輸出していたアメリカが世界大恐慌の震源であったこと、さらにアメリカでは化学繊維の開発も進行し、なかでも安価な人絹（レーヨン）糸が生糸の代替品として実用化されていた[24]。このような対外的な理由に加え、さらに問題を深刻化したのは国内繭の増産問題であった。

表6-4　生糸の生産・輸出・国内残量（大正・昭和）

(単位：60kg 俵)

年次		生糸生産数量 (A)	生糸輸出数量 (B)	国内残量 (C)
大正	1	227,810	171,026	56,784
	2	233,814	202,286	31,528
	3	234,743	171,488	63,255
	4	252,865	178,142	74,723
	5	282,491	217,420	65,071
	6	332,348	258,291	74,057
	7	362,222	243,444	118,778
	8	397,485	286,244	111,241
	9	364,616	174,667	189,949
	10	389,925	262,028	127,897
	11	404,349	344,192	60,157
	12	422,253	263,280	158,973
	13	473,573	372,564	101,009
	14	517,770	438,449	79,321
昭和	1	568,832	442,978	125,854
	2	617,519	521,773	95,746
	3	661,515	549,256	112,259
	4	705,775	580,950	124,825
	5	710,314	477,438	232,876
	6	730,176	560,688	169,488
	7	693,170	582,216	110,954
	8	702,676	484,035	218,641
	9	754,056	552,215	201,841
	10	728,878	554,996	173,882
	11	705,458	505,300	200,158
	12	697,909	478,584	219,325
	13	719,202	477,909	241,293
	14	693,623	386,030	307,593
	15	712,804	293,691	419,114
	16	654,908	142,751	512,157
	17	452,941	8,171	444,770
	18	355,903	12,513	343,390
	19	154,026	1,022	153,004
	20	87,075	—	—

（出所）本表は以下の文献の「生糸需給」（326ページ）をもとに作成した。
　　　　伊藤公一『和装正絹　白生地』関西衣生活研究会　1981年
　　　　原典資料は農林省農蚕園芸局調査
　　　　国内残量 (C) = (A) - (B)

表6-4は生糸の生産・輸出・国内残量を示したものだが、外貨を稼ぐ生糸は明治政府が国を挙げて増産を図った。特に第一次世界大戦の好景気を受けて農家副業として繭の増産が振興され、大正後半から昭和にかけての生糸の増産は顕著である。そのうえ、植民地・朝鮮の養蚕もやっと途につき、朝鮮繭も流入してくるようになっていた(25)。

　表6-4に見られるように、生糸は一過的に昭和5年・8年で輸出額は減少しているが、さほど大きいものではない。丹後に隣接し、丹波を拠点とする郡是製糸はこの時期に在来型で成長してきた在地組合製糸を傘下に治めて、多条機を導入したほか、創業以来輸出生糸のみを手掛けてきたが、昭和8（1933）年からは国内向けの生糸生産を始め、さらなる発展を遂げている(26)。本章では十分な検証はできないが、生糸よりもさらにその原料であった繭のほうが厳しい状況に置かれていたことはまちがいない。

（2）地域ブランド「丹後縮緬」の誕生――地域の再編

　そして、縮緬の価格が下がった2点目の理由は丹後内部にあった。昭和2（1927）年3月7日、丹後地域を突然大震災が襲った。丹後地域全体で死者2,992人、負傷者3,772人、被害家屋は3万戸を超える大惨事となった。全織機数5,596台のうち約65％に当たる3,632台が全壊全焼し、約16％の886台が半壊半焼、約8割の織機が被災した(27)。

　話は震災の翌年で世界大恐慌が発生する前年の昭和3年に戻るが、当時の丹後縮緬業界の事情は「一般財界ノ不況ニ終始セシ昭和三年ニ於テ丹後縮緬ノミ独リ其好況ヲ歌ハルヘクモアラス（略）加フルニ震災後ノ機台増加ハ震災前ノソレニ比シテ二割九分ヲ示シ而カモ孰レモ優秀機ノ転換ニ因リテ製造能率ハ到

---

(24) 青木英夫「不況の時代と風俗――アメリカ一九三〇年代の一考察」（『風俗』30巻2号・1991年）を参考とした。
(25) 藤井光男『戦間期日本繊維産業海外進出の研究――日本製糸業資本と中国・朝鮮』ミネルヴァ書房・1987年。
(26) 社史編纂委員会編『郡是製糸六十年史』郡是製糸株式会社・1960年。
(27) 丹後織物工業組合『組合史』1981年・61ページ。

底需要率ト平衡ヲ保ツヲ得ス丹後縮緬ノ艱ミ茲ニ在リ国練検査制度ノ必要モ亦茲ニ存ス(28)（＿＿は筆者）」と、一般財界とともに丹後縮緬も不況に苦しんでいた。

　ここで注目したいのは、震災前に比べて震災後に2割9分も織機が増加している点で、増加分は優秀機に転換したため製造能率が需要率を上回ったという。それにしても、1年も経たないうちになぜ震災前の3割近い増台ができたのだろうか。それには、震災復興資金のいち早い潤沢な導入があった。その背景には、組合長である津原武と副組合長の吉村伊助の政治力が大きかった。

　大正9（1920）年〜昭和7（1932）年の間、両名のどちらかが中央政界へ進出していた。震災時は吉村が衆議院議員だったが、震災復興に尽力する渦中に他界し、再び津原がそのポストを引き継いだ。「丹後縮緬復興に関する請願」が直ちに貴衆両院、首相、大蔵・内務・商工各大臣、京都府知事へ提出され、震災から3か月後の5月末には政府の低利資金貸下金約254万円が閣議決定している(29)。

　この資金は、大字単位で組織された機業組合を通じて個人へ融資された(30)。低利とはいえ、融資には当然償還が求められるので、何としても縮緬の需要を拡大してゆく必要に迫られていた。約30％の増台に加え、新しい織機が従来のものよりも優秀とあればさらなる量産化が可能になるため、価格の低下は確実であった。

　そして、前掲の史料にある優秀機への転換で製造能率が上がり、需要との平衡が保つことができないため、国練検査制度（以下、「国練」と省略）が必要だという点について検討しておきたい。この国練とは、昭和3（1928）年9月から、製織された縮緬を丹後国内で精練して検査を行うことを言うが、第4章ですでに詳細に検討しているので、ここでは、本論に必要な論点を確認するに留めておく。

　国練を実施するためには、縮緬業の関わる人々に対して、以下のような地域や流通における再編が必要であった。まず、それまで郡ごとに存在していた同業組合を、郡の利害を越えて、大正10（1921）年には、丹後全体を単位とする丹後縮緬同業組合へ拡大して成立させた。次に、大正14（1925）年に、営利事業を展開できない同業組合に代わって、地域の人々の出資によって丹後縮緬精

練倉庫株式会社を設立し、丹後内を五つに分け、それぞれに精練加工場と倉庫を設けた。そして、従来は未精練のまま、京都問屋へ出荷されていた縮緬を、この5か所で精練加工をしたあと組合の検査員による検査を行い、合格品に合格印を押印し、白生地としてすぐ販売できる状態で出荷するという流通における再編がなされた。

また、この時期は、初めての普通選挙法の実施（昭和3年）に向けて、政友会と民政党（憲政会と政友本党が合流、昭和2年に結成）という2大政党が結成されてゆくという大きな政治の動きがあった時代で、国練実施運動も政争の影響を受けた。国練に反対する京都問屋の側には、丹後縮緬同業組合長の津原武が所属する民政党と対峙する政友会の長田桃蔵(31)代議士がついた。政友会と民政党の対立が、京都問屋と丹後縮緬業者の対立構造になった。この窮状を救ったのが、当時、京都に300社あったと言われる問屋のなかで抜きん出ていた4大商社の丸紅・吉田忠・安藤・市田であった。

これらの4社は東京・大阪をはじめとして、大正後期から昭和にかけて躍進した全国の百貨店と直結していた。昭和3（1928）年9月の国練検査開始の翌月には京都の「都ホテル」に全国の問屋を集め、「国練宣伝大会」という大キャンペーンを開催した。特に丸紅との関係は深く、このあと京都支店長の矢守治太郎は、機関誌『丹後縮緬』に毎号原稿を寄せている。

また、昭和4（1929）年、大阪梅田にターミナルデパートとして開店した阪急百貨店とつながった。阪急は、従来の呉服商が発展した百貨店とは異なる「大衆向」の戦略をとった。開店直後に世界恐慌が発生したが売り上げは伸長を続け、すぐに増床に着手している。開店時には高級品は置かないとして銘仙

---

(28) 「昭和三年中丹後縮緬商況」（丹後縮緬同業組合『丹後縮緬』昭和4年2月号・2月15日・11ページ）。
(29) 丹後震災時の縮緬業の様子については、註(27)の61～63ページに詳しい。
(30) 旧加悦町所蔵の「機業組合規約綴」によると、第二条で機業震災復興の事業として「復興ニ要スル資金ノ調達及ヒ償還並之ニ関スル一切ノ事務」「機械器具ノ共同購入」が明記。
(31) 国練検査実施段階では田中義一が首相（政友会）であり、民政党選出の津原に対し、京都府知事大河原重義や政友会代議士長田桃蔵（宮津町出身）がつぶしにかかったという（岩崎英精『国練三十年の歴史』丹波織物工業組合・34ページ）。

以上の呉服は扱わなかったが、昭和6 (1931) 年に新たに増床した部分には高級呉服売場が設けられ、その仕入れを丸紅が一括して行った[32]。

このラインで、丹後縮緬も確実に大阪市場と直結してゆく。その際、人絹糸の使用や他産地の縮緬と区別するため、組合では合格品に「正絹　丹後」マーク[33]を刻印することで、消費者に品質保証が一目で分かるようにした（54ページの図1-3を参照）。

この「国練(くにねり)検査制度」の意義を当時の津原組合長は、①粗製濫造の防止、②難引返品問題の解消、③金融の近代化[34]（問屋の前貸しから縮緬を担保とした銀行金融へ）、④市場の拡張と論じている。この4点の意義を包括し、筆者はこれを「地域ブランド化」と位置づける[35]。

丹後が精練事業を京都から取り戻すことを通じて組合によって統合（地域の再編）し、組合が自己検査で「正絹　丹後」を刻印して信用を可視化（丹後縮緬ブランドの誕生）していった。この地域ブランドを形成したことこそが、今日までつながる重要な意義である。

（3）大衆への普及――少量多種のモノづくり

丹後縮緬は、低価格化とブランド化によって、恐慌と言われた時代に商社や百貨店を通じて大衆へ売ることを目指した。確かに、昭和6年から7年にかけての『丹後縮緬』にも、「当組合の信条とする産業の合理化による生産費の切下げ（略）検査制度の充実に依る品質の向上並びに声価信用の保持、販路拡張に資する宣伝の効果（略）従来縮緬は高価高級なるものとして一部上流社会に其の需要を局限されたる範囲を拡大し一般大衆向として需要を喚起せしめたるに依るものなる事は否定し得ない事実である」[36]と、①生産費のダウン[37]、②検査制度の充実による品質向上、③販路の拡大などを通じて一部上流社会から一般大衆向へ需要の範囲を喚起することが掲げられている。

これまで生産した側から見てきたが、実際に縮緬は大衆へ普及していったのだろうか。昭和6 (1931) 年2月の〈大阪朝日新聞〉には、絹織物の流行を伝

える次のような記事が掲載されている。

> **史料6**　「猫も杓子もお蚕ぐるみ　生糸安が齎した絹物全盛時代」
> 木綿織物の六分減に対し絹織物はすべて増産し特に平絹、縮緬、裏絹が一割六分の増加を示していることは如何に五年中の織物景気が絹物流行であつたか（略）現に尾州方面における農村の娘さんや紡績女工さんの如きは従来常着として木綿縞や絣、よいところで紡琉絣を着ていたものが世間に不景気風の吹き荒むにつれて銘仙を着るようになり昨今では木綿縞、絣を着ているものは珍らしいという変り様である、これは一つに銘仙類が三四円で手に入るようになつたからであつて、この事実は独り尾州地方のみでなく全国の都鄙共通の現象らしく、絹布機業家は一度び絹物がかように全国都鄙の素人筋に行き渡つたからには本年もまた昨年同様に銘仙を中心として縮緬や平絹（染生地）の需要が活発であろうと先行きを楽しみ早や取らぬ狸の皮算用をして懐ろの温り加減を夢みているとか(38)。
> 　　　　　　　　　　　　　　　　　　　　　　（☐・＿は筆者）

---

(32)　株式会社阪急百貨店社史編纂委員会編『阪急百貨店二五年史』同社・1976年。
(33)　註(27)によると、思考錯誤のうえ、「正絹　丹後」マークに至るのは昭和8年とある。
(34)　京都問屋による金融から銀行金融へ転換する実態は不明だが、佐々木淳「戦間期における丹後本店銀行と縮緬業」（松岡憲司『地域産業とネットワーク』新評論・2010年）は、丹後本店銀行が縮緬業によって京都府下で最も良好な業績を実証している。
(35)　拙稿「ブランド生成に関する歴史的考察―丹後縮緬にみる『信用』の形成」（奈良女子大学日本史の方法研究会『日本史の方法』5・同・2007年）で書いたが、ブランドの語源は自分の商品に「brand＝刻印すること」であることを強調しておきたい。自らの商品に責任と自信をもっているからこそ、ほかの商品と区別するために刻印が必要になる。消費者の方は、それを見て信用し、購入するという構造になる。本書第4章に収録。
(36)　「昭和六年中丹後縮緬商況」（『丹後縮緬』昭和7年2月号・2月15日・8ページ）。
(37)　生産費の低下には、原料糸の暴落・量産化のほかに、労働賃金について検討しなければならないが、明確な統計は探せていない。ただ、丹後を代表した郷土史家・永濱宇平の「丹後縮緬考」（未定稿、京丹後市峰山図書館蔵）に日給の記述が見られる。（大正元年）男工上17銭・女工上12銭・女工下2銭、（大正6年）男工50〜95銭・女工55銭〜1円、（大正10年）男女とも上工75〜77銭・下工23〜25銭、（昭和元年）上工80〜85銭・下工20〜30銭、（昭和6年）上工43〜46銭とある。第1次世界大戦の好景気時に賃金が高騰して男女差はなくなるが、その後、賃金は降下し、さらに恐慌期には低下している。経済情勢もあろうが、機械化・動力化が特に技術をもっていた上工の賃金を抑制している。

これまで、尾州の農村の娘や女工は木綿縞や絣を着ていたのが、不景気が浸透するなかで絹織物の銘仙に変わっていったが、この現象は全国の都市や田舎において共通した現象である。もう、農村の娘も女工でも木綿ではなく絹を着るようになったというのである。
　銘仙(めいせん)は生糸ではなく屑繭を活用した安価な紡績絹糸を使用したもので、糸の段階で染色を施してから織る絹織物であったため、大胆でカラフルな模様と価格の安さで大正後期から昭和にかけて若者を中心に大流行した。銘仙が普及したことで、今度は上位の縮緬の需要が予想されている。ただ、銘仙の価格は1反が色柄付で3〜4円だが、縮緬は白生地でも10円（86ページの**史料4**参照）はしており、倍以上の価格となっていた。
　しかし、この傾向は、昭和6年末に民政党から政友会へ政権が交代し、犬養毅内閣のもとで高橋是清が大蔵大臣となって金解禁を再停止したことで拍車がかかった。次に掲げる〈大阪朝日新聞〉の記事には、銘仙から縮緬へと大衆が変化していく様子が描かれている。

>　**史料7**　「一体不景気はどこを吹く縮緬　下つたお蔭の大流行」
>　損と儲けとは裏おもて、世には不景気であればこその商売繁昌もある。（略）原料も労銀も金利も安いとなれば、品を落とさずともそこに付け目はあるはずだ。（略）特に昨年十二月金の再禁止が行われてからというものは、都鄙を通じて開くもの、見るもの、語るもの、すべてが売れぬ、喰えぬの惨状だが、繊維工業品のうちでも縮緬だけは断然増産の好景気、不景気風はどこ吹くと（略）われもわれもと銘仙党が錦紗党に早変りした結果がこれ、さてこう縮緬の売れること売れること。ことに昨冬金の再禁止が行われてからは商人も素人も金を物に替えようとする気分が盛んとなつた(39)
>　　　　　　　　　　　　　　　　　　　　（□・＿は筆者）

　不景気でも、原料・賃金・金利の安さに目をつけた商売繁盛の業者として縮緬業が着目されている。一般的には金解禁の再停止によって景気が回復するとされるが、その直後は景気が悪かったようである。しかし、縮緬だけは絶好調

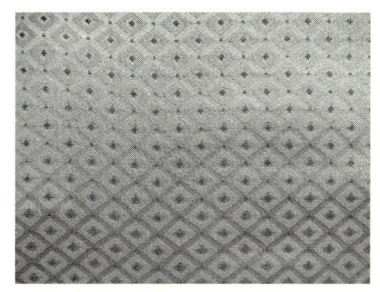

第6章　昭和恐慌下の需要拡大　181

金糸入縮緬（筆者撮影）

婚礼衣裳（個人蔵）
中央に天橋立、左に宮島（厳島神社社殿）、右に松島の日本三景が描かれた婚礼衣裳。昭和5（1390）年、吉村弥太郎氏の婚礼時のもの。
(出所)『図説　京丹後市の歴史』164ページ。

の様子が書かれている。その理由を銘仙から縮緬の一種で薄手の高級な錦紗縮緬へ流行が転換したことと、金解禁停止後の為替の下落によって生糸をはじめとした諸製品の輸出が促進されるために国内物価が上昇する懸念があり、カネをモノに変える気分が人々に醸成されたとしている。

このあと、記事は次のように続いている。

> では今秋には一体どのようなものが売れるのか。商人は御婦人方のお気に入るべく、新物に工風を凝しているが現在の情勢を眺めて見ると絵羽は大分飽かれて来たらしく、生地に加工したもの、たとえば、生地に山繭や金糸、銀糸さてはビロードを織込んだ地模様のある―と色物がだんだん勢力を得て来そうだ。これは要するに猫も杓子も縮緬党になつた結果、中流以上の御婦人方が同じように見て貰いますまいという御見識からかどうかは知らぬが、旧来の絵羽や染加工品から生地加工品をお望みになる傾向が

⑶⑻　〈大阪朝日新聞〉昭和6年2月10日付。
⑶⑼　〈大阪朝日新聞〉昭和7年6月30日付。

<u>顕著</u>となつたからで、(略) 為替の三十ドル割れで金を物への人気が再燃して来たことと相まち、全国の縮緬業者は秋の好景気継続見越しに御婦人の臍繰りを狙つて取らぬ狸の皮算用に忙しい。(__は筆者)(40)。

　大衆へ普及してゆくと、新たな現象が起こってくる。中流以上の女性達に「同じようには見られたくない」という心理が働き始めたことで、従来の白生地に染色で絵柄を施したものが飽きられ、生地そのものに金銀糸や山繭糸など織り込む工夫をした地模様のあるものが流行し始めた。つまり、生地そのものに加工を加えた差別化した製品が誕生していくことになった。

　この記事よりも半年余早く、丹後縮緬同業組合は政府の方針に沿って最初の工業組合になったが、昭和7（1932）年12月に作成されたパンフレット『丹後縮緬の種類』(41)**表6－5**には、組織や原糸が異なる95種類の縮緬が、その技法や用途とともに詳細に掲載されている。**史料7**に登場した山繭・金糸・銀糸を織り込んだ縮緬やビロード組織の縮緬(42)もすべて見られ、それ以外にも柞蚕糸・毛糸・漆糸なども使われている。また、従来の長着（着物）だけでなく、用途を夏物・和装コート・羽織などへも広げ、ジョウゼットやシャルムーズなど洋服地を和装地へ応用する工夫もしている。その当時の生地を何でも縮緬織にすることを試んでいるかの如くである。なお、生地のカタカナ名称から、国内向の洋装地や輸出用にも挑戦したことが推測される。このパンフレットと照合する生地が与謝野町教育委員会や京都府織物・機械金属振興センターに保管されているので、当該期の縮緬地の詳細な分析は今後の課題としたい。

　なお、当時は縮緬を使用するような高級着物の場合、まず白生地を選定し、好きな絵柄に染色するというのが通例だったから、店頭で購入の際には、白生地でも人とは違うものが求められたことだろう。だから、95種類の縮緬は大量生産ではなく、少量多種のモノづくりを要求された。丹後の機屋は小規模であるため、一つの機屋が大量につくることも、多種類を同時につくることも難しい。しかし、パンフレットでは、丹後縮緬には実に多数の種類があるように見える。小さな機屋が組合で統合されていることが利点になっていると思われる。

第6章 昭和恐慌下の需要拡大　183

表6−5　丹後縮緬の種類（昭和7年）

縮緬の名称	用途・特徴など	縮緬の名称	用途・特徴など
古浜縮緬	現今に於ける縮緬の王座	ニューネス	外観錦波に相似、朱子組織を応用、高級品
錦紗縮緬	古浜縮緬と共に丹後の代表製品	紋ルーチ	本体の構造ニューネスに相似
パリスクレープ	婦人着尺地	シャルムーズ	三枚綾の裏表の組織、婦人着尺地
雲井縮緬	婦人向着尺地	美裳織	四枚綾の裏表の組織、服飾界の寵児
銀波縮緬	婦人着尺地	レファイン	本体の組織及び地風紋錦波と相似フウワリ
金華織	銀波に似たる外観	紋綾波縮緬	紋様部分が隆起、婦人コート地
一越縮緬	一越毎に交互織込、極めて雅緻	紋柞蚕入縮緬	フウワリした風合、コート地
鶉縮緬	四越六越八越鶉等、婦人用春秋向	紋山繭入縮緬	フウワリした風合、コート地
トクサ縮緬	鶉縮緬の一種、婦人羽織地	風通縮緬	婦人向コート地
絹縮	婦人用春秋季節用	ロイヤルクレープ	緯二重組織、婦人コート地
セミ織	婦人年増向又は男子向羽織地	クロスアイン	地風並織物の構造はロイヤルクレープ似
塩瀬縮緬	羽二重の如く、男女向羽織地	ロングライフ	ロイヤルクレープ似、婦人コート地
平パリス	女子向羽織地、着尺地	ビロード縮緬	婦人コート地
柞蚕入パリス	婦人着尺地	輪奈ビロード縮緬	婦人コート地
山繭入パリス	婦人着尺地	モール入縮緬	婦人コート地
吉野入縮緬	婦人向着尺地	月華織	緯二重組織、婦人向コート地
経金銀糸入パリス	婦人向着尺地	清華織	綾織畦織等、婦人着尺地
山繭経縞縮緬	経の縞柄に山繭糸使用、婦人着尺地	ソフター	婦人用
柞蚕経縞縮緬	経の縞柄に柞蚕糸使用、婦人着尺地	八千代織	婦人向着尺地
朱子入パリス	パリス地に朱子織で縞、婦人着尺地	若草織	婦人向着尺地
真田入縞縮緬	婦人用着尺地	プリズム	婦人向着尺地
絣入縞縮緬	生染の絣糸を経縞に配列、地絣は染加工	金糸霞入縮緬	霞柄に織込、婦人着尺地
縞朱子縮緬	婦人着尺地	銀糸霞入縮緬	霞柄に織込、婦人着尺地
朱子縮緬	婦人着尺地	山繭霞入縮緬	霞柄に織込、婦人着尺地
スレット入縮緬	婦人羽織用	縫取紋縮緬	紋縮緬の最高級品
ジョウゼットクレープ	婦人夏季用	縫取明石縮緬	明石縮緬の地合、縫紋を表はせる高級品
縞経ジョウゼット	婦人夏季向着尺地	紋縮緬	夏向の代表的製品
漣縮緬	塩瀬羽二重の如く、婦人夏季向	紋紗縮緬	婦人夏季羽織地
鎧織縮緬	鶉縮緬の一種、春秋季節用	撚経紋紗	夏向羽織地
壁縮緬	収縮の憂なし、男女向着尺地	模紗織	夏向
ダブル壁	普通の壁縮緬と趣を異にし極めて優雅	ボイル	経緯共に強撚糸を用ひ涼味に富む
明石壁	収縮の憂なし、初夏向着尺地	千草織	月華織と相似、婦人コート地
横縞縮緬	婦人夏季向	リオネーズ	朱子織で紋様、婦人向着尺地
紗縮緬	涼味に富み、盛夏用	壁通風	婦人向コート地
洞絽縮緬	絽縮緬の変化組織を応用	彩美織	婦人向着尺地
鎧絽縮緬	夏向	梨地縮緬	婦人着尺地
壁絽縮緬	壁縮緬の地風、夏物	●絵緯人絹入コート地	大衆向のコート地
鶉絽縮緬	婦人夏向	相良縮緬	外観恰もスレット入りの如く極めて雅緻
竪絽縮緬	夏向羽織地	金銀糸屑入紋縮緬	婦人向着尺地
ジョゼット絽織	夏向羽織地	金銀糸屑霞入紋縮緬	婦人用
●人絹朱子経入パリスクレープ	婦人向着尺地	綾裏金銀糸霞入縮緬	婦人着尺地
紋パリス	パリスクレープに変化朱子・綾で紋様	ピッケ織縮緬	コート地
紋錦紗	錦紗縮緬に朱子組織を以て紋様	柞蚕絵緯入ピッケ	婦人コート地
紋古浜	古浜縮緬に朱子組織を以て紋様	●ジョウゼット風通織	婦人向コート地
紋錦波	雲井縮緬に平織で紋様、大衆向紋縮緬	ツヅレ縮緬	婦人向コート地
紋銀波	婦人着尺地	襲入縮緬	婦人向コート地
アース	大体の地風錦波と同様なり	ヨロケ縞縮緬	婦人向羽織地
		シャルマント	コート地

(出所)　丹後縮緬工業組合パンフレット『丹後縮緬の種類』（昭和7年12月1日現在）より作成。
　　　原本には品種・組織・原料（経糸・緯糸）・備考（技法・用途）が記載されている。
　　　本表では、品種と備考を抽出、備考欄の用途を簡略化し、出来るだけもとの言葉で記載した。
　　　●は一部に人絹糸を使用。ほかは主に生糸を使用。

5 重層的な昭和恐慌像の提案

　これまで見てきたように、丹後縮緬は昭和恐慌期において、縮緬の低価格化（生糸の暴落・生産費の低下）と地域ブランド化（信用の可視化）によって大衆へその購買層を拡大し、産業集積による少量多種のモノづくりでさらなる需要を拡大していった。丹後縮緬のように、昭和恐慌下においてその需要を拡大した製品はほかにもなかったのか。少なくとも、これまで本章においてしばしば登場してきた「銘仙」をはじめとする絹織物業では、丹後縮緬と同様に生糸の暴落という共通条件があてはまるため、同様の動きになるのではないだろうか。昭和5年（1930）年末の〈東京朝日新聞〉には以下のような記述が見られる。

> **史料8**　「春は機業地から」—昭和5年末ごろの絹織物産地の好況—
> 歳末に迫つて不景気風が吹き荒んでゐる今日この頃、不景気はどこ吹くかといつたやうに大ニコニコの地方がある、それは第一にちりめん産地として知られてゐる丹後の中、与謝、竹野三郡の機業家で明春三月までには機一台につき百円の純益をあげて見せるといふ意気込（略）ひとりこの好景気は丹後三郡のみでなく岐阜も又然り、加賀大聖寺や越後五泉地方を始め福井地方のちりめん屋さんや内地向羽二重機業家も同様であるが特に福島地方の裏絹機業家はその生産品が絞り加工で表地に利用される事となつたので需要激増、これ又供給不足のため最低より六割高を告げるといふ豪勢さ（略）高値景気は大衆向きの銘仙類の方にも来て東京税務監督局間税部の調査によると税から見た絹織物の産地殊に大衆向の銘仙その他を産出してゐる伊勢崎、足利、秩父をはじめ関東における機業地はこゝ二ケ月前辺からジリジリと活気付この暮は数年来のドン底から浮かび上りつゝあるといふ[43]
> 　　　　　　　　　　　　　　　　　　　　　　　　（□・＿は筆者）

　丹後産地が冒頭から登場するので、好景気の頂点にあったことが分かる。岐阜・加賀大聖寺・越後五泉地方をはじめ、福井の縮緬や国内向羽二重も同様で、

特に福島の裏絹業者も需要が激増し、大衆向の銘仙を産出する伊勢崎・足利・秩父も上昇傾向にあるという。

多くの国内向け絹織物産地が丹後縮緬と同じく良好で、記事はこれらの産地が景気の牽引になることを期待した内容になっている。やはり、絹織物業は全体的に好調だった。価格の低下はあったが、昭和恐慌下のなかで不急の品である絹織物の需要を支えたのは大衆であったことが確認できる。

これまで恐慌期の繭価の暴落が強調されてきたが、社会全体を見るためには、繭→生糸→織物→着物と生産から消費までの一貫した流れで検討してゆく必要があるのではないだろうか。確かに、原料繭の暴落で生産農家は泣いたが、在来の組合製糸工場を傘下に収めてさらなる機械化を図った大手製糸会社、安価になった生糸を活用した丹後をはじめとする絹織物産地、さらに繭→生糸→絹織物→着物と、それぞれの段階における流通業者は好況だった[44]。

恐慌期においてはマイナスの企業や業種が多かったことは長期経済統計の各数値を見ても明らかだが、統計のマイナスは全体の傾向にすぎず、日本経済すべてが悪化したわけではない。どんな状況でも、好調な企業・業種・地域は確実に存在する。

では、なぜこのような企業や業種があったにもかかわらず、東北凶作地域や養蚕偏重地域ばかりが強調されてきたのであろうか。昭和5（1930）年10月1

---

[40] 註(39)に同じ。
[41] 加悦町史編纂委員会『加悦町史』資料編第2巻（与謝野町役場・2008年・530～535ページ）に、パンフレットが元資料のまま所収されている。品種・組織・原料（経糸・緯糸）・備考（おもに用途と特徴）の記述があり、95種の縮緬を詳細に知ることができる。
[42] 表6－5によると、金銀糸を使用したものに経金銀入パリス・金糸霞入縮緬・銀糸霞入縮緬・金銀糸屑入紋縮緬・金銀糸屑入紋縮緬・綾裏金銀糸霞入縮緬・縫紋縮緬・縫取明石縮緬など、山繭糸が入ったものは山繭パリス・吉野入縮緬・山繭経縞縮緬・紋山繭入縮緬・風通縮緬・山繭霞入縮緬・襲入縮緬・ヨロケ織縮緬などが記載されている。
[43] 〈東京朝日新聞〉昭和5年12月25日付。
[44] 丹後縮緬の周辺でも、例えば京都市内の染織・流通業者が、昭和6年4月に「染織祭」を立ち上げ、以後2年と多額の費用をかけて、女性の時代装束（古墳～江戸時代）142件を作成、着装した大行列は以後、日中戦争が開始される昭和12年まで京都の春を彩る風物詩になった。現在、その装束は京都染織文化協会が保管し、服飾史の貴重な資料になっている。なお、染織祭については関保之助他編『歴代服装図録』1（歴代服飾図録刊行会・1933年）、切畑健編『日本女性服装史』（紫紅社文庫・2003年）などに詳しい。

日に行われた国勢調査における初の失業者数調査の結果について〈東京朝日新聞〉は、社説において、日本の失業者数は32万人余、英・独の200万人、米の400万人と比べると段違いの少なさであり、その理由を好天（日雇が減少）と帰村によるものとしたうえ次のように論じている。

> この数字は、今世間からあたかも<u>不景気の神様の如くに批評されてゐる現内閣</u>に取つては、責任逃れの議会答弁なぞに持つて来いの好材料かも知れない。だが、こんな皮相な数字と数学位を根拠として、何より証拠、現に各人の実生活にひしひしと迫つて来てゐるこの不景気失業の深刻さを、今更さう思ふなといつて見てもたれがまじめにそれを信じようか。（＿は筆者）(45)。

つまり、当時の浜口民政党内閣の批判をしたい記者には、失業者数の少なさは皮相な数字であり、数値に表れない恐慌を何としても表現できるものが必要だったのではないだろうか。その格好の素材が、東北の子どもが大根をかじる写真で、やがて娘の身売りの話が加わり、恐慌下で安価になったとはいえ縮緬のような高級品を買いあさる消費者への警鐘になったのであろう。さらに戦後、これらの写真が長期経済統計とともに教科書に掲載され、昭和恐慌の窮状が固定化されていったと思われる。そのため、**史料6・7・8**で紹介したような記事がまったく見捨てられてしまった。

本章では、経済実態を追うにとどまり、メディア・数値・教育の影響についてはほとんど言及できていない。その大きさや実態については、これから検討を深めてゆく必要があるだろう。

最後に、今後の課題を挙げておきたい。本章で見たような昭和恐慌期における丹後縮緬や絹織物の実態は特別な事例だったのか。それは、大恐慌のなかで「焼け石に水」の存在にすぎなかったのか。その解答を得るためには、今後も企業・業種・地域の事例を蓄積しなければならないが、恐慌期に輸出から内需へ購買の対象を転換し、あるいは製品そのものを転換して乗り越えた事例がかなりあると思っている(46)。

もし、好調な企業・業種・地域の存在が一定程度あったとすれば、それらを盛り込んだ昭和恐慌像はどのように描けるのか。その際、地域よりも、産業よりも、製品（産品）が重要で、時代状況に適合したいかなるモノをつくっていたのかで分岐されると考える。日本全体がマイナスではなく、つくるモノで高低差が大きい重層的な像を不十分ながら今は構想し提案しておきたい。

　この昭和恐慌像をどう描くのかは、今日なお議論の多い恐慌政策をはじめ、恐慌から立ち直るために起こされた農山漁村経済更正運動などの評価にもかかわる大きな課題となろう。

---

(45)　〈東京朝日新聞〉昭和5年12月12日付。
(46)　阿部武司『日本における産地綿織物業の展開』（東京大学出版会・1989年）の中で分析されている播州織は、縞三綾からストライプシャツ生地へ転換し、黄金時代を迎えている。絹以外にも、綿・麻・人絹でも良好な産地はいくつもあると思われる。

第7章

丹後機業と京都老舗糸商のベトナム進出

生糸・絹糸・絹織物をめぐる産業政策との葛藤

1 生産量の減少と高齢化問題

　近年のグローバル化のなかで、日本のモノづくりが大きく変化している。日本の伝統産業に、どのような影響が及んでいるのだろうか。第7章では、これまで歴史的に考察したモノづくりを現在のベトナムでの絹糸・縮緬生産事情を明らかにすることで、今後のモノづくりについて考えていきたい。

　さて、「なぜ、日本人は着物を着なくなったのだろうか」と問われれば、「生活の洋風化や忙しさ」、「高価であるうえに着られない、動きづらい」と答える人が多い。そのため、伝統ある和装産業が衰退していくのは半ば仕方ないと思われているのではないだろうか。

　実際、その衰退には厳しいものがある。ここ40年間の丹後縮緬の生産量（和装用小幅）を10年ごとに見てゆくと、昭和48（1973）年の9,196,894反を頂点に、昭和58（1983）年には4,480,487反、平成5（1993）年には2,232,476反、平成15（2003）年には1,171,145反と半減を繰り返し、さらにその3年後の平成18（2006）年には912,027反となり、産地では「ついに100万反を割った」と激震が走った。そして、さらに5年後の平成23（2011）年には50万反を割り込んで475,989反となり、最盛期（昭和48年）の約20分の1にまで落ち込んだ[1]。

　生産の減少は雇用に即つながった。高度成長期に多数の若者を雇用した織物業だったが、その人々も現在では60代以上になっている。従事者の形態は、大きく分けると法人・自社工場（手張）と出機（歩機）があり、京都府織物・機械金属振興センター『丹後織物産地　生産基盤実態調査報告書』（2007年3月）によると、従事者の比率は法人・自工場が56.4％、出機が43.6％で法人・自工場のほうが多いが、織機台数では、自社工場の織機42.9％に対して出機が57.1％になっており、出機のほうが多い[2]。

　数値に占める割合でも分かるように、丹後織物業において出機の存在は大きい。出機従事者の年代と構成比率（％）を調べてみると、40代（1.8％）・50代（17.7％）・60代（55.9％）・70代（20.3％）・80代以上（3.7％）、圧倒的に60代が主力になっており、20代は1人、30代は2人しかない。この調査からすでに約

6 年が経過しているので、高齢化はさらに進んでいると考えられる。必要な時だけ賃織を委託する出機は、かつては農業・漁業との併用、現在では年金との併用で丹後織物の生産を支えている(3)。

このように需要が低迷し、従事者が高齢化するなか、伝統を重んじ国内産にこだわる産地において、海外それもベトナムでの縮緬生産を開始した丹後機業（織物生産者・織元）が 2 社だけだがあると聞いて驚き、拙稿「伝統産業の海外進出——ベトナム進出の丹後縮緬機業の調査報告」をまとめた。モノづくりは海外生産が当然、国技の相撲でさえ外国人が支える現在、伝統産業でも海外生産をしているケースがあると聞くが、その研究は難しい(4)。当初、海外で縮緬生産を始めた丹後機業の実態を調査することだけを考えていたが、その進出動機や背景を知ると、さらにその底流にもっと大きな問題があることが分かった。それは縮緬の原料となる「生糸」の問題であり、そこには生糸をめぐる産業政策が大きく関与していた。ちなみに、生糸に撚りをはじめとして何らかの加工を加えると「絹糸」と呼ばれるようになる。

この生糸をめぐる産業政策の矛盾が和装関連の生産業者に与えたダメージは非常に大きく、今日の衰退の一因になっていることはほとんど研究されていない。そこで、丹後機業とその支援をしている京都の老舗糸商がベトナムへ進出する要因となった生糸をめぐる国策をここでは振り返り、その矛盾を明らかにしたうえで、ベトナムでの現地工場調査をもとに現在、ベトナムでどのようにして糸づくりや縮緬づくりに挑戦しているのかを紹介していく。

---

(1) 「暦年白生地生産数量」丹後織物工業組合ホームページによる。
(2) 京都府織物・機械金属振興センター『丹後織物産地　生産基盤実態調査報告書』（2007 年 3 月）は、事業承継の視点から、産地の親機100社の現状・要望などを調査してまとめられている。
(3) 註(2)に同じ。従事者全体の構成比は、20代（0.6%）・30代（4.5%）・40代（9.1%）・50代（33.1%）・60代（36.3%）・70代（12.5%）・80代以上（3.9%）になっており、出機従事者よりは全体に年代が若いのは、役員・管理・事務が含まれているためで、これらの部門に30代や40代が多くいる。
(4) 拙稿「伝統産業の海外進出—ベトナム進出の丹後機業調査報告」龍谷大学社会科学研究所『社会科学研究年報』（第39号）2009年・29~36ページ。先行研究に石川勝径編著『中堅・中小企業のベトナム進出』（徳山大学総合研究所モノグラム 6 、同所、2003年）がある。

2 国による生糸の輸入統制
生糸輸入一元化問題

（1）縮緬と生糸の歴史的関係

　丹後縮緬とその原糸の関係を、少し歴史的に振り返っておこう。丹後で縮緬が織り始められた江戸時代には、生糸のみが原糸となった。江戸時代の前半、享保以前は生糸が輸入品のトップで、その生糸は主に西陣で様々な織物を生み出し、大奥の女性達や上方の豪商の女性達を飾った。その代価として銀が流出しすぎてしまうため、幾度も鎖国制下の長崎貿易で生糸の輸入制限がなされた。この生糸は主に中国からもたらされたものだが、中国国内のみならず、中国を盟主とした冊封下の東南アジア諸国からの生糸も含まれていたと思われる。

　ところで、長崎での輸入を抑制すると、今度は対馬藩を通じて釜山・漢城（現ソウル）の朝鮮半島ルートで清朝・北京から生糸が京都にもたらされるようになり、銀の流出はかえってひどくなった[5]。そのため、18世紀初頭、新井白石（1657〜1725）や徳川吉宗は生糸の国産化政策を推奨し、各藩で盛んに養蚕が行われるようになった。また、18世紀末、寛政初年に発刊された『絹布重宝記』[6]には、国産生糸が唐渡りのもの（輸入品）と遜色がなくなってきていることが記述されている。

　やがて二毛作が難しい東北では良質な生糸を生み出すようになり、関東・信州から丹後地域に隣接する但馬地方でも盛んに養蚕が行われるようになった。錦絵入りの多くの手引き書までが編纂され、質の向上が図られた。そのため、幕末に開国した際、鎖国時とは反対に生糸は世界市場に通用する最も重要な輸出品にまで成長しており、近代化のための外貨を稼ぎ出すに至った。

　しかし、明治期には「良質な生糸は輸出へ」がスローガンとなり、国内に生糸が回らなくなった。とはいえ、身分制の廃止によって誰もが好きな衣服の着用を可能にしたため、絹織物への需要が高まった。そのため、繭から生糸を生み出す際、機械にかけられない繭や生糸の製造過程で出る屑繭を再生してつくる紡績絹糸（絹紡糸）が内需用に当てられることになった。

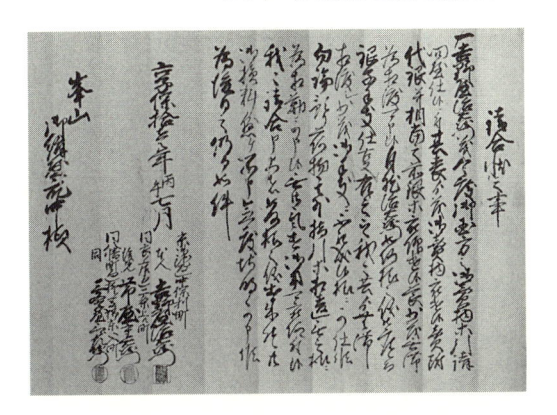

第7章　丹後機業と京都老舗糸商のベトナム進出　193

享保11（1726）年の請合状。京都問屋が峰山の絹
屋衆の販売を請け負ったことが記述されている
（出所）『図説　京丹後市の歴史』160ページ。丹後織物工業組合蔵。

　官営工場として近代製糸法を導入した冨岡製糸場が有名だが、生糸を生産すればするほど屑繭の発生も比例して多くなる。この屑繭の活用は近代日本の大きな課題となり、大久保利通の命を受けた佐々木長淳が冨岡の屑繭をリサイクルする内務省勧業寮新町屑糸紡績所を設立し、そこで生み出された絹紡糸の販売先として丹後がターゲットにされた[7]。しかし、この事実を知る人はほとんどいない。まさに国策として、絹紡糸を使いこなすことが丹後の機業人に課せられたのである。

　絹紡糸の導入をめぐって、明治20年代は同業組合準則によってできたばかりの丹後縮緬同業組合も紛糾し、丹後縮緬もその評価を落としたが、やがて明治30年代には、口地藤兵衛や足達祐左衛門らが生糸と絹紡糸の配合を工夫した別赤縮緬をはじめとした諸種の縮緬を開発し、博覧会での好評を得るようになっ

---

(5)　田代和生「日朝貿易における白糸・絹織物の輸入と京都販売」（史学会『史学雑誌』第87編第1号・1978年・44～67ページ）および、同氏の2009年5月30日、黒正塾講演「『鎖国』時代の日朝貿易―銀の路・絹の路」（於：大阪経済大学）を参考とした。
(6)　楚洲田宮純『和漢　絹布重宝記』竹村嘉兵衛（皇京）・前川六左衛門（東部）・雄崎貞次郎（浪速）・天明9（1789）年・国立国会図書館古典籍資料室蔵。
(7)　島元義枝『日本絹糸事業概観』日本絹糸協会・1980年、岡本幸雄・今津健治編『明治期官営工場沿革』東洋文化社・1983年。

絹織物の輸入に反対する集会（昭和50年）
（出所）　丹後織物工業組合『組合史』197ページ。

ている。また、海外での博覧会にも受賞を重ね、輸出向け織物にも挑戦し始めた(8)。

　大正期の第一次世界大戦は日本経済に好景気をもたらし、高級衣料としての絹織物の需要を高めたほか、アメリカやオーストラリア、カナダなどへ生糸輸出も増加したことで、日本中の農村が副業として養蚕を始めることになった。さらに、日本人の指導のもとで植民地であった朝鮮・台湾での養蚕も軌道に乗ったことで生糸が増産されるようになり、大正末から昭和初期には丹後縮緬にも生糸が回帰してきた（第6章で詳述）。

　昭和4（1929）年の世界大恐慌の発生によって対米向けの輸出を主力としていた日本の生糸は大打撃を受けて価格が暴落するが、丹後縮緬にとっては原料糸が廉価になったことで縮緬の価格を下げることができ、昭和恐慌下、これまで大衆には高価で手の届かなかった縮緬が売れに売れた。そして、日中戦争期には国内での奢侈品製造が徐々に厳しくなるなか朝鮮・満州・中国への視察を行い、丹後縮緬工業組合理事長の古賀精一が中国・江南地域へ工場進出を果たしている。アジア・太平洋戦争が始まり、統制を受けるまでは好調を持続したが、戦時下では縮緬業は廃業・休業を余儀なくされた(9)。

(2) 生糸輸入一元化問題と丹後縮緬

　このように生糸は、江戸時代には貴重な輸入品として、近代日本においては外貨を稼ぐ輸出品ということから国策が大きく関与するものであった。国は養蚕を農家に奨励してきたが、昭和初期の恐慌期に価格が暴落したため、養蚕業の中心地であった長野県や群馬県などの政治家達が蚕糸業保護の立法化運動を展開し、保護政策を要求した。その結果、昭和11（1936）年には産繭処理統制法（朝鮮輸入繭の保管管理権を産業組合に付与）が、そして翌年には糸価安定施設法が制定されている[10]。

　戦後、昭和24（1949）年に価格統制が撤廃されたが、糸価が乱高下したため２年後の昭和26年には繭糸価格安定法が制定され、政府が行う生糸売買操作による生糸価格の安定が図られた。そして昭和34（1959）年には、乾繭の売り渡しや加工等繭の需給調整によって繭価の安定化を図るため日本蚕繭事業団が設立されている[11]。

　この頃、日本は戦後復興を終え、高度経済成長期に入ろうとしていた。豊かになっていくと女性達は、成人式には振袖、結婚時には喪服・留袖・訪問着・小紋などを揃え、母親になるとPTAでは色無地と黒羽織が蜜月となり、冠婚葬祭時にも縮緬地を用いた着物を礼服として着用する「着物ブーム」がやって来た。当時の丹後は「ガチャ万」景気と呼ばれ、織機がガチャと言えば万札を生むとまで言われた。

　そのため、昭和37（1962）年には需要の高まりから生糸が不足、高騰し、繭・生糸の輸入自由化が開始され、昭和40（1965）年には0.5万俵だった輸入生糸は昭和47（1972）年には16.9万俵へと急増した。この輸入生糸によって生糸の

---

(8) 本書の第１章では地域からの概要、第２章では各種の開発生地の分析、第３章では博覧会での評価や特許・実用新案の効用を検討している。
(9) 丹後織物工業組合『組合史』同組合・1981年。
(10) 拙稿「1930年代の商権擁護運動」（大阪歴史学会『ヒストリア』第168号・2000年）。
(11) 主に、農林水産省『蚕糸をめぐる現状』（資料３・2006年５月18日）の「1,蚕糸業・蚕糸制度の変遷」（１～３頁）を参考とした。なお、ほぼ同じデータが農林水産省『最近の蚕糸業をめぐる事情』（2006年４月）にも収録されているが、前者のほうが歴史的変遷と数値が詳しい。

価格が低下しすぎたため、同年に生糸一元化輸入制度が創設され、昭和49（1974）年から生糸は農林水産省の外郭団体・日本蚕糸事業団（昭和41年設立）によって一括輸入されることになった。すでに輸入実績があった大手商社が海外買い付けを承認され、事業団が輸入生糸の総量を掌握したうえで一定量をプールし、国内の生糸需給に対応して輸入生糸を調整することで生糸価格を安定させるというものであった[12]。

しかし実際には、安価な輸入生糸から高価な国産生糸を保護し、国内の養蚕農家を守ることを目的とした制度となった。高度成長を遂げたことで自民党が圧勝していた時代である。福田赳夫・中曽根康弘両首相の選挙区である群馬県は、当時、養蚕業が最も盛んな県であった。

余談だが、「糸を捨てて、縄を取った」と佐藤栄作首相の日米繊維交渉と沖縄返還交渉は比喩されているが、昭和47（1972）年、沖縄返還の見返りとして繊維製品の関税を撤廃し、貿易の自由化が促進されたことは事実である。世界市場に投げ出された輸出用の化繊・綿製品の生産工場は、人件費の安さと円高によって国内から韓国・台湾・東南アジアへと移転していった。いかなる産業をどのように保護するのか、またどのような法案を成立させるのか、各産業の生死に政治は大きくかかわっている。

この生糸輸入一元化政策は、丹後縮緬にどのような影響をもたらしたのだろうか。1点目には、絹糸や絹織物の輸入が増加したことが挙げられる。生糸のままなら農林水産省が管轄する農産品で一元化輸入の対象品だが、加工して絹糸になれば通商産業省（現経済産業省）管轄の工業品になり、関税を払って、輸入承認を受ければ輸入が可能となる。

原料の生糸が日本蚕糸事業団によって規制されたため、適応とされない絹糸や絹織物などの輸入が増えた。そのため、生糸輸入一元化が実施された翌50年には、絹糸には事前許可制が、絹織物には事前確認制が導入された[13]。結局は、韓国さらには中国で織られた縮緬が輸入され始め、原糸の不自由のみならず価格競争にも巻き込まれてゆくことになる。

2点目には、丹後縮緬業者の意欲を低下させたことが挙げられる。生糸を安く購入して縮緬を製織し、できるだけ高く売ることが縮緬業にかかわる人々の

才覚である。それが、生糸の価格が規制されれば商売をするうま味や楽しみがなくなってしまう。仮に、利益を生もうすると製織段階での経費を圧縮しなければならない。丹後機業の古老達に聞き取り調査をすると、この生糸輸入一元化政策が今日の苦境の発端と語る人々も多い。

　生糸の輸入一元化政策によって今後の縮緬業の発展が難しいことを予測し、自分の代限りで撤退することを決意した人もいた[14]。折しも、制度が発足した昭和49（1974）年は前年に第4次中東戦争が勃発し、第一次石油危機が起こった（オイルショック）時期で、経済成長率が戦後初めてマイナスになった。丹後縮緬も昭和47～48をピークに売れ行きが落ちてゆき、丹後縮緬業者を統括する丹後織物工業組合のもとで生産量が調整され、昭和50年代は補助金と引き換えに織機の破壊も進んでいった[15]。この生糸輸入一元化が丹後縮緬業に与えたダメージは非常に大きいものがあった。

3　国を超えた規制の撤廃
生糸・絹糸・絹織物の輸入自由化問題

（1）生糸輸入自由化へ向けて

　ところで、前述した生糸輸入一元化制度で保護された国内の養蚕業は、その後、どのような道を歩んだのだろうか。

　制度の創設から20余年を経た平成6（1994）年、WTO（World Trade Organization）設立協定によって輸入規制が見直され、生糸輸入一元化制度は廃止された。そして、翌7年から繭・生糸の輸入は関税による保護策がとられることになった。

---

[12]　註[11]に同じ。
[13]　註[11]に同じ。
[14]　筆者は平成13（2001）年頃から『加悦町史』の編纂に関わるようになり、同町を中心に丹後機業人の聞き取り調査を行ったが、その折、何人もの方々から「生糸輸入一元化」でやる気を喪失した弊害を耳にした。
[15]　註[9]に同じ。丹後織物の生産数値は、註[4]の巻末に表が、それをグラフ化したものが、序章と与謝野町教育委員会『加悦町史』資料編第2巻（2008年）に収録されている。

結局、20年間で国内の養蚕農家戸数は33万戸から1.9万戸に減り、生糸生産量も31.9万俵から6.5万俵へと約5分の1に減少した。その後も養蚕農家は減り続け、平成17（2005）年には1,591戸となり、生産量も2,508俵にまで減退した。それに伴い、国内に最大288工場（昭和26年）あった器械製糸工場も2工場を残すのみとなっている[16]。

　戦後、昭和23（1948）年に発足したGATT（関税及び貿易に関する一般協定）が世界貿易の自由化を進めてきたが、昭和30（1955）年に日本も加盟し、GATTによる貿易自由化の成果を最大限に利用した貿易の拡大によって今日の経済成長を遂げたと言われている。世界情勢が変化するなかで昭和61（1986）年に開始されたウルグアイ・ラウンドでは、多国間協定に留まるGATTから貿易に関する国際機関の設立が構想され、平成17（1995）年に自由貿易の促進を目的とする世界貿易機関であるWTOが発足している。ウルグアイ・ラウンド（1986～94）では農産物貿易の自由化が最重要課題とされ、合意が形成された[17]。

　この世界的な貿易自由化の流れのなかで生糸輸入一元化も廃止され、関税による保護・調整は残るものの自由化が進行した。この間、生糸輸入一元化を担ってきた日本蚕糸事業団は、糖価安定事業団（昭和40年設立）と合併し、蚕糸砂糖類価格安定事業団（昭和56年設立）となり、平成8年には畜産振興事業団（昭和36年設立）も加わって農畜産業振興機構（alic）が発足している[18]。業界人達は、肉と砂糖と農産品を統括しているこの公団を、やや皮肉を込めて「すき焼き公団」と呼んでいる。その後、平成10（1998）年には蚕糸業法と製糸業法が廃止され、繭糸価格安定制度と国産生糸売買操作も撤廃された。

　しかし、これで生糸と公団の関係が終わったわけではない。平成7（1995）年、WTO協定が実施された際、繭代補填措置（繭価への補助金）と生糸の国境措置（輸入業者への関税軽減制度）が創設されている。農林水産省によると「繭代補てん制度」とは、「農家の繭代について取引指導繭価（農家手取繭代：1,518円／kg）と基準繭価（製糸支払繭代：100円／kg）の差額（1,418円／kg）を輸入糸調整金と国費で補填」（金額は平成17年度）する制度である。国費とともに補填に充てられる輸入調整金は、平成17（2005）年度は生糸1kgに付

190円で輸入業者が負担し、その総額は2.7億円となり、これに国費から3.8億円が投入されて繭代補填金は6.5億円に上る[19]。

しかし、この取引指導繭価と基準繭価の算出基準の説明は何もされておらず、繭1kg当たりの生産費が平均2,225円、繭単価が1,851円／生繭kgで、生産費が繭販売価格を上回る数値が提示されているのみである[20]。

一方、生糸の国境措置制度も、平成17年度の場合、一般には生糸の輸入価格に1kg当たり6,978円の関税（うち輸入糸調整金；生糸1kgに付3,910円を含む）が課せられていたが、実需者として事業団に登録すれば輸入調整金の生糸1kgに付190円で済むので、結局は輸入業者の関税軽減措置とされる。変動はあるものの、1kgが3,100〜4,900円に指標価格が設定されている生糸に、6,978円の関税を設定していることはおかしいのではないだろうか[21]。なお、この生糸1kgに付190円の輸入調整金は、後述する自由化の進行によって平成20（2008）年1月から撤廃されている。

このように補助を与えても養蚕農家は減少を続け、需要の減少や品質格差の縮小などにより、平成7（1995）年には平均で国産生糸が6,938円／kg、輸入生糸が2,976円／kgと倍以上の差となっていたものが平成10年（1998）頃から価格が接近し、平成17年（2005）では、国産生糸3,281円／kg、輸入生糸3,122円／kgとほとんど差がなくなってしまった。国産生糸は、保護政策のもとで国際競争力を失ってしまった[22]。生糸の輸入には、一元化制度が廃止されても関税の代替として不明瞭な輸入調整金や機構への届け出など煩雑な手続きなどが残存していた。

---

(16) 註(11)に同じ。
(17) 樋口修「GATT/WTO体制の概要とWTOドーハ・ラウンド農業交渉」（国立国会図書館調査および立法考査局『レファレンス』2006年11月号収録）を参考とした。
(18) 註(11)に同じ。
(19) 農林水産省『蚕糸をめぐる現状』（資料3・2006年5月18日）の「6、繭代補てんの概要」18ページ。
(20) 註(19)に同じ。「（2）養蚕の現状 ③ 農産農家の経営」7ページ。
(21) 註(19)に同じ。
(22) 註(19)に同じ。「3、生糸価格の動向」9ページ。

（２）絹糸・絹織物の輸入自由化とその影響

　生糸には輸入調整金が負荷されたままという状態で、WTO協定の実施から10年後となる平成17（2005）年１月には、絹糸・絹織物の輸入を自由化している。この影響をまず京丹後市にある京都府織物・機械金属振興センターの研究成果から探ると、以下のような記述が見られた。

> 　2005年の絹糸及び絹織物の輸入自由化から２年経過しましたが、絹糸（絹撚糸・完成撚糸）、絹織物の輸入量は増加しており、特に完成撚糸の輸入量の増加には著しいものがあります。日本国内の生糸消費量の約93％は海外に依存し、生糸・絹糸は主に中国・ブラジル・ベトナムから輸入されています[23]。

　この時点で、国内産の生糸はたった７％にすぎず、中国・ブラジル・ベトナムの３か国から主に輸入している現況とともに、絹糸・絹織物の輸入自由化の影響の大きさが読み取れる。ちなみに、世界の生糸産出国は第１位が中国で世界総生産高の80％を占め、インドが15％、残りの５％にベトナム、ブラジル、ウズベキスタン、タイ、日本が連なっている[24]。

　この実態を、さらに数量的に裏付けてみたい。農畜産業振興機構が発行する『シルク情報』には、輸入自由化の国内絹織物産地への影響を調査した「平成18年度絹糸、絹織物輸入動向調査報告（１）〜（３）」が掲載されており、このデータをもとにして以下で考察してゆく[25]。

　まず、絹糸の動向については、表７−１が示すように、平成16（2004）年と輸入が自由化された平成17（2005）年の年間の糸量では1,784,688kgから1,961,971kgへと1.1倍、金額では486,629.3万円から583,037.8万円へと1.2倍になっており、いずれも増加が見られる。また国別では、平成16年に４割以上を占めた中国が平成17年には糸量も金額も50％を超えて伸びが著しい。その分、ブラジルの割合が低下しており、ベトナムはほぼ横ばい状態である。

　次に表７−２によって絹糸の撚種別に輸入量を見てみよう。片撚糸は、輸入

表7－1　絹糸輸入相手国別輸入量

A、平成16（2004）年（輸入承認制）　　　　　　　　　（単位：糸量 kg、金額千円）

輸入相手国	1～6月				7～12月				年計			
	糸量	割合	金額	割合	糸量	割合	金額	割合	糸量	割合	金額	割合
中国	388,085	43	1,022,333	42	408,740	46	1,029,973	42	796,825	45	2,052,306	42
ベトナム	206,834	23	511,801	21	217,717	25	602,269	25	424,551	24	1,114,070	23
ブラジル	232,433	26	677,681	28	214,224	24	679,142	28	446,657	25	1,356,823	28
韓国	70,288	8	207,204	9	42,727	5	123,632	5	113,015	6	330,836	7
タイ	50		232		97		461		147		693	
インド												
イタリア	1,262		4,018		2,211		7,547		3,473		11,565	
計	898,952	100	2,423,269	100	885,716	100	2,443,024	100	1,784,688	100	4,866,293	100

B、平成17（2005）年（規制撤廃後）　　　　　　　　　（単位：糸量 kg、金額千円）

輸入相手国	1～6月				7～12月				年計			
	糸量	割合	金額	割合	糸量	割合	金額	割合	糸量	割合	金額	割合
中国	529,598	56	1,353,610	52	609,046	60	1,924,897	59	1,138,644	58	3,278,507	56
ベトナム	213,657	23	593,563	23	239,342	24	735,104	23	452,999	23	1,328,667	23
ブラジル	192,488	20	605,755	23	159,517	16	559,417	17	352,005	18	1,165,172	20
韓国	12,433	1	35,383	1	5,100	1	19,052	1	17,533	1	54,435	1
タイ	62		311						62		311	
インド					300		379		300		379	
イタリア	148		775		280		2,132		428		2,907	
計	948,388	100	2,589,397	100	1,013,585	100	3,240,981	100	1,961,971	100	5,830,378	100

（出所）「平成18年度絹糸、絹織物輸入動向調査報告（1）」（農畜産業振興機構『シルク情報』2006.11）、44ページ。
「表－1　絹糸輸入相手国別輸入量」をもとに作成した。
表中の「割合」とは「国別の割合」のことである。

(23) 京都府織物・機械金属振興センター織物室主任井澤一郎「最近の生糸・絹糸の糸特性について」2008年5月。同センターHPに掲載。
(24) 亀岡市文化資料館『第46回企画展　養蚕――カイコと桑と繭と』2008年・2～3ページを参考とした。
(25) 農畜産業振興機構『シルク情報』2006年11月号・12月号、2007年1月号の3回にわたって「平成18年度絹糸、絹織物輸入動向調査報告」が収録されている。なお、調査対象期間は2005年7月～12月・2006年1月～6月、調査対象品目は絹糸（片撚糸・完成糸）・絹織物、調査対象者は主要輸入45社、調査方法は面接調査（一部、電話などによる聴き取り）。機構が（株）繊維市場研究社に委託した調査である。（1）・（2）は絹糸、（3）が絹織物になっている。

表7-2 絹糸撚種別主要輸入相手国別輸入量

A、平成17（2005）年7～12月（下半期） （単位：kg、%）

	輸入相手国	全体	前年比	片撚糸	前年比	完成撚糸	前年比	完成撚糸割合
輸入絹糸	中国	609,046	149	300,869	98.7	308,177	296.8	51
	ベトナム	239,342	109.9	10,292	15.8	229,050	150.3	96
	ブラジル	159,517	74.5			159,517	131.6	100
	韓国	5,100	11.9			5,100	20.6	100
	計	1,013,005	114.7	311,161	64.7	701,844	174.5	69

B、平成18（2006）年1～6月（上半期） （単位：kg、%）

	輸入相手国	全体	前年比	片撚糸	前年比	完成撚糸	前年比	完成撚糸割合
輸入絹糸	中国	667,766	126.1	245,070	91.1	422,696	162.2	63
	ベトナム	304,300	142.4			304,300	190.9	100
	ブラジル	176,028	91.4			176,028	159.9	100
	韓国	3,027	24.3			3,027	34.2	100
	計	1,151,121	121.4	245,070	59.9	906,051	168.1	79

（出所）　農畜産業振興機構『シルク情報』2006.11、45ページ。
　　　　「表-2　絹糸撚種別主要輸入相手国別輸入量」より作成。

後に再度各種の絹織物用に撚糸をする必要があるが、その必要がなく、すぐに織ることができるのが完成撚糸である。平成17（2005）年下半期と平成18（2006）年上半期では、全体で1,013,005kgから1,151,121kgへと伸びており、完成撚糸が69.3％から78.7％に増加し、今後もその傾向を示しそうである。輸入自由化元年となる平成17年の下半期における中国での完成撚糸が前年比の約3倍になっているのが目立つ。ブラジルはすでに完成撚糸のみで、ベトナムも平成18年上半期にはすべてが完成撚糸なっている。

　国内での絹糸の需要は増加していないので、輸入の完成撚糸が増加するということは丹後や国内での撚糸が減っているということであろう。撚糸は縮緬の特徴を左右する技術であり、丹後における一貫生産の工場では八丁式撚糸機を使った撚糸にこだわっているが、分業で支えてきた西陣ではすでに一貫生産の工場はない[26]。

　各国の資本を、日系資本と現地資本とで比較したのが表7-3である。最大

表7－3　絹糸主要輸入相手国別資本系列別輸入量

A、平成17（2005）年7～12月（下半期）　　（単位：kg、%）

	輸入相手国	全体	日系資本	現地資本	日系割合
輸入絹糸	中国	609,046	若干	609,046	若干
	ベトナム	239,342	206,313	33,029	86
	ブラジル	159,517	60,750	98,767	38
	韓国	5,100		5,100	−
	計	1,013,005	267,063	745,942	26

B、平成18（2006）年1～6月（上半期）　　（単位：kg、%）

	輸入相手国	全体	日系資本	現地資本	日系割合
輸入絹糸	中国	667,766	若干	667,766	若干
	ベトナム	304,300	262,915	41,385	86
	ブラジル	176,028	74250	101,778	42
	韓国	3,027		3,027	−
	計	1,151,121	337,165	813,956	29

（出所）　農畜産業振興機構『シルク情報』2006.12、19ページ。
　　　　「表－3　絹糸主要輸入相手国別資本系列別輸入量」より作成。

　輸入相手国の中国では日系資本は若干で、現地資本が圧倒的となっているが、逆にベトナムでは平成17年後半と平成18年前半でともに86％を占め、日系資本が強くなっている。また、ブラジルは日系資本が38％と42％で、中国とベトナムの中間になっている。

　中国は日本から中古撚糸機械を輸入して生産することは許されておらず、技術協力は受けても資本参加は基本的には受け入れていない[27]。その中国からの完成撚糸がこのまま増加し続けると、日本の技術は中国側に移転してしまい、再度技術を国内に戻すことができなくなるのではないかと危惧されている。

　では、自由化の時点から完成撚糸のみであったブラジルはどうであろうか。ブラジルには旧カネボウの「カネボウ・ケンシ・ド・ブラジル」があったが、

[26]　「平成18年度絹糸、絹織物輸入動向調査報告（2）」（農畜産業振興機構『シルク情報』2006年12月号・22ページ）。

[27]　註(25)に同じ。19～20ページ。

経営破綻により、平成17（2005）年7月、高知県の藤村製絲株式会社へ譲渡し、製糸・絹糸工場「フジムラ・ド・ブラジル」となって生産された絹糸はすべて日本へ輸出していたが、ブラジルにおける人件費の高騰が理由で現在では絹糸生産を止めている[28]。ちなみに、藤村製絲(株)は、ブラジル進出を機にすでに国内での生産も中止している。

日本からの出資はないが、オーナーが日系人の「ブラタク製糸株式会社（略称：ブラタク）」という会社があり、日本の技術協力を受けて生産されている絹糸の大半が日本へ輸出される[29]。ブラタクは、昭和2（1927）年に日本政府の移住政策によって誕生したブラジル拓植組合が、移住地において日本の絹業会社向けに繭の生産販売を試みたことを起源としている[30]。ブラジルの場合、戦前から日本人の技術によって展開されていたケースが多いほか、日本企業が海外進出した事例が多いため技術は保有できている。余談だが、ブラジル産の生糸や絹糸は国別で言えば価格は高いが、最も品質がよいというのが丹後機業でのもっぱらの評判である。

では、日系資本が8割と圧倒的に多く、今後もチャイナプラスワンとして成長が見込まれるベトナムへ進出した日系の撚糸企業の実態とはどのようなものだろうか。それらの会社は、どのような経緯で進出し、どのような展開を見せているのだろうか。

4 ベトナムでの縮緬と絹糸づくり
進出企業へのヒアリング（国内）

（1）国内でのヒアリング1──丹後機業・江原産業株式会社の江原勝公社長

冒頭にも書いたように、筆者は和装白生地需要が減るなか、平成17（2005）年にベトナムに進出し、現地で国内向け縮緬を生産する丹後機業・江原産業(株)があることを知った。ここでは、平成20（2008）年7月4日に京都府与謝郡与謝野町に江原勝公社長を訪ね、ヒアリングした内容を要約しておく[31]。

まず、江原産業の概略について紹介しておこう。資本金3,000万円、従業員

江原産業(株)の本社工場

は10人(事務3、織手3、準備2、紋工1、機械類購入担当1)で、事務系を除く工場の現場は50代以上で占められ、10人中8人が女性である。与謝野町に工場・倉庫・事務棟を擁しているが、これらのほかに出機(賃機)も160台ほど抱えている。同社の進出動機は、①後継者の存在、②絹織物の輸入自由化、③支援する企業と人材の3点が揃ったためであった。

①については以下のような経緯がある。もともと昭和29(1954)年に社長の兄が峰山高校紡織科を卒業後に縮緬を織り始めて成長させた江原産業だが、兄の他界後に勝公氏が社長に就任した。そして、平成14(2002)年に甥の英則氏(昭和47年生・現在は専務)が丹後に戻って会社を継いでくれることになったが、これからはコスト高や織手の高齢化による技術継承などの問題で、国内での事業展開が難しくなるだろうと考えた。

そこへ、②の絹織物の輸入自由化が後押しした。江原社長自身もすでに1980年代のバブル期から海外生産を模索し、1990年代から多くの国内企業が進出した中国各地も回ってみたものの、少量で多品種を要求される縮緬の製織には細かな作業が要求されるため条件にあった工場は見つからなかった。それに、中

(28) 平成23年8月29日、藤村製絲株式会社(高知県奈半利町)を訪問した際の安光恭一社長のヒアリングによる。
(29) 註(25)に同じ、20ページ。
(30) 谷内利男「ブラジルのシルク産業」(岡谷蚕糸博物館紀要編集委員会編『岡谷蚕糸博物館紀要』3号・1998年・56～59ページ)。
(31) 詳細については、註(4)を参照のこと。

国では中古織機の持ち込みが認められていなかった。その点、ベトナムは中古織機の持ち込みが容認されているうえに、国民の手先が器用、勤勉、親日などという条件が揃っていた。

なお、平成17（2005）年の輸入自由化はWTO協定によるもので、ベトナムの加盟は平成19（2007）年のため、進出当時は完全自由化ではなく10％の関税がかけられていたが、平成20年10月以降に完全自由化されている。

そして、③として支援する京都の老舗糸商で、現在は繊維商社である松村株式会社の専務松永孝精氏の存在があった。専務はかつて同社の丹後支店に駐在しており、その時、亡くなった先代社長（勝公氏の兄）と昵懇になったという。中小企業の場合、言語をはじめ、相手国の現状、政治・法律・習慣・文化などの違いがあって進出へのハードルが高くなるが、これらの諸問題を松村(株)が引き受けてくれることになった。

縮緬の原料糸の手配、設備や人材の確保、またでき上がった縮緬を日本へ輸出する通関の手続きなど、乗り越えなければならない課題を援助してくれる企業の存在は確かに大きい。事業形態は支援企業である松村(株)に指導を受けており、同社と同じ委託加工の形態をとっているが、この点については次項で詳述する。

刺繍をしたように見える高級な縫取縮緬（口絵写真参照）は国内で織っているが、進出から3年して一般的な縮緬の技術は向上し、国内のものと遜色がないものができつつある。とはいえ、まだ十分に利益は上がっていないという。

江原社長の進言と紹介で、平成20（2008）年7月25日、このベトナム進出の中心人物からヒアリングを行う機会を得た[32]ので以下に紹介させていただく。

（2）国内でのヒアリング2——京都・松村株式会社の松永孝精専務

①松村株式会社の沿革

松村(株)は文久2（1862）年創業の老舗糸商で、昭和24（1949）年に株式会社松村糸店となり、昭和38（1963）年には丹後支店を開設して、昭和40（1965）年には輸入生糸の取り扱いを開始した。昭和48（1973）年には日中友好商社に

指定され、昭和53（1978）年には中国貿易拡張に伴って上海事務所を開設した。そして、翌54年には払込資本金3億円に達し、ほぼ現在の規模になっている[33]。丹後との関わりは深く、着物ブームの波に乗って生糸の輸入事業で拡大した。

売上高132億円（平成19年12月期）、従業員113人、繊維原料および繊維製品製造卸を業種としており、現在は繊維原料部・繊維素材部・着物事業部・製品事業部・システム開発事業部の5部構成で、売り上げの約6割を生糸・絹撚糸・絹紡糸・ポリエステル長繊維などを扱う繊維原料部が占めている[34]。

その繊維原料部に所属し、入社以来30年以上にわたって、生糸・絹撚糸・絹原料の営業を担当したのが専務である松永孝精氏であった。丹後支店には約20年間勤務し、その間、全国の白生地産地を回っている。

②ベトナム進出の契機

このように、松村（株）は商社として生糸・絹糸を中心に販売流通部門を担っていたが、WTO協定に加盟を受けて平成9（1997）年に絹撚糸の輸入規制が一部緩和されたことを契機に、海外に自社撚糸工場を設立することを検討し始めた。自由化の流れで、このまま市場が縮小している国内の和装を主力にして生き残ることができるか、20年間も国際競争をしてこなかった日本のシルクは本当に世界に通用するのかという危機感が強かったという。

また、中国との取引では製品にばらつきが大きかったため、自社工場のもとで品質管理をして生産し、責任をもって安定的に供給したいと思うようになったが、中国では日本からの中古撚糸機の持ち込みが認められていなかったため中国以外のアジア諸国への進出を模索した。ベトナムへ進出した契機は、韓国の得意先からの情報もあったが、①人件費が安いこと、②ベトナム人は手先が器用な国民性であること、③もともと養蚕業・製糸業の基礎インフラがあることから決定している。日本の伝統的な撚糸技術に、ヨーロッパの最新鋭の撚糸

---

[32] なお、松永氏にはヒアリング以外に、2009年4月10日に龍谷大学社会科学研究所地域イノベーション研究会において同内容を報告されており、本稿ではそれも加味して執筆した。
[33] 松村株式会社のHPによる。
[34] 註[32]に同じ。

機械とベトナム人の器用さと勤勉さが結集すれば高品質な絹撚糸が生産できると確信した。

③ベトナム工場の沿革・従業員・設備・生産品・販売先

実際の進出にあたっては政治家の関わりなどはなく、松永氏が現地のベトナムセリカルチャー（日本の農林水産省にあたる機関の直轄製糸工場。通称「ビセリ」）へ直接交渉した。ホーチミン市から4時間ほど北上したLomDong省（ラムドン）のBaoLoc町（バオロック）、人口約15万人、標高約1,000mの高原地帯で、かつて養蚕製糸が盛んであった地域に進出した。そのため、現地には製糸養蚕関係の役所や現在は操業していない旧国営工場がいくつも存在している。

平成10（1998）年末から翌1月にかけて操業を開始し、以後、平成17（2005）年までに直轄5工場（バオロック4工場、ハノイ1工場）を展開し、現在は下請け工場の6工場を含む合計11工場で生産している。1工場当たりの従業員数は150〜200人、総従業員数は約1,500人で従業員の平均年齢は約25歳となっている。後述するが、賃金は委託加工のため直接管理していないが、日本のおよそ10分の1程度らしい。

撚糸設備として、日本製イタリー撚糸機が下請けの分も含めて約400台、Wツイスター約50台、そのほかリング撚糸機、合糸機などを設置しており、1工場平均で月産150〜200俵（1俵＝60kg）、11工場全体では月産1,200〜1,300俵を生産する。

中国の浙江省および山東省の生糸、ブラジルのブラタク生糸、フジムラ生糸を投入し、西陣帯用撚糸、丹後縮緬用経撚糸（たて）、緯撚糸（よこ）、そのほか海外からの指定撚糸をつくっている。日本国内へ送られるものは約半分で、残りの半分はアジア・ヨーロッパ諸国へ輸出している。撚糸の種類は大分すると70〜80種だが、細かく数えると200種にも及び、少量多種である。

同社では、年間で約86〜94万kgを生産しており、その半分の約45万kgが日本向けという。つまり、先の表7−1でベトナムから日本への絹糸輸入量が約45万kg（平成17年）であることを考えると、そのほとんどを同社が占めていることになる。

④事業形態

　松村側がビセリから空き工場の提供を受け、機械をはじめとする諸設備と原材料をすべて持ち込み、加工賃を支払って撚糸加工された絹糸を、日本をはじめとして海外へ輸出するという委託加工の形態をとり、他社のものは製造しない独占委託加工形態となっている。加工賃には賃金や電気代・水道代などが含まれているが、日本の半分以下となっている。

　なお、後藤健太の研究によると、委託加工の形態はベトナムの繊維・縫製産業において最も集積が進み、国際競争力がある縫製部門の企業において大半の企業が採用しているという。比較的安い労働力をもつベトナムでは、1980年代後半以降のドイモイ政策で経済の開放自由化が進行し、各国からこの委託加工による縫製品生産の集積を促した。

　しかし、ベトナム政府は、縫製部門による委託加工では国内に残る付加価値が小さいと不満をもっており、平成12（2000）年に繊維産業の基礎部分と紡績や生地生産など素材産業部門に積極的に投資して成長させる「2010年繊維産業開発スピードアップ計画」を打ち出し、何とかベトナムブランドとして自立し、成長していく道を模索している[35]。松村（株）や江原産業（株）の進出は、委託加工には不満というのは縫製部門と同様だろうが、紡績や生地生産を推進したいというベトナム政府の意向には合致していよう。

5　現地ベトナム工場の実態

ラムドン（LamDong）省バオロック（BaoLoc）町での調査

（1）ラムドン省バオロック町について

　平成20（2008）年10月15～18日、ベトナム・ホーチミン市から約200km、車で約4時間北上したラムドン省バオロック町に丹後から進出している江原産業ベトナム工場と相政ベトナム工場（縮緬製織）、ならびにこの2工場を支援し、

---

[35] 後藤健太「第5章　繊維・縫製産業―流通未発達の検証」（大野健一・川端望編著『ベトナムの工業化戦略』日本評論社・2003年・125～172ページ）。

バオロックの雲海（筆者撮影）　　　訪ねる途中にあったドライブイン（筆者撮影）

原料糸を供給している松村(株)ベトナム工場（撚糸加工）を訪ねた。

　バオロック町は標高1,000ｍの高地にあるため、気温は亜熱帯なホーチミン市より5℃ほど低く、湿度が高い。ちょうど、現地入りした時も雲海が見られ、丹後の加悦谷（与謝野町）と大江山を彷彿させた。バオロック町の手前には峠があり、まさに福知山から与謝峠を越えて加悦谷に入っていくような感覚を覚えた。

　もともと養蚕・製糸が盛んな町だったが、近年はコーヒーや茶の栽培が盛んな地域として知られている。戦前の日本と同様で、主たる産業は農業で、その副業あるいは兼業として工場に働きに行くという生活スタイルになっている。工場の操業が短縮されても、コーヒーや茶の収穫期であればいくらでも日当を稼ぐことが可能である。

　ちなみに、ベトナムのコーヒー生産量は世界第2位だが、その実績はほとんど知られていない[36]。チョコレートのような味がするベトナムコーヒーは、近年、徐々に知られ出してはいるが、多くは世界中のコーヒーの混ぜものや日本の缶コーヒー用になっている。町内で、コーヒー豆を干している光景にしばしば遭遇した。また最近は、日本メーカーのペットボトル用の茶葉を栽培しているというのが現地でのもっぱらの評判だった。縫製事業と同様、農産物においてもブランド化への道は険しい。

　地方都市のバオロック町の人件費はホーチミン市の8割程度で、ラムドン省

では二つの工業団地を開発し、工場誘致を本格化させている[37]。各社の工場は、この工業団地ではなく町内に点在している。発展の著しいベトナムでは電力供給が追いつかず、停電も多く、工業団地に入るとインフラが整備されているが、賃貸料が高いために中小企業にはコスト面で厳しい状況となっている。

(2) 松村ベトナム工場の調査

　現地では、松村(株)繊維原料部第二課に所属する現地責任者の木村秀男氏ならびに20代の吉田谷浩之氏と河原林航氏に案内していただいた。この3人のほかに、もう1人事務総務担当の女性スタッフが常駐している。現場は男性3人で、13工場（直営5工場・下請2工場・丹後機業2工場、協力2工場）を管理・統括している。丹後から進出している2工場も、技術者が来ていない時には彼らが監督している。

　年2回程度日本へ帰国するが、それ以外は、ほとんど日本人もいない、NHKも映らない、カラオケぐらいしか遊ぶ場所がない町で、工場内の宿舎で暮らし、約1,500人のベトナム人達とともに日々撚糸づくりに励んでいる。特に若手の二人は、日本の伝統文化である着物を支え、日本では考えられない規模の工場と人員を任せられているということで、やりがいを感じているという。

　松永氏も1〜2か月に1度、現地を訪ねている。6年前（平成14(2002)年）、駐在責任者の木村氏が現地に赴任した時は直轄3工場と協力2工場の5工場だったというから、やはり平成17(2005)年の絹糸・絹織物の自由化が大きい。現在は、第1工場の操業から約10年をかけてやっと事業が途についた段階で、ここ2〜3年で何とか思い通りの撚糸が生産できるようになり、ヨーロッパをはじめとした海外の諸国からも注文が来るようになっている。

　国内の撚糸工場が次々に廃業するなかで、「追われるように海外へ進出した」と松永氏は語るが、グローバル化の波をうまく乗りきった事例であろう。ベトナム工場全体の設備投資額はこれまでに約10億円に上っている。

---

(36)　JETROハノイセンター資料「II、ベトナム経済概況」2007年12月。
(37)　「ベトナムLamDong省、投資誘致が本格化」（『HOTNAM'News』2008年3月22日付）。

バオロックのカラオケ店（筆者撮影）

バオロックの新興茶店のウエイトレス（筆者撮影）

　ここでは、拠点として設備され、西陣や丹後へ向けての撚糸が生産されている第4工場について紹介していく。まず驚いたのは、工場の外見と違って工場内部が非常に美しいことである。就業時間が終わると、掃除をしてから交代している。1台で200錘を要す日本製KUBOTA乾式撚糸機が60台あるが、若い女性が涼しげな顔で撚糸機を管理していた（第5章に写真を掲載）。彼女達は8時間、昼夜3交代制で働いている。第4工場の別棟では、イタリア製RATTIのダブルツイスター撚糸機で海外向けの受注品が生産されていた。こちらは回転数が非常に早く、肉眼では回転が見えず、高音を発していた。

　松永氏は、撚糸のような労働集約的産業では、人件費が安いために製品が安くできるという理由から海外に工場移転するが、人件費の安さは人手を十分にかけて丁寧な仕事ができるということであり、そのため高品質な撚糸が製造できる、と強調する。

　国内では人件費が高く、人手のかかるところを少人数で作業しなければならない場合がある。しかし、製造工程を自動化して作業を省力化することはなかなか困難である。というのも、生糸は天然繊維であるため節があり、その節を取り除くという作業は、光センサーで感知して自動カットしてもその後に、糸

第7章　丹後機業と京都老舗糸商のベトナム進出　213

第4工場の外観（筆者撮影）

第4工場の内部（筆者撮影）

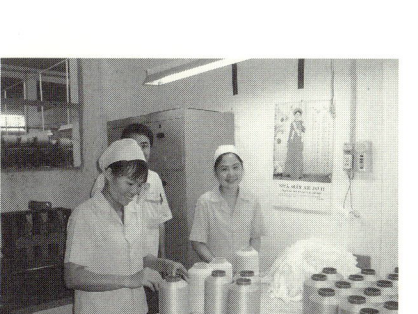

撚糸の点検をする様子（筆者撮影）

工場対抗バレーボールの練習（筆者撮影）

仕事を終えてひと息する松村のスタッフ（筆者撮影）

を結ぶ作業は人の手に頼らざるを得ないからである。ベトナム工場では、この作業に最も多くの工具を配置しているという。また、撚糸をする前には生糸を下漬けして乾燥させる必要があるが、工場が広いため、ゆったりと作業している感がある。

第4工場の外では、仕事を終えた従業員達が工場対抗のバレーボール大会のために練習をしていた。これも、帰属意識や競争意識を高めることを目的としているということだった。

（3）江原産業ベトナム工場と相政株式会社ベトナム工場の調査

江原産業ベトナム工場はホーチミンから向かうと町の入り口に近く、松村(株)の撚糸工場の一つに隣接していた。

工場内に入るとやはり驚くのはその広さで、まるで体育館のようである。平成17（2005）年に新設されたというので綺麗なのは当然だが、現在、丹後では高度成長期に投資した工場や織機が40年以上も現役で活躍しており、国内でこのような大規模な新設工場の立ち上げを見ることはない。

その一角に日本から持ち込まれた40台の織機が設置されていたが、そのすべてに紋織用のジャカード機を搭載していた。筆者の出発直前にリーマン・ブラザーズ社の破綻があり、景気の悪化が懸念されはじめたことや、織機メンテナンスも重なり、40台のうち実際には16台だけが稼働していた。これらのほかに、部品調達用の古い織機や整経機（タテ糸をつくる）や紋紙（生地に模様を織り出すために必要な型紙）なども置かれていた。進出を支援する松村(株)では現地に紋紙工場もあり、今後国内では徐々に難しくなる機械部品の工場も検討しているという。

35名の従業員が昼夜3交代勤務なので、工場内には通常10名余りが働いている。従業員35名のうち男性は6名（管理1、事務2、糸検査2、縮緬地の点検1）である。丹後では撚糸や機械作業で男性が働いているが、撚糸が隣接の工場から供給されているこの工場では製織作業が中心となっているため圧倒的に女性が多くなっている。ただ、見学時はメンテナンスということもあってか、

工場の入り口近くの部屋に男性が2人（管理・事務）、織機のそばに女性が2人、糸巻きに男性1人、生地の点検作業に男女1人ずつ、機械作業に男性が1人従事していたのみであった。

2か月に1度、2週間程度日本から技術顧問が指導に来ているという。常時、監督をしている木村氏から見た現在の工場の問題点をうかがうと、若い労働力は豊富で、地域としても養蚕や製糸の盛んであった地区なので工員には困らないが、彼らを監督する管理職の養成が難しく、工場を任せられる人材の養成に現在は重点を置いているという。

また、ベトナム人は真面目でよく働くが、積極性に欠けると言う。例えば、糸が悪い場合でも、指示すればそのまま織り上げてしまい、疑問をもったり、問題点があったとしても質問しない。もっと積極的に取り組んでもらうというのが課題となっている。やはり、文化が違うのでなかなか着物のことが理解できず、高級着物の素材生地である縮緬を織っているという自覚が育たないとも言う。そのためか、事務員がいた入り口の部屋には、丹後から技術顧問が持ってきた和装雑誌が積まれていた。

なお、先の松村(株)第4工場内の別棟では、江原産業よりも先に丹後から最初にベトナムへ進出した相政(株)が小幅用織機52台を持ち込んで、従業員約80人（昼夜3交代）の規模でフル稼働のもと縮緬を製織していた。以下の記述は、同社代表取締役の相見正樹氏に国内でヒアリングした時のものである[38]。

同社は、国内での規模は資本金2,000万円、出機（賃機）を300台程度抱える生糸縮緬卸商で、先代が戦前に満州の商社に勤務していた経験を生かし、引き揚げ後に京都室町の問屋を経て自ら縮緬の問屋を始めた。平成元（1989）年から丹後町の大山工業団地に国内縮緬工場（織機100台規模）を開設したが平成20（2008）年に閉鎖し、現在はバオロック町の工場だけで月産3,000反を生産している。ベトナム進出以前、すでに中国で縮緬を生産した経験があるが、中国で自前の工場をもつことは難しいこと、そして少量多種を要求される業界なので、自分の思ったような縮緬を思ったように生産したいという思いもあって、

---

[38] 平成21（2009）年4月9日のヒアリングによる。

江原産業ベトナム工場の内部
（筆者撮影）

検査を行っている江原産業ベトナム工場のスタッフ（筆者撮影）

江原産業ベトナム工場の外観
（筆者撮影）

条件が合致したベトナムに進出した。
　ただ実際は、海外での生産は計画性を要求され、景気の変動にあわせて短期で変えていくのが難しいため、数量が少なく高度な技術を要する縮緬は国内で織っている。そのため、反物の価格も国内の2割安程度に留まっている。後継者の存在や絹織物の自由化が後押ししたこと、そして事業形態も委託加工で、松村(株)や江原産業と同様である。流通から生産へ事業を拡大した事例で、規模と業種はやや異なるが、糸商の松村(株)が絹糸づくりをしているのと同型である。
　このようにベトナムで生産された縮緬は、国内に運んでから丹後精練株式会社で精練される。外国産の縮緬には、丹後織物工業組合で精練・検査したものに押印される「正絹　丹後」のブランドマークはない。

6　産業政策の矛盾を越えるグローバル化

　養蚕・生糸・絹糸・絹織物に関わる産地や業界は、長い歴史のなかで、国家による生糸の輸入規制あるいは自由化政策によって振り回されてきた。繊維産業の川上にあたる原料の分野、すなわち養蚕業や生糸業は、戦前は外貨を稼ぐという国の基幹産業として、戦後も産地の政治力によって保護されてきた。
　昭和49(1974)年の生糸輸入一元化制度は乱高下する生糸の価格安定ということが名目となっていたが、当時は安価だった輸入生糸から割高な国産生糸を保護するということが現実で、結局は20年後、WTO協定によって廃止されてもなお関税による保護が継続した。
　この産業政策は何を残したのだろうか。一つは、日本産繭事業団→日本蚕糸事業団→蚕糸砂糖価格安定事業団→独立行政法人農畜産業振興機構と名称を変化しながら累積された赤字であろう。累積された負債や膨大な補助金の総額を知りたく、平成20(2008)年8月に同機構を訪ねたが、「生糸・絹糸・絹織物の完全自由化で多数の書類を処分し、担当者はいない。また今後は、大日本蚕糸会が情報提供などは行う」と言われてなかば追い返されてしまった。多額の

費用を投じたにもかかわらず日本の養蚕業は壊滅し、国産生糸も国際競争力を喪失してしまった。

一方、国家による養蚕業保護政策の影響を受けた絹糸・絹織物業も、昭和49（1974）年の生糸輸入一元化制度の導入から今日に至るまで、養蚕業ほど極端ではないにしても同じく衰退を続けた。生糸輸入の一元化が海外で生産された縮緬の輸入を促した結果、縮緬織物業のうま味がなくなって、次世代に縮緬業を継がせる機業家が減った。縮緬業者が減れば、原料の絹糸を製造する業者の生き残りも厳しくなる。そのなかで、偏った保護をした国策を越えて世界の貿易自由化の流れに乗って海外生産に挑戦した京都老舗糸商や丹後織物業者の動きは、現地のJETRO（日本貿易振興機構）でもまったく知られていなかった。

老舗糸商が絹糸の生産事業を開始して13年余り、国内の和装向けの生糸・絹糸の販売から世界の絹織物の絹糸メーカーへ脱皮し、グローバル化の進行や世界同時不況の荒波のなかで世界中から生糸を集めて絹糸に加工し、現在では高級絹織物を生産する現地工場も立ち上げ、インドや中東さらにはヨーロッパへの輸出も行っている[39]。

そのメーカーの支援を受けて、伝統的な産業であるがゆえ、海外生産には批判が強い縮緬機業のなかからも、2社がベトナムの地で縮緬製造を始めて約8年が経ち、国内では育成が難しい若い職人達も徐々に育ってきている。チャイナプラスワンとして各国の諸産業がますますベトナムへ進出するなか、人件費の高騰や人材の確保に苦戦した時期もあったが、平成21（2009）年10月にはベトナムと日本の間にEPA（経済連携協定）も発効され、関税が撤廃されるという利点も生まれ、ようやく軌道に乗り始めている。このような変遷をしているベトナムの工場であるが、今後の展開を見守ってゆきたい。

---

[39] 平成24（2012）年4月11日、松村株式会社・松永孝精専務のヒアリングによる。

終章

近代繊維産業から縮小社会のモノづくりへ

1　近代繊維産業としての丹後縮緬のモノづくり

　江戸時代に端を発し、近代繊維産業として大きく展開した丹後縮緬業の300年をモノづくりの視点から考察すると、白生地の小さな織物の世界にも様々な挑戦を重ねてきた歴史があった。享保5 (1720) 年に始まる丹後縮緬業は、すぐに地域産業となり、天保期には縮緬産地として確立していた。

　開国に始まる近代社会において、明治期には原料の生糸不足に悩まされ、新たな原料糸として挑戦を余儀なくされた紡績絹糸によって粗製濫造と揶揄されながら、ジャカード機や力織機など西洋技術の導入を図っていった。やがて大正から昭和にかけて機械化が本格化し、丹後地域の縮緬業者を統合した丹後縮緬同業組合を設立し、丹後大震災もバネに国練検査を実施することで、白生地として京都室町からの自立を図り、地域ブランドとして信用を確立していった。また、昭和恐慌による原料の生糸安も追い風となり、大衆化を図るため多種多様な縮緬を織り出し、地域産業としてその黄金時代を築いた。

　その後、アジア太平洋戦争を経て国民の洋装化が進行するなかで、日常用着物の生地産地はやがて駆逐されていったが、丹後の場合はフォーマルを中心に高級和装生地を織っていたため、「高度経済成長期」と呼ばれる昭和30年代半ば～40年代末頃には生活に余裕ができたため、着物ブームが訪れ、いわゆる「ガチャ万」(織機がガチャと言えば万札を生むという比喩) 時代と言われる最盛期を迎えた。

　ガチャ万の背景には、成人式には晴着の振袖を着て、婚礼時には冠婚葬祭用の着物一式を揃え、母親になって参加するPTAには黒羽織と色無地が「制服」として定着したことがあり、日常は洋服になっても改まった時には着物を着た。また、多くの女性達が、戦争で着物を焼失したり、食料に替えたという経験をもっており、着物は質草にもなる「財産」という時代でもあった。

　当時、丹後織物工業組合の職員が1,000人を超え、その財政規模は鳥取県に匹敵したという[1]。最も機業戸数が多かった昭和50 (1975) 年に組合に所属した機業戸数が10,100戸、就業者数22,797人であった[2]ことを考えると、個々の

機屋は小さくとも、組合によって統合された巨大な組織とも言える。

戦後の高度成長期に機業戸数や就業者が急増した理由は、縮緬の需要が伸びたことに加え、西陣から帯やウール着物の出機（賃機）が入り、内職で織る主婦達が増加したため小規模な家内工場を増殖させたことにあった。現在では、「西陣織」とは言うものの、余程特化した製品でなければ、実際は丹後に発注して織られている場合が大半である。

昭和3（1928）年の国練検査制度の実施で京都室町問屋からの自立を企図したものの、地域には染色技術

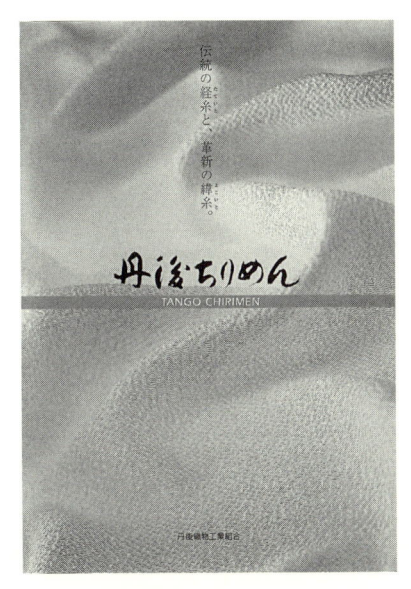

組合のパンフレット

が十分に発達しなかったことや後述する高度成長期の問題などで、今日なお京都室町問屋への依存度は大きい。しかし、平成20（2008）年現在でも、事業所数2,168（うち休業48を含）、従事者数3,630人と小規模業者が集積しており、丹後地域の人口約11万人を支える産業となっている[3]。

本書では、まず序章で縮緬および丹後について基礎事項を踏まえ、第1章で丹後という地域社会から縮緬業を概観した。享保期に縮緬織の技術が導入され、天保期には独占的な地位を確立したが、開国により原料の生糸は輸出へ回ったため生糸が不足し、明治期には郡ごとに利害が対立した。大正〜昭和初期には、京都問屋からの自立を図るため丹後縮緬同業組合を結成し、地域内部で競争と

---

(1) 平成23（2011）年8月5日、京丹後市峰山町吉村商店・吉村孝道氏社長の聞き取りによる。
(2) 丹後織物工業組合『組合史』1981年、巻末資料「明治元年以降の生産高推移表」による。227〜231ページ。
(3) 『京丹後市統計書』平成22年版（平成23年3月発行）、『与謝野町統計書』平成23年版（平成24年3月発行）による。両者とも平成20年の「織物実態統計調査」の数値。

協同を繰り返し、それらを支えた人材と組織をもつ「地域力」があった。地域から概観したうえで、以下においてそれぞれの力を検証した。

　第2章では混乱の明治時代の丹後縮緬地を考察し、生糸不足を補うために西洋技術の導入によって開発された絹紡糸（紡績絹糸）を使いこなし、ジャカード機による新たな織物を開発し、特許や実用新案を認可された「技術力」を明らかにした。

　第3章では、前章で見た技術力でつくられた織物が内国勧業博覧会で粗製濫造と批判を受けた内実を追った。国策によって使わざるを得なかった絹紡糸が酷評の主因となったが、その一方で多くの特許や実用新案を得ていた。新技術の織物は縮緬風で、撚糸という手間のかかる工程を減らし、大衆向けに少しでも安価量産を図った織物である。機業や産地が生き残るためには、高級品ばかりでは難しいため大衆品も必要で、今日では「経営革新力」ともいうべきものであった。

　第4章では、粗製濫造と揶揄されたり、大衆品も生み出した丹後縮緬が、その信用を回復し、今日につながる地域ブランド「丹後ちりめん」を生み出した過程を追った。丹後では、江戸時代にすでに峰山藩が優良品にマーク保証をしており、それが明治初期の品質につながった。その後の混乱のなかで、再び大正から昭和初期にかけて、京都室町問屋に明治以降握られていた精練工程を丹後に取り戻すために丹後縮緬同業組合を結成し、組合で精練後に「正絹　丹後」マークを押印するようになったことについて言及した。それは信用を可視化したものであり、丹後縮緬の「アピール力」となった。

　第5章は、大正・昭和の丹後機業場で働いた女性達の像を、代表的な縮緬工場に残った職工カードの分析から描いた。従来は第一次世界大戦以前の大紡績工場の女工像が多く、たくましく働くものの悲惨な姿が描かれてきた。縮緬業では織手に圧倒的に女性が多く、撚糸という厳しい労働には男性が従事するという男女の役割分担が見られ、家業に携わるための技術取得に3年ほど工場勤務する姿や結婚後も通勤で長期に通う姿など、地域産業を支える豊かな「労働力」が存在した。

　第6章では、近代において最も黄金期を迎えた昭和恐慌期の丹後縮緬業を追

った。丹後大震災の復興資金を活用して優良力織機を導入し、輸出が杜絶した生糸価の暴落に乗じた縮緬価格の低下によるものだが、従来の上層顧客をつかんでおくためにさらなる高級品など多種多様な縮緬を生み出した。大災害も大恐慌も逆手にとる「逆転の発想力」が存在した。また、丹後同様、同業組合を基盤とする産地も健在であった。

　第7章として、近年ベトナムでの縮緬生産を始めた丹後機業を追った。ナビゲーションをした京都糸商のように汎用性が高く、大量生産を求められる絹糸の場合は成功しているが、現時点では量産型ではない和装用の縮緬のみを製織しているため、海外生産の利点を生かすのはこれからのことだろう。しかし、グローバル化のなかで、伝統産業だからと門戸を閉ざさず、海外生産での可能性に挑戦する機業家がいることもまた丹後のモノづくりの力であろう。

　このように着物を完成品と考えると、半完成品である白生地のまま京都へ出荷する丹後縮緬業の生産者側においても、戦前まではモノづくりに多くの力を保持していた。それは、日本の近代繊維産業が土台から支えられていた底力の強さを物語る。

　では、いつ、これらの力が衰退するのだろうか。それは、最盛期の「ガチャ万」と言われた高度経済成長期の後半期、昭和40年代半ば頃と考えられる。織れば売れる時代には問屋から注文されると無理してでも織るという状態が続き、気が付けば大手の問屋に抱え込まれ、問屋がクシャミをすれば丹後の機屋は風邪を引くという関係になってしまったのではないだろうか[4]。この高度経済成長期の機屋と問屋の関係については、今後、稿を改めて検討したい。

　大きく売れる時期ほど次に来る谷は深い。昭和49年から始まる生糸の輸入一元化制度の導入（第7章を参照）や昭和50年代以降の織機の破壊による構造調整、そして大手商社の丸紅や伊藤忠などが一斉に縮緬の取り扱いから撤退したことも衰退に拍車をかけた[5]。丹後の織物業においては、昭和の高度成長期が異常だったのである。

---

(4)　平成24（2012）年8月23日、与謝野町（株）山藤社長山添憲一氏のヒアリングを参考とした。
(5)　平成20（2008）年8月27日、与謝野町芋田昇之助氏のヒアリングを参考とした。

改めて300年の歴史を振り返って、その特徴として言えることは、丹後の機屋の規模は小さく、大量生産には向いていないが中小零細機業の産地集積という地域性を生かし、丹後全体として「少量多種」のモノづくりを展開してきたということにある。この「少量多種」のモノづくりは、近代繊維産業においてどのように位置づけられるのだろうか。

　従来、近代繊維産業においては、西洋から移入される大規模機械工場の出現が近代モデルとして考えられてきたが、それは生産するモノによって違うのではないだろうか。確かに、繊維産業においても、製糸や紡績のような原料糸を生産する場合は汎用性が高く、安価量産が求められるので、より安い労働者を雇用した大規模機械工場生産が適していると言える。

　しかし、縮緬のような国内向・高級衣料・素材生地の織物生産には少量多種生産が要求される。高価な生糸を用いて白生地に織模様というデザインの要素が加味される場合には、ただ価格が安いからと言って売れるものではない。また、生産の現場では賃金が安いからと言って誰でも雇用できるわけではなく、信用できる人材の雇用や安心して任せられる出機（賃機）が不可欠となる。そして、個々の中小機業では製品管理が難しいが、地域を基盤とした同業組合が支えてその信用を担保した。

　この地域密着型・少量多種生産形態は、丹後だけなく、第一次世界大戦を経てなお昭和恐慌期においても多数存在したことは第6章で明らかにした。西洋型大規模機械工場形態とともに地域密着型・少量多種生産形態も、近代繊維産業と地域社会を支えてきたのである。他の産地との詳細な比較については、今後さらに検討してゆきたい。

2　新たな縮小社会のモノづくりへ

　さて、この「少量多種」のモノづくりは、今再び国内で必要とされつつあるのではないだろうか。近年、アパレル業界では、ユニクロに代表される企画・製造・小売販売を一貫して行い、製造業者と消費者の中間流通を排除してコス

トダウンを図る形態（SPA）が注目されている。海外の現地企業の工場に委託した安価量産型でモノづくりを行い、自社店舗によって販売展開し、グローバル化のなかで世界市場に果敢に挑戦する。しかし、この海外生産への移行が国内でのモノづくりや地域を支えてきた伝統産業を衰退させた。資本主義社会である限り競争は当然の流れだろう。ただ、一握りの超国家企業が出現していく一方で、国や地域はどうなってゆくのだろうか。

その動きとは真逆で、今、国内でのモノづくりで成功しているのが、家内工業の職人技に依拠する「吉田カバン」や崩壊しつつある伝統産地の職人と組む京都の「SOU・SOU（若林株式会社）」などの動きである。かつての問屋のモノづくりのように企画・販売形態をとり、国内の製造業者に生産を委託している。ユニクロのような大規模工場や大資本が不要で、新規参入がしやすく、景気変動にも十分対応が可能となっている。

現在の日本には、まだ高度成長期〜バブル期に育成された多くのモノづくりの職人が潜在しており、その力を生かしていくべきで、ファッション性が高いほど希少価値が問われる少量多種のモノづくりに向いている。

近年のグローバル化のなかで、人件費をはじめとする生産コストの高さや急激な円高などから国内生産のマイナス面ばかりがこれまで強調されてきた。しかし、人口減少や環境問題からも大量生産・大量消費や使い捨ての見直しが進み、進出国の賃金上昇や待遇向上などの労働問題、領土問題に端を発した海外生産における政治リスクなどがめまぐるしい変化をみせている。このような状況下で、改めて、日本でのモノづくりや伝統産地の職人技が見直され始めている。

その動きを支援してきたのが、平成16（2004）年から中小企業庁が日本商工会議所と全国商工会連合会に委託し、地域に埋もれている技術を生かして国内外の新市場を開拓しようとする「JAPANブランド育成支援事業」である[6]。

今治タオルや豊岡鞄など、以前は海外市場に直接販売展開をしていなかった産地が成功を収めている。丹後産地も、2年目の平成17年から「丹後テキスタイル」としてJAPANブランド認定を受けた。「丹後テキスタイル」は、従来の丹後縮緬を中心とした「丹後シルク」と、藤の蔓からつくった糸で織った「藤

丹後の職人展（平成23年11月2日・髙島屋京都店にて筆者撮影）

布」や貝の輝きを織り込んだ「螺鈿織（らでん）」の三つで構成されている。

　5年間にわたってフランスやベルギーで展示会を開催している。その成果の一つが、平成23（2011）年9月、世界最大の繊維見本市である「プルミエールヴィジョン」（フランス）において丹後藤織の遊絲舎が選ばれたことであろう。初めて企画されたブース「メゾン・デクセプション（脱画一化のカギ）」に世界から匠と呼ばれる貴重な職人技をもつ13の工房が招待され、そのうち3社が日本からであった。

　2回目の平成25年2月の企画では、遊絲舎に加えて、螺鈿織の民谷螺鈿も招待され[7]、著名な高級ブランドをはじめとして数社との取引も始まり、国内外の新たな販路を開拓している。また、手織やアートに近い形態で染色まで一貫して行い、特化した製品を生み出す作家や事業所も登場し、織物の総合産地として京都室町問屋に依存するだけではなく、丹後産地として百貨店で生産者が自ら販売する試みも始まっている[8]。

　これらの試みは、一度丹後を離れ、繊維商社やアパレル業はもとより、異業種からも戻ってきた若い経営者や次世代が支えている。新事業への挑戦は、事業所ごとよりも「丹後織物」という単位での動きで、そのモノづくりは、今日なお地域密着の少量多種型となっている。なお、近年の丹後産地の動きは別稿

終章　近代繊維産業から縮小社会のモノづくりへ　227

〈朝日新聞〉平成25（2013）年
6月11日付

与謝野町商工会「丹後の風」
（平成25年2月6日、東京ギフトショーにて筆者撮影）

で詳述しているので、そちらを参照にしていただきたい[9]。

　丹後には、織物業・農業・漁業以外に戦中から機械金属業が入り、戦後は縮緬機屋の支援を受けて創業した自動車部品製造企業「日進製作所」が1,000人規模にまで成長した。しかし、円高の今、地域雇用のためにできるだけ国内生

---

(6) JAPANブランド育成支援事業は、平成16（2004）年度に9.3億円の予算額で、中小企業庁の委託を受けた全国商工会連合会・日本商工会議所が各地の商工会・商工会議所からプロジェクト提案を受けた製品の選定・支援を行い、地域に埋もれている技術を生かした製品を全国・海外での新市場の開拓を目指すものである。JAPANブランド育成支援事業については、日本商工会議所・全国商工会連合会「平成16年度JAPANブランド育成支援事業」（平成17年3月）はじめ、中小企業庁・日本商工会議所・全国商工会連合会のHPに詳しい。

(7) 初回は〈朝日新聞〉京都版、平成23（2011）年8月25日付および、プルミールヴィジョン広報資料・日本語訳による。なお、日本語訳の入手には日本綿業振興会東京事務所長柳原美紗子氏のご協力を得た。2回目は〈織研新聞〉2013年1月16日付、および小石原将夫氏・民谷共路氏のヒアリングによる。

(8) 平成23（2011）年11月、「きものの郷　丹後職人展」が京都および東京高島屋で開催された。これまで、卸売業者に対しての販売展示会は数多くあったが、生産者が直接、完成品を直接、消費者へ百貨店で販売した初めての試みとなった。この時に結成されたのが「TANGO＋」（タンゴプラス）で、平成25（2013）年6月時点で19事業所が参加しており、順調に全国の百貨店で催事としての販売を続けている。その詳細は、「ファッションイノベーション」（『日経　REVIVE』2012年12月号）や「丹後ちりめん　洋装開化」（〈朝日新聞〉2013年6月11日付）を参照のこと。

産を続けてきたものの、生き残りを賭けて工場の海外移転が進んでいる[10]。機械金属業も織物業の代替にはならなかった。かつてのように、工業団地に大規模工場を誘致して雇用を創出するということも今後はますます難しく、丹後という地域社会を守ってゆくためにも織物業を中心とした繊維産業の役割は大きいと言える。

技術においては海外でも認められている現在、高級品を売るためのさらなる海外市場への挑戦はもとより、地域雇用を促進するためにも、300年のモノづくりの貴重な資源をいかに生かして、かつてのように大衆向けに何を生み出してゆくのかという経営革新も今後の課題となろう。また、多くの出機（賃機）の職人によって支えられてきたモノづくりも、主力年齢が60歳代という高齢化問題を抱えていることを忘れてはならない。

全国のシルク産地の情報誌『知・る・く』
（京丹後市役所提供）

近年、市場が縮小する一方で新たな雇用は難しいと言われてきたが、平成24（2012）年頃から、自社工場の形態で生産している織元の数社がいつまでも高齢な出機にばかり頼っていられないと、地元の高校を卒業した若者や子育てが一段落した女性達を雇用し、職人の養成を始めている[11]。さらに、行政も京丹後市が中心となって、平成22（2010）年1月、絹と関連が深い全国25産地の自治体が、その活性化を図るためにシルクのまちづくり市区町村協議会が発足した[12]。自治体も、個々では難しい問題を連携することで乗り越えよういう試みが始まっている。現段階では情報交換が主だが、今後さらに規模が縮小していくと様々な製造技術が産地ごとでは継続するのが難しくなることがはっきりし

終章　近代繊維産業から縮小社会のモノづくりへ　229

ているため、産地連携は不可欠になってこよう。

　かつて丹後 3 郡の同業組合が有能なリーダー達のもとで利害を越えて一つになり、震災・昭和恐慌・戦争などいくつもの難局を乗り越えたように、グローバル化のなかでは、産地の壁を越え、多くの産地が連携することも必要であろう。そして、日本が世界の中の特化した繊維産地になることができるのか、その推移を今後も見てゆきたい。

(9)　拙稿「老舗織物産地・丹後の事業承継――新事業への挑戦」（松岡憲司編著『事業承継と地域産業の発展』新評論・2013年）で、丹後織物業の現状について紹介している。特に、丹後テキスタイルの動きについては、京都府商工会連合会「奇跡を生んだ丹後テキスタイル　JAPANブランド育成支援事業のまとめ」（同事業「報告会」における成果発表資料、平成22年 3 月28日、京丹後市）を参考とした。
(10)　丹後の機械金属業については、松岡憲司編著『地域産業とイノベーション』（日本評論社・2007年）に詳しい。最近の動向については、平成24年 8 月24日、丹後機械工業協同組合常務理事寺田昭夫氏のヒアリングなどによる。
(11)　平成24（2012）年12月、丹後求評会（丹後織物の最大の展示会）のヒアリングによる。
(12)　会員の市町村は、米沢市・鶴岡市・川俣町・結城市・常総市・桐生市・前橋市・安中市・伊勢崎市・足利市・東京都新宿区・八王子市・富士吉田市・小千谷市・十日町市・五泉市・金沢市・小松市・伊賀市・長浜市・京都市・京丹後市・与謝野町・福岡市・奄美市。

あとがき

　本書を書き終えて、今、私が最も懸念していることがある。加悦町（現与謝野町）と京丹後市の二つの自治体で丹後縮緬の史料探しに携わり、昭和2（1927）年の丹後大震災で資料が消失したと言われながらも、発掘できた多くの史資料は今後どうなるのだろうか、ということである。丹後は日本最大の絹織物産地であり、丹後縮緬は300年の歴史をもちながら、それを一目で知る資料館や博物館がない。

　参考までに、地元機関に保存されている縮緬関係史資料について、以下に記しておく。

- **丹後織物工業組合**——江戸時代からの組合文書、中興の祖・津原武関係史料、機関誌『丹後縮緬』・『丹後織物』、統計資料、戦後の生地資料など。
- **京都府立織物・機械金属振興センター**——織物設計簿（明治38年～）、試織品見本帳（昭和5年～）、大正期の参考資料、調査資料、織機類など。
- **京都府立丹後郷土資料館**——丹後の歴史史料全般、紡織用具（国の重要有形民俗文化財）、郷土史家・岩崎英精関係史料など。
- **ちりめん街道・尾藤家住宅**——生糸・縮緬問屋だった尾藤家の古文書および着物類。
- **京丹後市立網野郷土資料館**——養蚕関係の資料、織機類、古い着物類など。
- **禅定寺（京丹後市峰山町小西）**——伝織り始めの縮緬、および小西山縁起（縮緬伝承）。
- **与謝野町教育委員会**——『加悦町史』の編纂史資料、および所蔵者情報。

・京丹後市教育委員会──『図説　京丹後市の歴史』の編纂史資料、および所蔵者情報。
・丹後ちりめん歴史館──ノコギリ型屋根の工場、織機・撚糸機・紋彫器などの機械類の展示見学。

　このほか、京都工芸繊維大学資料館には安達喜助家資料、（株）川島織物セルコン織物文化館には特許の旭織・千代鹿子織に関する資料などが所蔵されている。古文書・博覧会資料（賞状やメダル等）・古い縮緬生地を所蔵されている方々もおられるが、その情報は行政にお問い合わせ願いたい。
　二つの自治体史の編纂が終わった現在、今後、史料を提供して下さるという声があった場合、どこで保管するのだろうか。ただ、散逸して消えてしまうのだろうか。しかし、史資料は埋もれても、人材は引き継がれると信じている。
　龍谷大学社会科学研究所叢書の執筆のために出会った新事業や世界市場に挑戦する現在の方々の姿が、私のなかでは、鎖国から開国という激動の新しい時代に縮緬業と格闘し世界の博覧会で受賞を勝ち取った明治の丹後人達と重なっている。そのDNAは必ず、受け継がれているはずである。時には、粗製濫造と揶揄されながらも、それを乗り越えた戦前の蓄積が戦後に「ガチャ万」景気として花開いた。その頂点から減少を続けたのは、バブルが弾けた長い調整期間と考えたほうがいいのではないだろうか。現在が、実は本来の姿ではないだろうか。それは日本の経済にも言えるのかもしれない。
　ヒアリングのなかで、70代以上の方は丹後縮緬の最盛期について語られ、50代くらいの方のなかには、「家業だから継いだ」とやや後悔気味に話されることもあった。すごい歴史があったとしても、今は下降しているのだからと自信をなくしておられるようにも感じた。しかし、さらなる次世代の30代は、「もっと大変な時代もあったはず」、「新規創業のつもりで頑張る」という。彼らは、何となくではなく、自ら選択して家業を継いでいる。そんな次世代がいる丹後産地は、今後も日本の織物産地として続いていくと確信している。

　本書が執筆できたのは、何と言っても丹後地域で縮緬業に携わってこられた

方々が大切に保管されている史料を提供して下さり、ヒアリングに応じていただいたからである。本書に多く登場する杉本家治助家史料を所蔵される杉本成史様、生糸縮緬業で丹後地域に大きな貢献をして来られた吉村商店の吉村孝道様・緑様、製造の現場や現状をご指導いただいた田勇機業（株）社長田茂井勇人様はじめ、（株）松村専務松永孝精様、（株）江原産業社長江原勝公様、（株）相政社長相見正樹様、（株）山藤様、禅定寺様、土田耕三様、下村哲人様、上田東様、安達和夫様、TANGO+（プラス）の方々など、実に多くの方々に協力をいただいた。このほか、丹後で出会った多くの方々に、まず御礼を申し上げたい。

　また、川島織物で技術開発をされていた故髙野昌司様は、丹後のご出身ということもあり、素人の私に織物の基礎からご指導下さった。本書には（株）川島織物セルコン織物文化館より所蔵資料のご提供をいただいた。丹後織物工業組合の安田智幸様、京都府織物・機械金属センターの石田幸治郎様と高橋茂夫様、藤織り伝承館の井之本泰様、京都府立丹後郷土資料館の横出洋二様、与謝野町教育委員会の加藤晴彦様、京丹後市教育委員会の小山元孝様などの機関および関係者にも多大なご支援を頂戴した。肩書の省略およびお名前の漏れに関しては、何卒、ご寛恕をお願いしたい。

　さて、「丹後縮緬」という織物を通じ、これまでの歴史学から経済学や服飾（染織）の研究者と交流が増え、最近は繊維産業から伝統産業へと研究分野も広がりつつある。研究の発端は、小路田泰直奈良女子大学教授が、染織研究には素人ながら、昭和恐慌期の中小商工業者の動向（商権擁護運動または反産運動）を研究していた私を『加悦町史』の編纂に誘って下さったことにある。その後、博士論文のご指導もいただいた。心より御礼を述べたい。

　また、大学院では、縮緬という織物の位置づけを考えるために、岩崎雅美教授（現在はご退官）に服飾史のご教示をいただいた。日本で二つしかない国立の女子大である奈良女子大学は、百有余年の歴史をもち、戦前からの染織資料を多数所蔵している。それらを自由に閲覧できるようご配慮をいただき、服飾文化学会への入会もご紹介下さったことが現在につながっている。

　大学院へ通い始めた平成17（2005）年から、平行して参加した龍谷大学社会

科学研究所の地域イノベーション研究会では、経済学と京都の産業について学んでいる。リーダーの松岡憲司経済学部教授は高校の大先輩でもあり、定職のない私がここまで丹後縮緬の研究を継続できたのは、先生と研究会のおかげといっても過言ではない。同時期に、神戸市外国語大学への出講や『女性史学』への執筆を後押し下さった長志珠絵神戸大学教授や、丹後との比較として繊維産業が盛んな滋賀県湖東地域の自治体史に数多く誘って下さった高久嶺之介京都橘大学教授にも御礼を申し上げたい。

なお、本書は奈良女子大学へ提出した学位論文「近代繊維産業史論──モノづくりからみた丹後縮緬業─」を基礎に、独立行政法人日本学術振興会平成25年度科学研究費助成事業（科学研究費補助金）（研究成果公開促進費「学術図書」）の交付により刊行することができた。「縮緬」という織物を対象とする本書は、博士論文の段階から、歴史・経済・服飾のいずれの学問分野にもはまりきらず苦戦したが、今回、「広領域（申請番号255247）」として採択していただけたことをありがたく思っている。補助金を得るために必要な研究者番号の獲得や多くの書類提出には、奈良女子大学研究支援課や財務課のご支援をたまわった。さらに「科研は100％あり得ない」と言いながらもお付き合い下さり、売れない研究書をお引き受け下さった株式会社新評論の武市一幸様のお力添えに深謝を申し上げたい。武市様のご指導がなければ本書はできなかった。

最後に、「子育てと介護で人生を終わってはダメ」と、常に背中を押してくれた息子と娘と夫に感謝を述べたい。そして、私に歴史研究の楽しさと難しさを教えて下さり、50歳の若さで逝かれた恩師・故木村壽大阪教育大学教授、龍大研究会へのご縁を頂戴した故朝枝善照龍谷大学教授、さらに、わがままな娘の研究のために長期の入院生活をしいることになった両親の仏前に本書を供えたい。

平成25（2013）年　9月

丹後建国1300年にしるす

北野裕子

初出論文一覧

本書は平成21（2009）年3月に奈良女子大学大学院人間文化研究科で博士（文学）を取得した博士論文「近代繊維産業史論―モノづくりからみた丹後縮緬業」を基礎としている。各章は、これまでに発表した雑誌・書籍の論文・研究ノート・資料等に加筆・修正したものである。初出については、以下の通りである。

序　章　書き下ろし

第1章　「縮緬業の歴史にみる丹後の地域力―発展の内的要因」
　　　　松岡憲司編著『地域産業とイノベーション』龍谷大学社会科学研究所叢書第72巻、日本評論社、2007年3月、3〜30ページ。

第2章　「明治後期における丹後縮緬の多種化について」
　　　　2006年度服飾文化学会大会発表の一部を以下で執筆。
　　　　服飾文化学会誌『Costume and Textile』vol.8、2008年2月、99〜106ページ。

第3章　「明治期における粗製濫造問題の内実―技術と経営　高級品か大衆品か」
　　　　書き下ろし

第4章　「ブランド生成に関する歴史的考察―丹後縮緬にみる『信用』の形成」
　　　　奈良女子大学日本史の方法研究会『日本史の方法』第5号、2007年2月、88〜105ページ。

第5章　「縮緬業で働いた女たち―丹後における大正・昭和の機業場を事例に」
　　　　女性史総合研究会『女性史学』第17号、2007年7月、18〜31ページ。

第6章　「昭和恐慌像再考―絹織物・丹後縮緬の需要拡大を中心に」
　　　　2009年度服飾文化学会大会発表および2010年度大阪歴史学会大会報告（近代史部会・個人報告）をもとに執筆。

第7章　「丹後機業と京都老舗糸商のベトナム進出――生糸・絹糸・絹織物をめぐる産業政策との葛藤」
　　　　松岡憲司編著『地域産業とネットワーク』龍谷大学社会科学研究所叢書第85巻、新評論、2010年3月、81〜110ページ。

終　章　書き下ろし

主な史料一覧

縮緬全般に関するもの

・松永重頼・新村出校閲『毛吹草』岩波文庫、1943年
・寺島良安『和漢三才図会　五』東洋文庫462、平凡社、1986年
・新編日本古典文学全集75『近松門左衛門集②』小学館、1998年
・楚洲田宮純『和漢　絹布重宝記』竹村嘉兵衛（皇京）・前川六左衛門（東部）・雄崎貞次郎（浪速）・天明9（1789）年・国立国会図書館古典籍資料室蔵
・喜田川守貞著／宇佐美英機校訂『近世風俗志（三）（守貞謾稿）』岩波文庫、1999年
・黒川真頼・前田泰次校注『工芸志料』東洋文庫254、平凡社、1972年
・慶応義塾編『福澤諭吉全集　第十二巻』岩波書店、1960年
・三越『時好』第6巻第3号、1908年
・今和次郎『考現学』（今和次郎全集1）ドメス出版、1971年
・大日本織物協会『染織時報』484号、1927年、奈良女子大学生活環境学部生活文化学科蔵

丹後縮緬に関するもの

・加悦町史編纂委員会編『加悦町史』（資料編第二巻）与謝野町役場、2008年
・京都府立総合資料館編『京都府百年の資料』（二　商工編）同館、1972年
・「織物集説」1913年購求、未定稿、国立国会図書館古文書漢籍室蔵
・「上　丹後機屋中　明治七年一月」京都府与謝郡与謝野町加悦、杉本治助家蔵
・「職工名簿」（綴）大正14年〜昭和14年、「工場規定」全14条、杉本治助家蔵
・株式会社西山機業場『第一期考課状』1919年2月、杉本治助家蔵
・岡本幸雄・今津健治編『明治期官営工場沿革』東洋文化社、1983年
・前田正名編『興業意見』（農商務省、1884年）大阪市立大学学術情報総合センター蔵
・山形県内務部第4課『丹後縮緬機業調査報告書』明治36年調査、1904年
・東京税務監督局『丹後機業沿革調査書』1905年、京都大学経済学部図書室蔵
・日本銀行調査局『丹後ニ於ケル縮緬機業』大正4年5月京都支店調査、1916年

- 日本銀行調査局『最近ノ丹後縮緬機業』大正14年末調査、1926年
- 「加悦村誌」筆者・発行年不明、未定稿、与謝野町教育委員会蔵
- 丹後縮緬業組合取締所『丹後国産縮緬及絹織物景況三郡統計一覧』明治21年7月他
- 京都府丹後縮緬三郡同業組合連合会『京都府丹後縮緬三郡同業組合織物統計表』各年版
- 丹後縮緬同業組合編『丹後縮緬』、国練検査実施特集号（1928年）ほか、各号
- 丹後縮緬工業組合編『丹後縮緬の種類』同組合、1932年
- 丹後縮緬工業組合編『丹後縮緬作業読本』同組合、1936年
- 丹後縮緬工業組合『昭和十五年度丹後縮緬の現勢』同組合、1941年
- 丹後織物工業組合『産地の概況と統計・資料』（平成18年版）同組合、2007年
- 独立法人農蓄産業振興機構『シルク情報』（平成17年版）同機構、2006年
- 藤原正人『明治前期産業発達史資料』（勧業博覧会52）明治文献資料刊行会、1973年
- 藤原正人『明治前期産業発達史資料』（勧業博覧会85）明治文献資料刊行会、1974年
- 藤原正人『明治前期産業発達史資料』（勧業博覧会114）明治文献資料刊行会、1974年
- 藤原正人『明治前期産業発達史資料』（勧業博覧会233）明治文献資料刊行会、1976年
- 橋本五雄『恩輝軒主人小伝』川島甚兵衛、1913年
- 永濱宇平「丹後縮緬考」昭和8年、未定稿、京丹後市峰山図書館蔵
- 京都府織物・機械金属振興センター『丹後織物産地　生産基盤実態調査報告書』2007年

丹後縮緬の生地に関する資料

- 伝「織り始めの縮緬」京丹後市峰山町　禅定寺蔵
- 特許証「第二〇一八号　織物」（旭織）特許庁蔵
- 実用新案登録証「第三四六一号　橋立縮」特許庁蔵
- 実用新案登録証「第五九七〇号　千鳥織」特許庁蔵
- 実用新案登録証「第四一七七号　真田漣織」特許庁蔵
- 実用新案登録証「第五九七九号　真田鶉織」特許庁蔵
- 実用新案登録証「第三二六〇号　紅梅絞」特許庁蔵
- 生地見本帖「橋立」杉本治助家蔵
- 実用社編『第五回内国勧業博覧会紀念染織鑑』同社、1906年、大阪樟蔭女子大学図書館蔵

主な参考文献一覧

経済・繊維産業全般に関わるもの

・国民金融公庫調査部『日本の中小繊維工業』中小企業リサーチセンター、1990年
・日本繊維協議会編『日本繊維産業史』全2巻、繊維年鑑刊行会、1958年
・日本絹人絹織物史刊行会編『日本絹人絹織物史』日本絹人絹織物協会、1959年
・中村隆英『戦前期日本経済成長の分析』岩波書店、1971年
・中村隆英『明治大正期の経済』東京大学出版会、1985年
・中村隆英『日本の産業発展と在来産業』山川出版社、1997年
・阿部武司『日本における産地綿織物業の展開』東京大学出版会、1989年
・谷本雅之『日本における在来型経済発展と織物業』名古屋大学出版会、1998年
・佐々木淳『アジアの工業化と日本』晃洋書房、2006年
・橋野知子『経済発展と産地・市場・制度』ミネルヴァ書房、2007年
・中林真幸『近代資本主義の組織』東京大学出版会、2003年
・中岡哲郎・宮地正人ほか編『産業技術史』(新体系日本史11)山川出版社、2001年
・島元義枝『日本絹紡糸事業概観』日本絹紡糸協会、1980年
・藤井光男『戦間期日本繊維産業海外進出史の研究』ミネルヴァ書房、1987年
・松本四郎「商品流通の発展と流通機構の再編成」(古島敏雄編『日本経済大系4 近世下』東京大学出版会、1965年)
・関権『近代日本のイノベーション―特許と経済発展―』風行社、2003年
・小川孔輔『ブランド戦略の実際』日本経済新聞社、1994年
・吉永昭『近世の専売制度』吉川弘文館、1973年
・大石嘉一郎編著『日本帝国主義』2 世界大恐慌、東京大学出版会、1987年
・隅谷三喜男編著『昭和恐慌』有斐閣、1974年
・橋本寿朗「大恐慌と日本資本主義」(平田喜彦・侘美光彦編『世界大恐慌の分析』有斐閣、1988年)
・橋本寿朗『大恐慌期の日本資本主義』東京大学出版会、1984年
・橋本寿朗『現代日本経済史』岩波書店、2000年

服飾・技術・縮緬全般に関わるもの

- 昭和女子大学被服学研究室『近代日本服装史』近代文化研究所、1971年
- 山辺知行編『近代の染織』(日本の染織　第10巻)中央公論社、1983年
- 高橋晴子『近代日本の身装文化』三元社、2005年
- 田中敦子『きものの花咲くころ』主婦の友社、2006年
- 村上宇一『力織機の展開』村上宇一米寿記念刊行会、1967年
- 京都近代染織技術発達史編纂委員会編『京都近代染織技術発達史』京都染織技術試験場、1991年
- むろまち染織絵巻開催委員会染織展部会編『京都の近代染織』京都織物卸商業組合・むろまち染織絵巻開催委員会、1994年
- 寺田商太郎『やさしい　織物の解説』繊維研究社、1990年
- 中江克己編『縮緬　立体的に美しい白生地』泰流社、1984年
- 伊藤毅・井戸田勝輝『和装正絹　白生地―実物貼布―』衣生活研究会、1973年
- 別冊太陽　骨董をたのしむ7『縮緬古裂』平凡社、1995年
- 別冊太陽　骨董をたのしむ34『明治・大正・昭和―昔きものをたのしむ　そのⅡ』平凡社、2000年
- 第一出版センター編『縮緬古裂をたのしむ』講談社、2003年
- 長崎巌「小袖からきものへ」(『日本の美術8』No.435) 至文堂、2002年
- 大谷みち子『ちりめん変化』紫紅社、2006年

地域史

- 与謝郡編『京都府与謝郡誌』与謝郡役所、1923年
- 永濱宇平『加悦町誌』加悦町役場、1931年
- 加悦町誌編さん委員会編『加悦町誌』加悦町役場、1974年
- 加悦町史編纂委員会編『加悦町史　導入編』加悦町教育委員会、2004年
- 中郡役所『丹後国中郡誌稿』臨川書店、1985年(大正3年刊行の復刻版)
- 竹野郡役所『丹後国竹野郡誌』竹野郡役所、1915年
- 中央公論事業出版製作『峰山郷土誌』(上・下巻)峰山町、1963年・1964年
- 宮津市史編さん委員会編『宮津市史』(通史編下巻)宮津市役所、2004年
- 大宮町誌編纂委員会『大宮町誌』大宮町役場、1982年

主な参考文献一覧　239

・網野町誌編さん委員会編『網野町誌』(中巻) 網野町役場、1994年
・桐生市編纂委員会編『桐生市史』(中巻) 桐生市役所、1959年
・福井県繊維協会編『福井県繊維産業史』福井県繊維協会、1971年
・早稲田大学経済史学会編『足利織物史』足利繊維同業会、1960年

丹後縮緬および丹後の産業に関するもの
・京都府立丹後郷土資料館『特別展図録20　丹後縮緬』京都府立丹後郷土資料館、1989年
・京都府立丹後郷土資料館編『丹後の紡織』(Ⅰ・Ⅱ) 京都府教育委員会、1985・1986年
・京都府立産業能率研究所『丹後機業地の実態』京都府立産業能率研究所、1951年
・住谷悦治『丹後機業の構造分析』京都府労働経済研究所、1952年
・丹後織物工業組合編『組合史—丹後織物工業組合六十年史—』丹後織物工業組合、1981年
・堀江英一『近代産業史研究』京都経済学会研究叢書第一輯絹織物、日本評論社、1953年
・足立政男『丹後機業史』雄渾社、1961年
・池田敬正「丹後ちりめん」(地方史研究協議会『日本産業史大系　六』1971年)
・岩崎英精『丹後機業の歴史』自家発行、1953年
・岩崎英精『国練検査三十年の歴史』丹後織物工業組合、1958年
・岩崎英精『丹後ちりめん始祖伝』丹後ちりめん始祖顕彰会、1965年
・松岡憲司編著『地域開発と企業成長』龍谷大学研究叢書第56巻、日本評論社、2004年
・松岡憲司編著『地域産業とイノベーション—京都府丹後地域の伝統・現状・展望—』龍谷大学研究叢書第72巻、日本評論社、2007年
・与謝野町歴史シンポジウム講演資料集『与謝野,その歴史に日本の起源を探る』2008年
・野村隆夫『丹後　ちりめん誌』日本放送出版協会、1983年
・久江勇『昭和女工史　織り手さん』自家発行、1992年
・「丹後のはた音」編集グループ『丹後のはた音　繊維産業を支えた人たちの記録』「丹後のはた音」編集グループ、1998年

・窪田英樹『丹後のおんな』創樹社、1973年
・八木康敏『丹後ちりめん物語―「うらにし」の風土と人間』三省堂、1970年
・細井和喜蔵『奴隷』（細井和喜蔵全集第二巻）三一書房、1956年
・中田喜三郎・中田英敏「丹後縮緬について」（関西衣生活研究会『衣生活研究』1・2月号、通巻79・80号）1982年
・佐々木淳「1930年代前半における丹後の銀行と丹後縮緬」（『龍谷大学経済学論集』第46巻4号）2007年
・高橋茂夫「丹後の縮緬」（日本家政学会民俗服飾部会『民俗服飾研究論集』第19集）日本家政学会民俗服飾部会、2008年
・北野裕子「丹後縮緬研究ノート―調査報告書を中心に―」（種智院大学『種智院大学研究紀要』第6号）、同大学、2005年
・北野裕子「伝統産業の海外進出―ベトナム進出の丹後機業調査報告―」（龍谷大学社会科学研究所『社会科学研究年報』第39号）、同所、2009年
・北野裕子「老舗織物産地・丹後の事業承継―新事業への挑戦」（松岡憲司編著『事業承継と地域産業の発展―京都老舗企業の伝統と革新』龍谷大学研究叢書第98巻）、新評論、2013年

著者紹介

北野　裕子（きたの・ゆうこ）
大阪教育大学教育学部卒業、同大学院修士課程修了。
奈良女子大学大学院人間文化研究科博士後期課程修了。
博士（文学　奈良女子大学）。
大阪教育大学・種智院大学・神戸市外国語大学等の非常勤講師を経て、現在、龍谷大学・大阪樟蔭女子大学非常勤講師。
加悦町（現与謝野町）・京丹後市・今津町（現高島市）・秦荘町（現愛荘町）・能登川町（現東近江市）・日野町・甲賀市・近江八幡市・忠岡町・茨木市史等の執筆委員（刊行分を含む）。
日本近代史・地域産業史、および伝統産業の現状を主に研究。
主要著作　「1930年代の商権擁護運動―全日本商権擁護連盟設立時の問題を中心に―」（大阪歴史学会『ヒストリア』168号）、2000年など。

生き続ける300年の織りモノづくり
――京都府北部・丹後ちりめん業の歩みから――

2013年10月25日　初版第1刷発行

著　者　北野裕子
発行者　武市一幸

発行所　株式会社　新評論

〒169-0051
東京都新宿区西早稲田3-16-28

電話　03(3202)7391
振替　00160-1-113487
http://www.shinhyoron.co.jp

定価はカバーに表示してあります。
落丁・乱丁本はお取り替えします。

装丁　山田英春
印刷　フォレスト
製本　清水製本所

©北野裕子　2013年

ISBN978-4-7948-0953-7
Printed in Japan

JCOPY　〈(社)出版者著作権管理機構　委託出版物〉
本書の無断複写は著作権法上での例外を除き禁じられています。複写される場合は、そのつど事前に、(社)出版者著作権管理機構（電話 03-3513-6969、FAX 03-3513-6979、e-mail: info@jcopy.or.jp）の許諾を得てください。

好評既刊　　日本の地域産業を考える本

松岡憲司 編
地域産業とネットワーク
京都府北部を中心として　【龍谷大学社会科学研究所叢書 第85巻】

情報通信網から人的交流まで,「ネットワーク」を軸に地域産業を考察。
[A5上製 280頁 2940円　ISBN978-4-7948-0832-5]

松岡憲司 編著
事業承継と地域産業の発展
京都老舗企業の伝統と革新　【龍谷大学社会科学研究所叢書 第98巻】

「老舗」の革新性と危機対応力に, 後継者問題の解決の方途を学ぶ。
[A5上製 232頁 2940円　ISBN978-4-7948-0935-3]

関 満博 著
鹿児島地域産業の未来

鹿児島県の「農」と「工」への瞠目の挑戦に新たな指針を読みとる。
[A5上製 408頁 5670円　ISBN978-4-7948-0938-4]

関 満博 著
東日本大震災と地域産業復興　Ⅰ
2011.3.11〜10.1　人びとの「現場」から

深い被災の中から立ち上がろうとする人びとの声に耳を澄ます。
[A5上製 296頁 2940円　ISBN978-4-7948-0887-5]

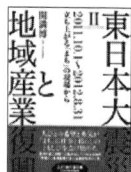

関 満博 著
東日本大震災と地域産業復興　Ⅱ
2011.10.1〜2012.8.31　立ち上がる「まち」の現場から

復旧・復興の第二段階へと進む被災地との対話と協働のために。
[A5上製 368頁 3990円　ISBN978-4-7948-0918-6]

＊表示価格はすべて消費税（5%）込みの定価です。

好評既刊　日本の地域産業を考える本

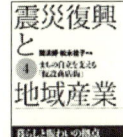

関 満博 編
震災復興と地域産業 1
東日本大震災の「現場」から立ち上がる

地域産業・中小企業の再興に焦点を当て，復旧・復興の課題を探る。
[四六並製 244頁 2100円　ISBN978-4-7948-0895-0]

関 満博 編
震災復興と地域産業 2
産業創造に向かう「釜石モデル」

人口減少・復興の重い課題を希望の力に変える多彩な取り組み。
[四六並製 264頁 2625円　ISBN978-4-7948-0932-2]

関 満博・松永桂子 編
震災復興と地域産業 3
生産・生活・安全を支える「道の駅」

防災拠点としての役割をも担いつつある「道の駅」の課題と未来。
[四六並製 220頁 2625円　ISBN978-4-7948-0943-8]

関 満博・松永桂子 編
震災復興と地域産業 4
まちの自立を支える「仮設商店街」

被災地の12の現場に，「暮らしと商店街」の新たな意味を読みとる。
[四六並製 256頁 2625円　ISBN978-4-7948-0951-3]

関 満博・辻田素子 編
飛躍する中小企業都市
「岡谷モデル」の模索

「東洋のスイス」と呼ばれたまちの危機突破への挑戦を精査。
[四六上製 230頁 2520円　ISBN4-7948-0525-X]

＊表示価格はすべて消費税（5％）込みの定価です。

■ 新評論　好評既刊　北欧の社会を知る本

松岡憲司 著
風力発電機とデンマーク・モデル
地縁技術から革新への道

ドイツやオランダとの比較も交えつつ、日本での課題と指針を展望。
[A5上製 240頁 2625円　ISBN4-7948-0626-4]

松岡洋子 著
エイジング・イン・プレイス（地域居住）と高齢者住宅
日本とデンマークの実証的比較研究

北欧・欧米の豊富な事例をもとに、「地域居住」の課題を掘り下げる。
[A5並製 360頁 3675円　ISBN978-4-7948-0850-9]

松岡洋子 著
デンマークの高齢者福祉と地域居住
最期まで住み切る住宅力・ケア力・地域力

ケアの軸を「施設」から「地域」へ！「地域居住継続」の先進事例。
[四六上製 384頁 3360円　ISBN4-7948-0676-0]

福田成美 著
デンマークの環境に優しい街づくり

世界が注目する環境先進国の「新しい住民参加型地域開発」を詳説。
[四六上製 256頁 2520円　ISBN4-7948-0463-6]

S.ジェームズ&T.ラーティ／高見幸子 監訳・編著／伊波美智子 解説
スウェーデンの持続可能なまちづくり
ナチュラル・ステップが導くコミュニティ改革

過疎化、少子化、財政赤字…「持続不可能性」解決のための事例集。
[A5並製 284頁 2625円　ISBN4-7948-0710-4]

＊表示価格はすべて消費税（5%）込みの定価です。